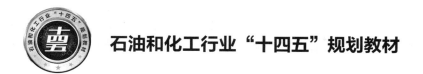

石油和化工行业"十四五"规划教材

食药同源食品加工学

Food Processing with
Homology of Food and Medicine

孙宝国　主　编
刘慧琳　副主编

化学工业出版社

·北京·

内容简介

"十四五"以来我国食品工业发展迅速，新技术新工艺新产品不断涌现，随着"健康中国"战略的提出，食药同源食品因其独特的"药""食"两用优势，具有重要的研究意义。本书共八章，系统地介绍了食药同源食品的原料、功能、特性、加工工艺和贮存方法等。内容深入浅出，逻辑性强，涵盖范围广，部分内容涉及学科的前沿。为方便教学和读者理解，书中还包含大量的生产应用实例，既包括丰富的科学理论，又集成了应用技术，将理论与实践有机结合。

本书可作为高等院校食品类、中药类专业的教材，也可供广大的科技工作者参考。

图书在版编目（CIP）数据

食药同源食品加工学 / 孙宝国主编. -- 北京：化学工业出版社，2025.5. --（石油和化工行业"十四五"规划教材）. -- ISBN 978-7-122-47570-1

Ⅰ.TS205

中国国家版本馆CIP数据核字第2025LW8440号

| 责任编辑：赵玉清 | 文字编辑：周 個 |
| 责任校对：宋 玮 | 装帧设计：韩 飞 |

出版发行：化学工业出版社
　　　　　（北京市东城区青年湖南街13号　邮政编码100011）
印　　装：三河市君旺印务有限公司
787mm×1092mm　1/16　印张12¾　字数269千字
2025年5月北京第1版第1次印刷

购书咨询：010-64518888　　　售后服务：010-64518899
网　　址：http://www.cip.com.cn
凡购买本书，如有缺损质量问题，本社销售中心负责调换。

定　价：39.00元　　　　　　　　　　版权所有　违者必究

《食药同源食品加工学》
编写人员名单

主　　编　孙宝国　北京工商大学
副 主 编　刘慧琳　北京工商大学
参编人员（按姓氏笔画排序）
　　　　　　王　硕　南开大学
　　　　　　王玉珍　北京工商大学
　　　　　　艾连中　上海理工大学
　　　　　　朱银华　中国农业大学
　　　　　　向　丽　中国中医科学院中药研究所
　　　　　　刘学波　西北农林科技大学
　　　　　　杜欣军　天津科技大学
　　　　　　张　瑛　山西大学
　　　　　　林　生　北京中医药大学东直门医院
　　　　　　娄文勇　华南理工大学
　　　　　　聂少平　南昌大学

前　言

"食药同源"文化深深植根于中华民族的千年智慧和医学传统之中。2017年，国务院办公厅印发的《国民营养计划（2017—2030年）》明确提出要加强药食同源食品的开发和应用；2022年，《"十四五"中医药发展规划》指出，要建设优质高效的中医药服务体系，丰富中医药健康产品供给。随着相关政策的稳步推进，食药两用产业迎来了蓬勃发展的良好机遇，逐渐成为"健康中国"战略的重要支柱。

目前，我国食品产业迈入了以"营养与健康"为导向的深度转型期，对科技创新的需求愈发迫切。食疗不仅是传承和弘扬中国"食药同源"传统文化的重要载体，也是在大健康时代改善国民营养健康状况的现实选择。随着国民健康意识的不断提升，在健康管理的多重需求引领下，食药同源食品的创新能力持续增强，产品也逐渐走向大众、走出中国、走向世界。

本书是食药同源食品的入门课程教材，从食药同源原材料到产品，详细阐述了原材料的来源、主要成分、具体功效以及后期加工成食品的品质特性，尤其对具体的加工工艺进行了细致描述，旨在为读者提供全面的知识和技术支持。为方便教学和读者理解，书中除最新的研究成果，还包含大量的生产应用实例，既涵盖了丰富的科学理论，又集成了应用技术，将理论与实践有机结合。具体章节如下：

第1章为食药同源食品加工学绪论，概括性介绍了食药同源食品的概念、加工工艺及发展趋势。本章节由北京工商大学刘慧琳教授和山西大学张瑛博士共同撰写。

第2章为食药同源中药材的加工炮制，阐述食药同源中药材的不同加工炮制方法及其应用。本章节由南开大学王硕教授和中国中医科学院中药研究所向丽研究员共同撰写。

第3章为食药同源中药材在食品中的应用，介绍食药同源中药材在食品原料和食品添加剂中的应用。本部分由西北农林科技大学刘学波教授及北京中医药大学东直门医院林生研究员共同撰写。

第4章为食药同源食品的加工工艺，介绍了八种不同的加工技术，详细介绍不同加工技术对食药同源食品品质的影响及应用。上海理工大学艾连中教授负责对本章节的撰写。

第 5 章为食药同源食品的低温储藏，详细介绍了低温贮藏对食药同源食品的品质影响。华南理工大学娄文勇教授负责本章节的撰写。

第 6 章为食药同源食品的发酵处理，概述了食药同源食品发酵的目的、影响因素及发酵对食药同源食品品质的影响。本章节由中国农业大学朱银华副教授负责整理撰写。

第 7 章为食药同源食品的化学保藏，详细介绍了化学保藏的特点和应用。本部分由天津科技大学杜欣军教授撰写，通过对大量资料的分析和归纳，为本书提供了坚实的事实依据。

第 8 章为食药同源食品的种类，依次介绍了不同类型的食药同源的食品类型，并且详述了每类食品的工艺流程及生产实例。本章节由南昌大学聂少平教授和北京工商大学王玉珍博士共同编写。

本书编写依托国家自然科学基金重点项目和国家重点研发计划，汇集食品与中药学领域专家的最新研究成果。北京工商大学孙宝国院士担任主编，教材编写团队汇聚了食品与中药相关的优势单位，包括：中国中医科学院中药研究所、南开大学、北京中医药大学东直门医院、中国农业大学、西北农林科技大学、南昌大学、华南理工大学、天津科技大学等。化学工业出版社给予了大力支持，在此一并表示最真挚的感谢。本书具有较强的理论学术价值，原创性、时效性较好，并且蕴含一定的实际应用价值，为健康食品产业高质量发展奠定理论基础，对提升食品产业新质生产力、驱动行业高质量发展具有显著的意义。

由于食药同源食品加工学涉及的内容广泛且编写时间有限，书中难免存在不足之处，敬请广大读者批评指正。

作者
2024 年 10 月于北京

目 录

第1章 绪论 … 1
1.1 食药同源食品的概念 … 1
1.1.1 食药同源食品的定义 … 1
1.1.2 食药同源食品的原料 … 1
1.1.3 食药同源食品的功能 … 5
1.1.4 食药同源食品的特性 … 6
1.1.5 食药同源食品管理 … 6
1.2 食药同源中药材 … 7
1.2.1 食药同源中药材加工的目的 … 7
1.2.2 食药同源中药材的加工工艺 … 7
1.3 食药同源食品工业概况及其发展趋势 … 8
1.3.1 我国食药同源食品工业概况 … 8
1.3.2 食药同源食品工业的发展趋势 … 8
1.4 食药同源食品加工学的研究范围和内容 … 9
1.4.1 研究范围 … 9
1.4.2 研究内容 … 9
参考文献 … 10

第2章 食药同源中药材的加工炮制 … 11
2.1 食药同源中药材的炮制 … 11
2.1.1 炮制加工的目的、原则及分类方法 … 11
2.1.2 炮制对食药同源中药材的影响 … 14
2.1.3 常用辅料及其作用 … 17
2.1.4 炮制品的质量要求及储藏保管 … 21
2.2 食药同源中药材的净选加工 … 21
2.2.1 净选加工的目的 … 21
2.2.2 净选加工的方法 … 22
2.2.3 去除非食（药）用部分 … 23

  2.2.4 净制的质量要求 …………………………………… 23
 2.3 食药同源中药材的切制 ……………………………………… 23
  2.3.1 切制前软化处理 …………………………………… 23
  2.3.2 切制原则 …………………………………………… 25
  2.3.3 切制方法 …………………………………………… 25
  2.3.4 切制后饮片的干燥处理 …………………………… 25
 2.4 食药同源中药材的炒法 ……………………………………… 26
  2.4.1 炒制的目的 ………………………………………… 26
  2.4.2 炒制加工的分类 …………………………………… 26
  2.4.3 炒制的注意事项及质量要求 ……………………… 28
 2.5 食药同源中药材的蒸煮法 …………………………………… 29
  2.5.1 蒸法加工的目的和要求 …………………………… 29
  2.5.2 蒸法加工在食药同源中药材中的应用 …………… 30
  2.5.3 煮法加工的目的和要求 …………………………… 31
  2.5.4 煮法加工在食药同源中药材中的应用 …………… 31
 2.6 食药同源中药材的炙法 ……………………………………… 32
  2.6.1 炙法加工的目的和要求 …………………………… 32
  2.6.2 炙法加工的分类 …………………………………… 33
  2.6.3 炙法加工在食药同源中药材中的应用 …………… 33
 2.7 食药同源中药材的发酵法和发芽法 ………………………… 34
  2.7.1 发酵法的目的及在食药同源中药材中的
     应用 ………………………………………………… 34
  2.7.2 发芽法的目的及在食药同源中药材中的
     应用 ………………………………………………… 34
 2.8 食药同源中药材的其他加工工艺 …………………………… 35
  2.8.1 煅法 ………………………………………………… 35
  2.8.2 燀法 ………………………………………………… 36
  2.8.3 煨法 ………………………………………………… 36
  2.8.4 干馏法 ……………………………………………… 36
思考题 ………………………………………………………………… 37
参考文献 ……………………………………………………………… 37

第 3 章 食药同源中药材在食品中的应用   39

 3.1 作为食品原料的应用 ………………………………………… 39
  3.1.1 发酵原料 …………………………………………… 39
  3.1.2 蒸煮原料 …………………………………………… 42

3.1.3 榨汁原料 ……………………………………… 45
　　3.1.4 辅料原料 ……………………………………… 47
　3.2 作为食品添加剂的应用 ………………………………… 48
　　3.2.1 保鲜剂 ………………………………………… 48
　　3.2.2 防腐剂 ………………………………………… 51
　　3.2.3 甜味剂 ………………………………………… 53
　　3.2.4 增香剂 ………………………………………… 58
思考题 ………………………………………………………… 62
参考文献 ……………………………………………………… 62

第4章　食药同源食品的加工工艺　64

　4.1 超声技术 ………………………………………………… 64
　　4.1.1 超声技术的概述 ……………………………… 64
　　4.1.2 超声技术对食药同源食品品质的影响 ……… 65
　　4.1.3 超声技术在食药同源食品中的应用 ………… 66
　4.2 蒸汽爆破技术 …………………………………………… 67
　　4.2.1 蒸汽爆破技术的概述 ………………………… 67
　　4.2.2 蒸汽爆破技术对食药同源食品品质
　　　　　的影响 ………………………………………… 68
　　4.2.3 蒸汽爆破技术在食药同源食品中的应用 …… 69
　4.3 超临界 CO_2 萃取技术 …………………………………… 70
　　4.3.1 超临界 CO_2 萃取技术的概述 ………………… 70
　　4.3.2 超临界 CO_2 萃取技术对食药同源食品品质
　　　　　的影响 ………………………………………… 71
　　4.3.3 超临界 CO_2 萃取技术在食药同源食品中
　　　　　的应用 ………………………………………… 72
　4.4 超高压技术 ……………………………………………… 73
　　4.4.1 超高压技术的概述 …………………………… 73
　　4.4.2 超高压技术对食药同源食品品质的影响 …… 74
　　4.4.3 超高压技术在食药同源食品中的应用 ……… 75
　4.5 低温热泵干燥技术 ……………………………………… 76
　　4.5.1 低温热泵干燥技术的概述 …………………… 76
　　4.5.2 低温热泵干燥技术对食药同源食品品质
　　　　　的影响 ………………………………………… 77
　　4.5.3 低温热泵干燥技术在食药同源食品中
　　　　　的应用 ………………………………………… 78

  4.6 冷冻干燥技术 ……………………………………………… 79
    4.6.1 冷冻干燥技术的概述 ……………………………… 79
    4.6.2 冷冻干燥技术对食药同源食品品质
       的影响 ……………………………………………… 80
    4.6.3 冷冻干燥技术在食药同源食品中的应用 …… 81
  4.7 低温液氮粉碎技术 ……………………………………… 82
    4.7.1 低温液氮粉碎技术的概述 ……………………… 82
    4.7.2 低温液氮粉碎技术对食药同源食品品质
       的影响 ……………………………………………… 83
    4.7.3 低温液氮粉碎技术在食药同源食品中的
       应用 ………………………………………………… 83
  4.8 分子蒸馏技术 …………………………………………… 84
    4.8.1 分子蒸馏技术的概述 …………………………… 84
    4.8.2 分子蒸馏技术对食药同源食品品质的
       影响 ………………………………………………… 85
    4.8.3 分子蒸馏技术在食药同源食品中的应用 …… 86
  思考题 ………………………………………………………… 87
  参考文献 ……………………………………………………… 88

第 5 章 食药同源食品的低温储藏

  5.1 食药同源食品低温保藏原理 …………………………… 89
    5.1.1 低温对反应速度的影响 ………………………… 89
    5.1.2 低温对微生物的影响 …………………………… 90
    5.1.3 低温对酶活性的影响 …………………………… 92
  5.2 食药同源食品的冷却和冷藏 …………………………… 94
    5.2.1 食品的冷却 ……………………………………… 94
    5.2.2 食品的冷藏 ……………………………………… 97
  5.3 食药同源食品的低温气调贮藏 ………………………… 98
    5.3.1 气调贮藏对食药同源食品的保藏效果 ……… 99
    5.3.2 气调贮藏在食药同源食品中的应用 ………… 100
  5.4 食药同源食品的冻结 …………………………………… 102
    5.4.1 食药同源食品的冻结规律 ……………………… 102
    5.4.2 食药同源食品的冻结方法 ……………………… 105
    5.4.3 冻结对食药同源食品品质的影响及控制
       措施 ………………………………………………… 106
  5.5 食药同源冻制品的包装和贮藏 ………………………… 109

  5.5.1 食药同源冻制品的包装 ……………… 109
  5.5.2 食药同源冻制品的贮藏 ……………… 111
  5.5.3 冻藏过程中食药同源食品质量的变化 …… 114
  5.5.4 食药同源冻制品的解冻 ……………… 116
思考题 …………………………………………… 118
参考文献 ………………………………………… 119

第6章 食药同源食品的发酵处理 120

 6.1 概述 ………………………………………… 120
  6.1.1 食品发酵的概念 ……………………… 120
  6.1.2 食药同源中药材食品发酵的目的 ……… 121
  6.1.3 食药同源中药材食品发酵的基本理论 …… 123
 6.2 影响食药同源中药材食品发酵的因素及控制 …… 124
  6.2.1 物理因素 ……………………………… 124
  6.2.2 生物因素 ……………………………… 125
  6.2.3 化学因素 ……………………………… 127
  6.2.4 控制措施 ……………………………… 127
 6.3 发酵对食药同源中药材食品品质的影响 ……… 129
  6.3.1 风味 …………………………………… 129
  6.3.2 功效成分 ……………………………… 130
思考题 …………………………………………… 131
参考文献 ………………………………………… 131

第7章 食药同源食品的化学保藏 133

 7.1 食药同源食品化学保藏的定义和特点 ………… 133
  7.1.1 化学保藏的定义 ……………………… 133
  7.1.2 化学保藏的卫生与安全性 …………… 133
  7.1.3 食药同源食品中食品添加剂的使用 …… 133
 7.2 食品防腐剂及其应用 ……………………… 137
  7.2.1 防腐剂的作用和特点 ………………… 137
  7.2.2 常用防腐剂及其性质 ………………… 138
  7.2.3 食品防腐剂在食药同源食品保藏中的
     应用 ………………………………… 143
 7.3 抗氧化剂及其应用 ………………………… 147
  7.3.1 食品的氧化问题 ……………………… 147
  7.3.2 氧化的抑制 …………………………… 147

7.3.3 常用抗氧化剂及抗氧化机理 ·············· 149
7.3.4 抗氧化剂在食药同源食品保藏中的
应用 ·············· 157
思考题 ·············· 159
参考文献 ·············· 159

第8章 食药同源食品的种类 　161

8.1 食药同源饮品 ·············· 161
8.1.1 食药同源草本饮料 ·············· 161
8.1.2 食药同源果蔬汁饮料 ·············· 162
8.1.3 食药同源固体饮料 ·············· 164
8.1.4 食药同源蛋白饮料 ·············· 166

8.2 食药同源冲调食品 ·············· 168
8.2.1 食药同源冲调粉 ·············· 168
8.2.2 食药同源冲调膏 ·············· 169

8.3 食药同源饼干 ·············· 170
8.3.1 食药同源酥性饼干 ·············· 170
8.3.2 食药同源薄脆饼干 ·············· 171
8.3.3 其他食药同源饼干 ·············· 173

8.4 食药同源糕点 ·············· 174
8.4.1 食药同源熟粉糕点 ·············· 174
8.4.2 食药同源烤制糕点 ·············· 175

8.5 食药同源蜜饯类食品 ·············· 177
8.5.1 食药同源蜜饯概述 ·············· 177
8.5.2 典型产品的生产实例——糖参 ·············· 178
8.5.3 典型产品的生产实例——蜜枣 ·············· 179
8.5.4 典型产品的生产实例——山楂糕 ·············· 180

8.6 食药同源粮油和调味品 ·············· 180
8.6.1 食药同源面制品 ·············· 180
8.6.2 食药同源油制品 ·············· 182

8.7 食药同源罐藏食品 ·············· 183
8.7.1 食药同源水果类罐藏食品 ·············· 183
8.7.2 食药同源粥羹类罐藏食品 ·············· 184
8.7.3 其他食药同源罐藏食品 ·············· 186

8.8 其他食药同源食品 ·············· 187
8.8.1 食药同源糖果 ·············· 187

8.8.2　食药同源果冻 …………………………………… 188
　　8.8.3　食药同源果蔬脆片 ………………………………… 189
　　8.8.4　食药同源果仁食品 ………………………………… 190
思考题 ……………………………………………………………… 191
参考文献 …………………………………………………………… 192

第 1 章
绪　论

1.1　食药同源食品的概念

1.1.1　食药同源食品的定义

"食药同源"文化根植于中华民族的千年智慧和医学传统，来源可追溯至远古时期。一般来说，能够饱腹和提供机体所需物质的是食物，而具有治疗疾病效果的为药物。而"食药同源"的字面含义为食物和药物具有相同起源，这来源于远古时代人们在找寻可饱腹食物的过程中，不断发现有些天然动植物不仅能够充饥，同时具有缓解和治疗疾病的效果。我国现存最早的系统论述中医及养生理论的典籍《黄帝内经》中"空腹食之为食物，患者食之为药物"的阐述，以及现存最早的药学专著《神农本草经》中很多内容，如枸杞子等具有药性的中药材用作配制膳食的原料，都体现着"食药同源"理念。

食药同源食品是在制作或生产过程中合法添加国家颁布的食药同源物质，也称作"功能食品"或"健康食品"。其中，食药同源物质是指按照传统既作为食材，又列入《中华人民共和国药典》（简称《中国药典》）的中药材。从产品理念上来说，食药同源食品结合了中华中医理论与现代食品营养学；从产品工艺上来说，食药同源食品结合了传统药膳配方与现代食品加工学；从产品功能上来说，食药同源食品既有中药材的药物功效性又有食品的营养可食性；从产品结构上来说，食药同源食品是以食药同源中药材为原料，经加工处理后，以普通食品为主要形态的产品。

1.1.2　食药同源食品的原料

国家卫健委颁布的《按照传统既是食品又是中药材的物质目录管理办法》（2014 年），明确了食药同源中药材为具有传统食用习惯，且列入中药材标准（包括《中国药典》及相关中药材标准）中的动物和植物可使用部分。1987年，卫生部公布了《既是食品又是药品的品种名单》（以下简称《名单》）（第一批），名单中共记录了包括乌梢蛇、蝮蛇、酸枣仁等在内的33种物质。2002年，对《名单》项目进行首次扩充，增加八角茴香、刀豆等中药材，由原先的33种增加至87种。2014年，颁布《按照传统既是食品又是中药材物质目录管理办法》，发布了关于人参、山银花、芫荽等14种物质的征求意见稿。2020年，发布《关于对党参等9种物质开展按照传统既是食品又是中药材的物质管理试点工作的通知》。截至目前，《名单》中食药同源中药材共有110种（含试点物质），具体名录见表1-1。食药同源中药材均来自自然界，属于天然产物，其来源可以分为植物来源和动物来源，其药用功效主要有补虚滋阴、清热解表、温里驱寒、化痰止咳、理气、化湿、渗湿、活血化瘀等。

表1-1 食药同源中药材名录

序号	中药材名称	所属科目	植物名/动物名	使用部位	备注
1	丁香	桃金娘科	丁香	花蕾	
2	八角茴香	木兰科	八角茴香	成熟果实	
3	刀豆	豆科	刀豆	成熟种子	
4	甘草	豆科	甘草、胀果甘草、光果甘草	根和根茎	
5	白扁豆	豆科	扁豆	成熟种子	
6	白扁豆花	豆科	扁豆	花	
7	决明子	豆科	决明、小决明	成熟种子	需经过炮制方可使用
8	赤小豆	豆科	赤小豆、赤豆	成熟种子	
9	淡豆豉	豆科	大豆	成熟种子的发酵加工品	
10	葛根	豆科	野葛	根	
11	槐花、槐米	豆科	槐	花及花蕾	
12	粉葛			根	
13	黄芪	豆科	蒙古黄芪、膜荚黄芪、	根	试点食药同源
14	小茴香	伞形科	茴香	成熟果实	用于调味时还可用叶和梗
15	白芷	伞形科	白芷、杭白芷	根	
16	芫荽	伞形科	芫荽	全草与成熟果实	
17	当归	伞形科	当归	根	仅作为香辛料和调味品
18	小蓟	菊科	刺儿菜	地上部分	
19	菊花	菊科	菊	头状花序	
20	菊苣	菊科	毛菊苣、菊苣	地上部分或根	
21	蒲公英	菊科	蒲公英、碱地蒲公英或同属数种植物	全草	
22	山药	薯蓣科	薯蓣	根茎	
23	山楂	蔷薇科	山里红、山楂	成熟果实	
24	乌梅	蔷薇科	梅	近成熟果实	

续表

序号	中药材名称	所属科目	植物名/动物名	使用部位	备注
25	木瓜	蔷薇科	贴梗海棠	近成熟果实	
26	杏仁(苦、甜)	蔷薇科	山杏、西伯利亚杏、东北杏、杏	成熟种子	苦杏仁需经过炮制方可使用
27	郁李仁	蔷薇科	欧李、郁李、长柄扁桃	成熟种子	
28	桃仁	蔷薇科	桃、山桃	成熟种子	
29	覆盆子	蔷薇科	华东覆盆子	果实	
30	马齿苋	马齿苋科	马齿苋	地上部分	
31	火麻仁	桑科	大麻	成熟果实	
32	桑叶	桑科	桑	叶	
33	桑椹	桑科	桑	果穗	
34	代代花	芸香科	代代花	花蕾;果实地方常用作枳壳	
35	佛手	芸香科	佛手	果实	
36	花椒	芸香科	青椒、花椒	成熟果皮	
37	香橼	芸香科	枸橼、香圆	成熟果实	
38	桔红(橘红)	芸香科	橘及其栽培变种	外层果皮	
39	橘皮(或陈皮)	芸香科	橘及其栽培变种	成熟果皮	
40	玉竹	百合科	玉竹	根茎	
41	百合	百合科	卷丹、百合、细叶百合	肉质鳞叶	
42	黄精	百合科	滇黄精、黄精、多花黄精	根茎	
43	薤白	百合科	小根蒜、薤	鳞茎	
44	白果	银杏科	银杏	成熟种子	
45	龙眼肉(桂圆)	无患子科	龙眼	假种皮	
46	肉豆蔻	肉豆蔻科	肉豆蔻	种仁	用于调味时还可用种皮
47	肉桂	樟科	肉桂	树皮	
48	余甘子	大戟科	余甘子	成熟果实	
49	枸杞子	茄科	宁夏枸杞	成熟果实	
50	栀子	茜草科	栀子	成熟果实	
51	沙棘	胡颓子科	沙棘	成熟果实	
52	芡实	睡莲科	芡	成熟种仁	
53	荷叶	睡莲科	莲	叶	
54	莲子	睡莲科	莲	成熟种子	
55	麦芽	禾本科	大麦	成熟果实经发芽干燥的炮制加工品	
56	淡竹叶	禾本科	淡竹叶	茎叶	
57	鲜白茅根(或干白茅根)	禾本科	白茅	根茎	
58	鲜芦根(或干芦根)	禾本科	芦苇	根茎	

续表

序号	中药材名称	所属科目	植物名/动物名	使用部位	备注
59	薏苡仁	禾本科	薏苡	成熟种仁	
60	昆布	翅藻科	昆布	叶状体	
61	海带	海带科	海带	叶状体	
62	枣(大枣、黑枣)	鼠李科	枣	成熟果实	
63	枳椇子	鼠李科	枳椇	药用为成熟种子;食用为肉质膨大的果序轴、叶及茎枝	
64	酸枣、酸枣仁	鼠李科	酸枣	果肉、成熟种子	
65	罗汉果	葫芦科	罗汉果	果实	
66	金银花	忍冬科	忍冬	花蕾或初开的花	
67	山银花	忍冬科	灰毡毛忍冬、红腺忍冬、华南忍冬、黄褐毛忍冬	干燥花蕾或初开的花	
68	青果	橄榄科	橄榄	成熟果实	
69	鱼腥草	三白草科	蕺菜	新鲜全草或干燥地上部分	
70	姜(生姜、干姜)	姜科	姜	根茎(生姜所用为新鲜根茎,干姜为干燥根茎)	
71	砂仁	姜科	阳春砂、绿壳砂、海南砂	成熟果实	
72	益智仁	姜科	益智	去壳果仁	用于调味时还可用果实
73	高良姜	姜科	高良姜	根茎	
74	山柰	姜科	山柰	根茎	仅作为香辛料和调味品
75	草果	姜科	草果	果实	仅作为香辛料和调味品
76	姜黄	姜科	姜黄	根茎	仅作为香辛料和调味品
77	胖大海	梧桐科	胖大海	成熟种子	
78	茯苓	多孔菌科		菌核	
79	灵芝	多孔菌科	赤芝、紫芝	子实体	试点食药同源
80	香薷	唇形科	石香薷、江香薷	地上部分	
81	紫苏	唇形科	紫苏	叶(或带嫩枝)	
82	紫苏子(籽)	唇形科	紫苏	成熟果实	
83	薄荷	唇形科	薄荷	地上部分;叶、嫩芽	仅作为调味品使用
84	藿香	唇形科	广藿香	地上部分	
85	夏枯草	唇形科	夏枯草	果穗	
86	桔梗	桔梗科	桔梗	根	
87	党参	桔梗科	党参、素花党参、川党参	根	试点食药同源
88	莱菔子	十字花科	萝卜	成熟种子	
89	黄芥子	十字花科	芥	成熟种子	
90	黑芝麻	脂麻科	脂麻	成熟种子	
91	荜茇	胡椒科	荜茇	果穗	仅作为香辛料和调味品
92	黑胡椒	胡椒科	胡椒	近成熟或成熟果实	

续表

序号	中药材名称	所属科目	植物名/动物名	使用部位	备注
93	榧子	红豆杉科	榧	成熟种子	
94	乌梢蛇	游蛇科	乌梢蛇	剥皮、去除内脏的整体	仅限获得林业部门许可进行人工养殖的乌梢蛇
95	牡蛎	牡蛎科	长牡蛎、大连湾牡蛎、近江牡蛎	贝壳	
96	阿胶	马科	驴	干燥皮或鲜皮经煎煮、浓缩制成的固体胶	
97	鸡内金	雉科	家鸡	沙囊内壁	
98	蜂蜜	蜜蜂科	中华蜜蜂、意大利蜂	蜂所酿的蜜	
99	蝮蛇（蕲蛇）	蝰科	五步蛇	去除内脏的整体	仅限获得林业部门许可进行人工养殖的蝮蛇
100	西洋参	五加科	西洋参	根	试点食药同源
101	布渣叶	椴树科	破布叶	叶	
102	西红花	鸢尾科	藏红花	柱头	仅作为香辛料和调味品
103	肉苁蓉（荒漠）	列当科	肉苁蓉	肉质茎	试点食药同源
104	铁皮石斛	兰科	铁皮石斛	茎	试点食药同源
105	天麻	兰科	天麻	块茎	试点食药同源
106	山茱萸	山茱萸科	山茱萸	果实	试点食药同源
107	杜仲叶	杜仲科	杜仲	叶子	试点食药同源
108	人参	五加科	人参	根和根茎	
109	松花粉	松科	马尾松、油松或同属数种植物	花粉	
110	玫瑰花	蔷薇科	玫瑰	花蕾	

1.1.3 食药同源食品的功能

食药同源食品是"食药同源"理念的重要体现，传承和发扬了中国"食药同源"传统文化。食药同源食品在确保食品营养美味的同时，兼顾中药材的药用价值和保健功效，因此具有"食补"与"药疗"的双重功能。

食药同源食品的"食补"功能主要有：

（1）营养功能

含有蛋白质、碳水化合物、矿物质、维生素等多种对人体有益的营养成分，摄入后可以补充身体所需营养，维持机体正常新陈代谢。

（2）感官功能

可满足消费者的不同嗜好和要求，其色、香、味、形、质地等俱佳，给人以视觉、嗅觉、味觉和触觉的娱乐感知，满足人体内、外感受器官的生理需要。

食药同源食品的"药疗"功能主要有：

（1）药理功能

通过科学的方法和工艺，将食药同源中药材中含有的黄酮、皂苷、氨基酸等多种生物活性物质添加到食品中，使其具有增强免疫力、抗氧化、改善睡眠、缓解疲劳、促进消化等多种药理功能。

（2）预防功能

食药同源食品中的功能因子能够维持细胞正常代谢，促进机体抗炎因子产生，预防组织细胞损伤，可防止人体在亚健康状态下患相应疾病及进一步恶化，具有疾病预防功能。

1.1.4 食药同源食品的特性

食药同源食品是以普通食品为载体的一类新型食品，结合了食品科学技术和药膳理疗原理。其特性主要有以下4点：

（1）营养性

指食药同源食品具有食物的基本特性，即含有丰富的营养物质，经过体内消化、吸收和代谢，可实现机体组织器官构建、满足生理功能和维持体力活动。

（2）功能性

除了作为日常食品补充机体能量，食药同源食品还含有特定的功能因子，具有增强免疫力、抗疲劳、降血糖/血脂、抗氧化等功能，可以预防或辅助治疗营养失衡、慢性疾病及改善人体健康状况等。

（3）安全性

指食药同源食品在加工、贮藏、销售等过程中发生的物理污染、化学污染或生物污染在可控范围内，能够维持其食品安全质量，在合理食用方式和正常食量的情况下对人体无急性、亚急性或慢性危害。

（4）感官性

指经各种工艺加工而成的食药同源食品具有丰富的色泽、香气、滋味及呈现形式，体现了其可食用性和可享用性，影响着消费者的口腔行为并引起感官愉悦。

1.1.5 食药同源食品管理

在食品产业经济不断发展的趋势下，食药同源食品质量安全问题备受关注。随着现代食品产业日益标准化、市场化和国际化，对食药同源食品进行全面质量管理是一个必然的过程。食药同源食品走向大众、走出中国、走向世界，需符合食品营养学、安全学等理论及国内外法律、法规和标准的要求。

我国食药同源食品的管理与食品相关法律、法规、行业标准等有关。《中华人民共和国食品卫生法》(1982年版)首次提出食药同源物质的管理问题。2009年,《中华人民共和国食品安全法》规定食药同源物质指按照传统既是食品又是药品的物质,但是不包括以治疗为目的的物品。2014年,《按照传统既是食品又是中药材的物质目录管理办法》中将"药品"更改为"中药材",并引入中药材相关标准。2021年,在《按照传统既是食品又是中药材的物质目录管理规定》(以下简称《管理规定》)及其解读中进一步指出食药物质除安全性评价外,还要符合中药材资源保护等相关法律法规。在2014—2020年,我国先后规定了《既是食品又是药品的品种名单》,并在名单中对物质来源、所属科目等信息进一步做出明确。《中国药典》(2020年版)中给出了食药同源物质中的药物残留量检测方法。在这几十年间,食药同源物质的管理办法紧跟时代几经修订,逐渐明确了食药同源中药材的概念、物质名录、管理方式及检测方法。

日本率先提出"功能性食品"的概念,1991年修改《营养改善法》,将功能性食品纳入特殊用途食品范畴。现行的《日本药典》第18版制定了中药材农药残留等质量标准。韩国现行的《韩国药典》第10版也制定了中药材的质量标准。欧盟第2002/46/EC3号指令规定膳食补充剂是指"补充正常饮食的食品,是营养物质或其他物质的浓缩,单独或混合使用具有营养或生理作用"。美国食品与药品管理局规定膳食补充剂标签中禁止出现"治疗""疾病"等名词,但可以出现符合规定的包括健康、营养含量和结构/功能声称。《美国药典》和《欧洲药典》均涉及中药材中农药残留限量标准。

1.2 食药同源中药材

1.2.1 食药同源中药材加工的目的

古代制作药膳时,所用中药材必须经过炮制加工后才可使用。现代中药材经过初加工后越来越多应用到日常饮食和各种食品中。中药材采收后,其原始状态或个体粗大、质地坚硬,或具有特殊不良气味及毒副作用,或含有泥沙杂质,难以直接使用或用于食品生产,因此需要经过加工,使其形和味符合特定需求,同时降低或消除不良性质的影响,增加中药材药用效率。

1.2.2 食药同源中药材的加工工艺

食药同源中药材的加工工艺是根据其不同应用需求,采用特定加工方法进行处理,一般包括初加工和炮制加工。初加工包括净选和切制,主要对中药材进行杂质清除和不可使用部分去除,以及进一步切成满足特定需求的片、块、丁、丝和节等形状的物料。不同食药同源中药材性质不同,功效多样,因此需要选择不同的炮制方法。炮制加工方法主要有炒法、炙法、蒸煮法等。

1.3 食药同源食品工业概况及其发展趋势

1.3.1 我国食药同源食品工业概况

党中央及国务院对国民营养健康给予高度重视，先后印发了《健康中国 2030 规划纲要》《国民营养计划（2017—2030 年）》《健康中国行动（2019—2030 年）》以及《关于加强中医药健康服务科技创新的指导意见》等一系列政策文件，并明确指出要充分发掘利用我国"食药同源"资源宝库，注重研发过程中食材与中药材的配伍，开发形式多样化的食药同源食品，形成食药同源食品工业体系。食药同源食品以其独特的优势逐渐走入大众视野，在日常食补或慢病防控中占据越来越重要的位置。目前食药同源食品供求两旺，大力发展食药同源食品产业也成为大健康时代的现实需求。

近年来，通过现代食品科学技术和传统中医理论协同创新，我国食药同源食品工业取得了长足发展。在各级政府高度重视和相关部门的大力支持下，江中食疗科技有限公司（江中食疗）与南昌大学等科研院校合作，共同创制了江中猴姑米稀等系列食药同源食品。该系列产品能够改善胃肠道功能，在食药同源食品市场上得到了良好反响。其中江中猴姑米稀作为辅助食疗品被列入江西省中医药管理局发布的《江西省新型冠状病毒肺炎中医药防治方案（试行第三版）》，成为全国首个入选政府方案的食药同源食品。在研发改善胃肠道功能系列食药同源食品过程中，江中食疗与南昌大学等科研院校充分结合现代食品科学技术和传统中医理论，突破改善胃肠道功能产品制造关键技术瓶颈，建成了基于智能制造车间模块的食药同源食品产业制造基地。江中食疗改善胃肠道功能产品的成功研发及应用是我国食药同源食品工业快速发展的一个经典范例。

我国食药同源食品起源较早且拥有丰富资源，其中保健品是食药同源食品重要的研究与开发方向。目前，我国已有 4000 多家保健食品企业，共 7000 多个品牌，面临大好发展局面。但由于未充分发掘宝贵资源形成独具特色的竞争力，产业体量和规模效益尚未形成，其中具有完善规模的食药同源食品企业不到 100 家，食药同源食品科研投入较低，研发水平滞后于发达国家。据统计，400 多家外资企业以 7% 的产品种类占据了国内市场约 40% 的市场份额，发达国家食药同源食品产品的涌入，对我国的食药同源食品产业造成了很大冲击。

1.3.2 食药同源食品工业的发展趋势

目前国家大力支持食药同源食品工业和事业的发展，在大健康产业背景下开发食药同源食品产品具有广阔的发展前景。但我国食药同源食品工业整体发展面临着基础研究较弱、政产学研协同创新不足、相关法律法规不完善等问题，未来助力健康中国战略实施、传承食药同源文化、推动食药同源食品工业蓬勃发展可从以下三方面入手。

一是加强食药同源食品基础研究。通过食品科学、营养学、分子生物学、细胞学等多种现代科学理论和技术对食药同源资源进行充分挖掘，提高食药同源食品功能因子的利用率、稳定性和安全性。政府加大对食药同源食品工业的帮扶力度，支持企业、高校和研究院开展理论基础研究和加工关键技术研发，以政产学研协同作用提高食药同源食品工业的科技创新能力。培养食药同源食品专业人才，加强研发创新型人才及相关经管人才队伍建设，打造一支高素质的食药同源食品研发专业人才队伍。

二是支持食药同源食品工业高质量发展。深度挖掘并发挥我国丰富食药同源资源及中医理论优势，增加食药同源产品研发投入占比，加快食药同源新产品的创新性研发，开发出产品技术含量高、特色鲜明、种类丰富的新形态食药同源食品。坚持以市场为导向，以普通食品为载体，兼顾色、香、味、形特色及满足消费者健康需求，打造出在国际市场上具有强势竞争力的食药同源食品。

三是不断完善食药同源食品管理法规。目前我国出台的相关法律法规对食药同源食品相关规定较少，现有食药同源食品的管理借鉴于食品相关法律、法规、行业标准等，不利于食药同源食品的推广。可以制定针对食药同源食品生产、适用原则及注意事项等方面的规章制度，也可以针对食药同源食品的质量安全，围绕卫生学检测、安全性和有效性评价制定标准法规。

1.4 食药同源食品加工学的研究范围和内容

1.4.1 研究范围

食药同源食品加工学是研究食药同源食品加工和储藏过程的学科，范围涵盖食药同源中药材的品质、加工、在食药同源食品中的应用，以及食药同源食品的功能、特性、加工工艺和贮存方法。

1.4.2 研究内容

食药同源食品加工学的研究内容包括以下几个方面：

① 研究食药同源食品原料中药材的组成、结构和特性，为食药同源食品加工提供基础知识。

② 研究食药同源食品加工过程中产生的物理、化学和生物变化，优化食药同源食品加工工艺。

③ 研究食药同源食品储藏过程中的微生物、氧化、酶解等因素，优化食药同源食品储存条件。

参考文献

［1］ 卢雨晴，张程．中国古代对于"药食同源"的认识［J］．科教文汇（中旬刊），2019，(5)：190-192．

［2］ 中华人民共和国国家卫生健康委员会．关于印发《按照传统既是食品又是中药材的物质目录管理规定》的通知［EB/OL］．2021-11-15．

［3］ 中华人民共和国国家卫生健康委员会．按照传统既是食品又是中药材的物质目录管理办法（征求意见稿）［EB/OL］．2014-11-06．

［4］ 王一帆，吴媛，修凡超，等．药食同源中药材的渊源及发展研究［J］．中国野生植物资源，2023，42（S1）：65-71．

［5］ 国家药典委员会．中华人民共和国药典（一部）［M］．北京：中国医药科技出版社，2020．

［6］ 张中朋．日本保健机能食品上市许可制度［J］．中国现代中药，2014，16（2）：164-166．

［7］ PAELIAMENT E B. Directive 2002/46/EC of the European Parliament and of the Council of 10 June 2002 on the approximation of the laws of the Member States relating to food supplements［Z］．2002-6-10．

［8］ 李认书，李鸿彬．进入美国膳食补充剂市场的中草药制剂的功能确定［J］．中草药，2016，47（5）：862-864．

第 2 章
食药同源中药材的加工炮制

2.1 食药同源中药材的炮制

2.1.1 炮制加工的目的、原则及分类方法

2.1.1.1 炮制加工的目的

食药同源中药材多来源于天然的植物、动物和矿物，有野生也有人工种植或养殖。原药材采收后，经过产地简单的初加工成为中药材，但它们或质地坚硬、个体粗大，或毒性、副作用大，或性能与治疗疾病不符等，一般不可直接应用于生产和临床，需要经过加工炮制成中药饮片后方能应用。中药材种类丰富，所含化学成分复杂，因此炮制的目的和方法也多种多样。一般认为，中药材炮制的目的是清除杂质及非药用部位、降低药物毒性和副作用、增强药物疗效、改变药物性能等，从而提高药物的临床疗效，方便临床使用。目前，我国共有110种中华人民共和国国家卫生健康委员会食品安全标准与监测评估司认证的、安全性高的食药同源中药材，这些食药同源中药材多药性平和，毒性和副作用小，安全性高。食药同源中药材炮制的目的主要包括以下几点：

（1）调整食（药）材的形和味，便于食用

调整药材的形包括除去药材混有的泥沙等杂质和残留的非食（药）用部位，以及调整食（药）材的规格两个方面。药材在采收时常混有泥沙等杂质，并有残留的非食（用）部位，在运输和贮存过程中也常混入杂质，发生霉变、虫蛀等，因此必须经过严格的分离和清洗，使其达到所规定的洁净度。例如，果实种子类药材的皮壳及核，根茎类药材的芦头，皮类药材的栓皮，动物类药材的头、足、翅等，都属于非食（用）部位，通常需要去除。另外，常需要将药材调整至适宜的规格，如采用水制软化后，切制成一定规格的片、

段、丝、块等,以方便使用。

调整药材的味是通过酒制、蜜制、水漂、麸炒、炒黄等炮制方法来调整部分药材所具有的特殊气味,通过矫味矫臭便于食用。如乌梢蛇生品具有腥臭气,经过酒炙后不仅可以增强其祛风通络的功效以提高食用效果,同时达到矫味矫臭便于服用。

(2) 增强食(药)材疗效,提高食用后效果

药材经过炮制后,其细胞组织及所含成分发生一系列物理、化学变化,能够提高有效成分的浸出量或产生新的有效成分,从而增强疗效。如决明子、莱菔子、芥子、苏子、黑芝麻等种子类药材常炒制后使用,是因为炒制后其坚硬的外壳爆裂,质地变疏松,有效成分更容易释放出来。

(3) 改变食(药)材性能,扩大食用范围

中药的性能包括四气(寒、热、温、凉)、五味(酸、苦、甘、辛、咸)、升降浮沉等,相应的炮制能够通过温度、压力的改变以及所加入辅料的不同改变食(药)材的性能。如生地黄性寒,具有清热凉血、养阴生津的功效,经过"九蒸九制"后成为熟地黄,熟地黄性微温,滋腻性大,具有补血滋阴、益精填髓的功效。

2.1.1.2 炮制加工的原则

中药炮制是一门传统的制药技术,在炮制实践的过程中需要遵循一定的法则。传统炮制是运用中药的药性相制理论和七情和合的配伍理论,依据寒者热之、热者寒之、虚则补之、实则泻之的基本治则,选择合适的炮制方法和辅料,用来制约药物的偏颇之性,增强药物的疗效,达到临床用药的要求。中药炮制的传统制药原则包括相反为制、相资为制、相畏为制、相恶为制、相喜为制五个方面。

(1) 相反为制

是指用药性相反的辅料或药物来制约被炮制药物的偏颇之性或改变其药性,如用咸寒润燥的盐水炮制益智仁,可以缓和益智仁的辛燥之性。

(2) 相资为制

是指用药性相似的辅料或药物来增强被炮制药物的疗效。如蜜炙甘草增强其补脾和胃、益气复脉之力;辛热的酒炮炙辛温之当归,增强当归活血通经、祛瘀止痛的功效。

(3) 相畏为制

是指利用中药药性相畏相杀的理论,采用药性互相制约的药物或辅料进行炮制,降低被炮制药物的毒副作用。

(4) 相恶为制

是指利用某种辅料或药物进行炮制,减弱被炮制药物的峻烈之性,使之趋于平缓,是

减缓毒副作用的一种炮制法则。

（5）相喜为制

是指利用某种辅料或药物，改善被炮制药物的形、色、气、味，提高患者的喜好信任和接受度，便于患者服用。

2.1.1.3 炮制加工的分类及方法

中药炮制加工的分类概括分为古代炮制分类法和现代炮制分类法（见表2-1）。

表2-1 中药炮制加工的分类方法

古代炮制分类方法				
分类名称	雷公炮炙十七法	三类分类法	五类分类法	药用部位分类法
方法概述	明代缪希雍在《炮炙大法》卷首将炮制方法进行了归纳，云："按雷公炮炙法有十七：曰炮、曰爁、曰煿、曰炙、曰煨、曰炒、曰煅、曰炼、曰制、曰度、曰飞、曰伏、曰镑、曰摋、曰曬、曰曝、曰露是也，用者宜如法，各尽其宜。"此中论述的十七法即为后世所说的"雷公炮炙十七法"	以火制、水制、水火共制三类炮制方法为纲，此种分类方法最能反映出中药炮制特色，但未包括饮片切制及切制前的洁净和软化处理等	在三类分类法的基础上，总结归纳出五类分类方法，包括：修治、水制、火制、水火共制及其他制法	将中药的炮制加工依据药物的来源属性进行分类，包括：金、石、草、木、水、火、果等
现代炮制分类方法				
分类方法	药典分类法	药用部位分类法	工艺与辅料相结合分类法	中药药性功效的分类法
方法概述	2020年版《中国药典》依据中药炮制工艺的四部收载的"0213炮制通则"，将中药炮制分为净制、切制、炮炙和其他四大类	以药用部位进行分类，即：根及根茎类、果实类、种子类、全草类、叶类、花类、皮类、藤木类、动物类、矿物类等，在各种药物项下再分述各种炮制方法	在三类分类法、五类分类法的基础上发展起来的，突出炮制工艺的作用，以工艺为纲，以辅料为目的的分类法，如分为炒、炙、煅、蒸、煮等，其中炙法可分为酒炙、醋炙、盐炙、姜炙、蜜炙、油炙	依据中药药性功效，采用中药学的分类体系加以分类的方法

古代炮制分类法包括雷公炮炙十七法、三类分类法、五类分类法、药用部位分类法。雷公炮炙十七法包括炮、爁、煿、炙、煨、炒、煅、炼、制、度、飞、伏、镑、摋、曬、曝、露，共十七法，因历史的变迁其内涵有的较难准确表达，但其对中药炮制的基本操作至今仍有一定的影响。三类分类法见于明代陈嘉谟《本草蒙筌》，其中说："凡药制造……火制四：有煅，有炮，有炙，有炒之不同；水制三：或渍，或泡，或洗之弗等；水火共制者：若蒸，若煮而有二焉，余外制虽多端，总不离此二者。"三类分类法即分为火制、水制、水火共制三类。五类分类法是在总结归纳三类分类法的基础上得来，包括修治、水制、火制、水火共制及其他制法五类。宋代《局方》，根据本草学内容，依据药物的来源属性将炮制方法进行分类，包括金、石、草、木、水、火、果等，即药用部位分类法。

现代炮制分类法包括药典分类法、药用部位分类法、工艺与辅料相结合分类法、中药药性功效的分类法。药典分类法将中药炮制分为净制、切制、炮炙和其他四大类。净制包括挑选、筛选、风选、水选、剪、切、刮、削、剔除、酶法、剥离、挤压、燀、刷、擦、火燎、烫、撞、碾串等方法；切制项下明确指出，除鲜切和干切外，均须进行软化处理，其方法有：喷淋、抢水洗、浸泡、润、漂、蒸、煮等；炮炙包括炒、炙、制炭、煅、蒸、煮、炖、煨；其他包括燀、制霜、水飞、发芽、发酵等。药用部位分类法多见于全国中药饮片炮制规范及各省市制定的中药饮片炮制规范中，以药用部位进行分类，即：根及根茎类、果实类、种子类、全草类、叶类、花类、皮类、藤木类、动物类、矿物类等，在各种药物项下再分述各种炮制方法，此种方法便于具体药物的查询，但无法体现炮制工艺的系统性。工艺与辅料相结合分类法是在三类分类法、五类分类法的基础上发展起来的，继承了净制、切制和炮炙的基本内容，又对庞杂的炮炙内容进一步分门别类。这种分类方法突出了炮炙工艺，如这种分类法分为炒、炙、煅、蒸、煮等，其中炒法可以分为清炒法和加辅料炒法，清炒法又可进一步分为炒黄、炒焦和炒炭，加辅料炒法也可根据辅料的不同进一步分为麸炒、米炒、土炒、砂炒、蛤粉炒、滑石粉炒等；炙法可分为酒炙、醋炙、盐炙、姜炙、蜜炙、油炙等。中药药性功效的分类法是依据中药药性功效，采用中药学的分类体系加以分类的方法，一般在论述中药炮制与临床疗效的著作和教材中经常采用，例如《医用中药饮片学》《临床中药炮制学》等。

2.1.2 炮制对食药同源中药材的影响

食药同源中药材中所含有的化学成分是其发挥疗效的物质基础。中药炮制的过程中涉及加热处理、水处理以及酒、醋、盐水、药汁等辅料处理，药材本身的颜色、气味、状态等物理性质会发生改变，化学成分也会发生一系列复杂的变化，如某些成分含量的增加，某些成分含量的降低或消失，或者通过一系列反应生成新的化合物等。而化学成分的改变，特别是有效成分的变化又会进一步影响食药同源中药材在食用时所发挥的保健功效。

2.1.2.1 炮制对食药同源中药材理化性质的影响

在炮制过程中，由于温度、压力的变化，以及所加入辅料的作用，药材的理化性质也会随之发生改变。一般来说，药材在炮制后颜色、气味的改变最为明显，炮制后化学成分的改变通常包括化学成分的溶出率、种类或者结构的变化。常见食药同源中药材所含有的主要功能成分为多糖、黄酮、皂苷、有机酸等，炮制对其影响主要表现为：

（1）炮制对食药同源中药材中多糖的影响

多糖是指由10个以上单糖通过糖苷键聚合而成的高分子碳水化合物，是食药同源中药材的重要化学成分之一。多糖广泛存在于动植物体内和微生物细胞壁中，是自然界中最丰富的聚合物之一。中药多糖具有免疫调节、抗氧化、抗肿瘤、抗病毒、抗炎、调节血糖等多种生物活性，如茯苓多糖、灵芝多糖、枸杞多糖、党参多糖等。

多糖一般由几百至几千个单糖分子组成，分子量较大，常为无色或白色无定形粉末，无甜味，无还原性和变旋现象。多糖一般难溶于冷水，或溶于热水形成胶体溶液，但多糖能被水解成寡糖、单糖。因此，在炮制含多糖类成分的药物时，一般应尽量少用水处理，必须用水浸泡时要少泡多润，尤其要注意与水共同加热的处理。

炮制方法和辅料的不同对多糖的影响是不同的。如不同党参炮制品中党参多糖的含量为：生品＞米炒＞麸炒＞蜜炙＞清蒸。其原因在于炮制过程中加热、光照、辅料等因素，导致党参多糖发生分解，含量下降，生成低聚糖和单糖或者形成新的化合物，其中新增成分之一 5-羟甲基糠醛是由党参多糖与阿魏酸等酸性成分在加热过程中形成的。又如当归的主要活性物质当归多糖，经过微波中火干燥处理后较其他处理组高，且在一定程度上增强小鼠的免疫力，其原因可能是不同加工炮制过程中当归多糖的构型或构象或分子量发生了改变，进而影响到药理活性。

（2）炮制对食药同源中药材中黄酮的影响

黄酮类化合物的基本母核是 2-苯基色原酮，泛指两个苯环通过三个碳原子相互连接，即结构中具有 C_6-C_3-C_6 基本单元。黄酮类化合物属于植物次生代谢产物，是广泛存在于自然界中且具有广泛生物活性的一类成分。中药中黄酮类化合物具有抗氧化、抗肿瘤、抗病毒、抗炎抑菌、降糖降脂等多种药理活性，对心血管、肝脏、肾脏等多种疾病具有良好的防治效果。

不同炮制方法对食（药）材中的黄酮类成分的影响不同，进而使食（药）材所发挥的保健效果也不同。有研究表明，经过不同方法进行炮制后，葛根中的指标成分葛根素含量高低为：醋炙品＞麸煨品＞生品。此外，葛根的现代药效研究发现，醋制葛根在治疗心血管疾病方面有更好的应用前景；麸煨葛根止泻功能增强，对脾虚泄泻治疗效果更好；而生葛根长于解肌退热，生津止渴，用于外感表证和消渴。又如槐花生品以清肝泻火、清热凉血见长，炒槐花苦寒之性缓和，槐花炭长于止血凉血。槐花不同炮制品的功效不同是由于炮制过程中化学成分发生改变。槐花中的主要活性成分芦丁的含量会随着炒制温度和时间的增加而呈现出先增加后减少的趋势。炒制后芦丁含量增加的原因可能有以下两点：第一，在炮制的温度不高，时间不长时，炒制的过程中破坏了槐米中的水解酶，起到了杀酶保苷的作用，即芦丁的含量增加；第二，由于加热过程中破坏了细胞壁，使得细胞中的黄酮类成分更容易从中渗出，即芦丁的渗出量增加。而芦丁含量下降可能是由于随着炮制温度增高、时间延长，芦丁会分解成槲皮素，进一步分解成具有止血作用的鞣质类成分。

（3）炮制对食药同源中药材中皂苷的影响

皂苷由疏水性的皂苷元和亲水性的糖基两部分通过糖苷键连接而成。根据苷元的不同可以分为三萜皂苷（苷元为三萜类化合物）和甾体皂苷（苷元为螺甾烷类化合物）。皂苷类化合物在中药中广泛分布，其中三萜皂苷在五加科（人参、三七等）、豆科（甘草、黄芪等）、桔梗科（桔梗等）、远志科（远志等）、伞形科（柴胡等）和石竹科等植物中分布较多，甾体皂苷大部分分布于百合科（知母、重楼等）、薯蓣科（薯蓣等）和玄参科等植物中。现代药理学研究表明，皂苷具有抗炎、抗肿瘤、抗衰老、降血糖、防治心脑血管疾病和机体免疫调节等药理活性。

炮制方法不同对食（药）材中皂苷的影响是不同的。如黄精在九蒸九晒过程中，主要差异成分为甾体皂苷类成分，随着蒸晒时间的延长，甾体皂苷类成分大量减少甚至消失，而甾体皂苷元如薯蓣皂苷元的含量则逐渐升高。又如使用不同的炮制方法炮制木瓜，木瓜中总皂苷含量高低为：酒炙品＞炒焦品＞炒黄品＞生品＞盐炙品，说明炮制温度、时间和辅料对木瓜总皂苷的溶出有影响。

（4）炮制对食药同源中药材中有机酸的影响

有机酸是指一类含有羧基的酸性化合物，大多数具有酸味的食（药）材多含有机酸类化合物，如五味子、乌梅等。目前已从中药材中发现了较多种类和数量的有机酸类成分，如甘草酸、当归酸、阿魏酸、熊果酸、齐墩果酸、丁香酸、桂皮酸等。有机酸类化合物的药理活性广泛，具有抗氧化、抗炎抑菌、抗病毒、抗肿瘤、抗血栓、调理肠胃等药理作用。

富含有机酸的药食同源植物常选用炒法进行炮制。有研究发现，随着炒制温度的升高和炒制时间的延长，山楂中的有机酸含量呈现先增加后减少的趋势，即有机酸含量高低为炒山楂＞生山楂＞焦山楂＞山楂炭，符合传统对山楂药性功用的记载，即炒山楂中有机酸的溶出率增加，故善于消食化积；焦山楂中有机酸类化合物聚合成鞣质类化合物，故酸味减弱，苦味增加，长于消食止泻；山楂炭中有机酸类含量大幅度下降，但仍含有一定的有机酸，故符合"炒炭存性"的炮制理论，山楂炭味苦微涩，具有止血、止泻的功效。又如乌梅炒制成乌梅炭时，随着制炭程度的加深、炒制时间的延长，乌梅炭中的枸橼酸含量呈现先升高后下降的趋势。

2.1.2.2 炮制对食药同源中药材药效的影响

炮制是增强食药同源中药材疗效的重要途径和有效手段。不同的炮制工艺会通过不同的作用途径，对食药同源中药材的药性功效产生不同的影响，进而达到增强其药效的目的。炮制通过去除药物杂质和非药用部位以保证食（药）材的食用疗效；通过加入具有协同作用的辅料、提高药效成分溶出率或增加有效成分含量以增强食（药）材的食用疗效。炮制影响食药同源中药材药效的途径如下：

（1）去除杂质和非药用部位

中药材在切制、炮炙前，选取规定的药用部位，除去非药用部位、霉变品、虫蛀品、灰屑泥沙杂质等，使其达到药用净度标准。净制去除中药材中的杂质和非药用部位，以保证用药的净度和纯度，便于进一步切制和炮炙。其中清除中药材杂质的方法有挑选、筛选、风选、水选和磁选等，分离和清除非药用部位包括去根去茎、去皮壳、去毛、去心、去芦、去核、去瓤、去枝梗、去头尾足翅、去残肉等。如昆布通过清水浸漂以除去盐分，肉桂用刀刮去栓皮、苔藓及其他不洁之物，山茱萸除去果核等。

(2) 提高药效成分溶出率

中药材经过炮制条件下温度、压力的改变，其细胞组织及所含有的化学成分会发生一系列物理、化学变化，可使中药材中药效成分溶出率增加。明代罗周彦《医宗粹言》中记载："决明子、萝卜子、芥子、苏子……凡药中用子者，俱要炒过研碎入煎，方得味出，若不碎，如米之在谷，虽煮之终日，米岂能出哉。"强调的是中药炮制中的"逢子必炒"理论，其目的是通过炒制使外有坚壳的种子类及部分果实类中药材所含有药效成分更容易浸出，以增强药物疗效。

(3) 增加有效成分含量

中药材在炮制过程中可能增加有效成分含量或者产生新成分，从而增强疗效。如有研究采用 UHPLC-Q-TOF-MS 分析技术检测生、炒酸枣仁水煎液中的化学成分，发现炒酸枣仁相较于生品，共有 12 种成分的相对含量升高，7 种成分的相对含量下降，含量上升的成分主要是黄酮类和皂苷类，符合传统认为炒酸枣仁养心安神作用强于生酸枣仁。牡蛎经过高温煅制后含有的 $CaCO_3$ 含量较生品高，在中和胃酸和抑制胃溃疡方面煅牡蛎的治疗效果强于生牡蛎。

(4) 加入具有协同作用的辅料

炮制过程中加入的辅料可以与中药材起协同作用，进而增强中药材的食用疗效。如在中药炮制中"酒制则升"，多用酒炮制具有活血通络功效的中药材，如当归、乌梢蛇等；"蜜制甘缓"，多用蜂蜜炮制具有止咳平喘、补脾益气的中药材，如甘草、党参、百合等；"盐炒下行"，食盐水炮炙可引药入肾，增强中药材补肝肾、滋阴润燥的功效，如杜仲叶、益智仁、小茴香等。

2.1.3 常用辅料及其作用

中药炮制辅料是指在中药炮制过程中，除主药以外所加入的具有辅助作用的附加物料。它对主药可起协调作用，或增强药物疗效，或减缓药物的毒副作用，或影响主药的理化性质。中药炮制可根据中医临床辨证施治的用药要求和药物的性质，选择适宜的辅料炮制，使之充分发挥药效并确保用药安全，达到辨证施治的用药目的，这是中医临床用药的重要特色。中药炮制中常用的辅料种类较多，一般可分为液体辅料和固体辅料两大类。

2.1.3.1 液体辅料

中药炮制中常见的液体辅料包括酒、醋、蜂蜜、食盐水、生姜汁、甘草汁、黑豆汁、米泔水、胆汁、麻油等。食药同源中药材常用的液体辅料有酒、醋、蜂蜜、食盐水、姜汁等。

(1) 醋

中药炮制中常用食用醋（米醋或其他发酵醋）。食用醋是单独或混合使用各种含有淀粉的物料、食用酒精，经微生物发酵酿制而成的液体酸性调味品，主要成分是醋酸（约占4%~6%）、水，还含有维生素、高级醇类、有机酸类、醛类、还原糖类、浸膏质、灰分等。

醋应澄明，不浑浊，无悬浮物及沉淀物，无霉花浮膜，无"醋鳗""醋虱"，具醋特异气味，无其他不良气味与异味。总酸量不得低于3.5%。不得检出游离酸，严禁用硫酸、硝酸、盐酸等矿酸来配制"食醋"（检验标准详见GB 2719—2018）。

醋呈酸性，能和药物中的游离生物碱结合呈盐而增加其溶解度，使其易于煎出而提高药物疗效。如延胡索，其镇痛的有效成分为生物碱，经过醋炙后生物碱成盐而易溶于水，有研究表明水煎液中延胡索乙素的含量较生品提高，符合传统认为醋炙能增强延胡索止痛的作用。醋能降低药物毒性，缓和药性，如甘遂、大戟等。醋还能除去药物的腥臭气味，如五灵脂、乳香等。

米醋味酸、苦，性温，能引药入肝，具有收敛、解毒、散瘀止痛的作用。常用醋炮制疏肝解郁、散瘀止痛、攻下逐水的药物，如香附、青皮、柴胡、三棱、莪术。常用醋炮炙的食药同源中药材有乌梅、鸡内金等。

(2) 酒

中药炮制中常用白酒、黄酒两大类，主要成分是乙醇，也含有酯类、有机酸类物质。浸酒多用白酒，炮炙多用黄酒。

黄酒是以稻米、黍米、小米、玉米、小麦、水等为主要原料，经过加曲和/或部分酶制剂、酵母等糖化发酵剂酿制而成的发酵酒，含乙醇15%~20%，尚含糖类、酯类、氨基酸、矿物质等。相对密度约为0.98，一般为棕黄色透明液体，气味醇香特异（检验标准详见国标GB/T 13662—2018）。

白酒是以粮谷为主要原料，以大曲、小曲、麸曲、酶制剂及酵母等为糖化发酵剂，经蒸煮、糖化、发酵、蒸馏、陈酿、勾调而成的蒸馏酒，含乙醇50%~60%，尚含有机酸类、糖类、酯类、氨基酸、醛类等成分。相对密度为0.82~0.92，一般为无色澄明液体，气味醇香特异（检验标准详见GB/T 10346—2006）。

用酒炮制药物可以增加有效成分的溶出率而提高药物疗效，如中药中生物碱及其盐类、苷类、鞣质、有机酸、挥发油、树脂、糖类及部分色素（叶绿素、叶黄素）等化学成分皆易溶于酒中，且中药中所含有的无机成分（$MgCl_2$、$CaCl_2$）能和酒形成结晶醇而提高其溶解度。另外，酒具有芳香气味，可矫味矫臭。

酒味辛、甘，性大热，能升能散，具有活血通络、祛风散寒、引药上行、矫臭去腥的作用。常用酒炮制苦寒清热药、活血祛瘀药、祛风通络药和动物类药材，如大黄、黄连、地龙、丹参、川芎、白芍、续断等。常用酒炮炙的食药同源中药材有当归、山茱萸、肉苁蓉、蕲蛇等。

(3）蜂蜜

蜂蜜为蜜蜂科昆虫中华蜜蜂 Apis cerana Fabricius 或意大利蜂 Apis mellifera Linnaeus 所酿的蜜，主要成分为果糖、葡萄糖、水分，尚含少量蔗糖、麦芽糖、有机酸、含氧化合物、酶类、氨基酸、维生素、矿物质等成分。

蜂蜜应为半透明、带光泽、浓稠的液体，白色至淡黄色或橘黄色至黄褐色，放久或遇冷渐有白色颗粒状结晶析出。气芳香，味极甜。室温（25℃）时其相对密度应在 1.349 以上，水分不得超过 24.0%，含 5-羟甲基糠醛不得超过 0.004%，含蔗糖和麦芽糖分别不得超过 5.0%，不得有淀粉和糊精（检验标准与方法详见《中国药典》2020 年版）。

中药炮制常用的为熟蜜，即将生蜜加入适量水煮沸后，滤过除去杂质，稍浓缩而成。蜂蜜生则性凉，故能清热；熟则性温，故能补中；甘而平和，故能解毒；柔而满泽，故能润燥；缓可去急，故能止痛；气味香甜，故能矫味矫臭；不冷不燥，得中和之气，故十二脏腑之病，无不宜之。蜂蜜多炮制止咳平喘、补脾益气的药物，如紫菀、百部、麻黄、马兜铃、枇杷叶、款冬花、桂枝等。常用蜂蜜炮炙的食药同源中药材有甘草、百合、桑叶、党参等。

（4）姜汁

中药炮制所用姜汁包括生姜汁和干姜汁液，生姜汁为姜科植物鲜姜（Zingiber officinale Rosc.）的根茎，经捣碎取的汁；干姜汁是用干姜，加适量水共煎去渣得到的液体。其主要成分为挥发油、姜辣素（姜烯酮、姜酮、姜萜酮混合物），另外尚含有多种氨基酸、淀粉及树脂状物。

姜汁具有姜的香气和辛辣味，生姜榨汁为黄白色至淡黄色液体，静置后底部有白色粉末沉淀；干姜煎汁为深棕褐色液体，静置后底部也有沉淀。生姜味辛，性温，升腾发散而走表，具有发表、散寒、温中、止呕、开痰、解毒等作用。姜汁炮制药物能够降低或消除药物的毒副作用，如半夏、南星。姜汁性温发散，能够纠正药物过于寒凉等偏性，增强其和胃止呕作用，如黄连、栀子等。用于炮制祛痰止咳、降逆止呕的药物，如竹茹、半夏、草果、黄连等。

（5）食盐水

食盐为无色透明的等轴系结晶或白色结晶性粉末。食盐水为食盐加适量水溶化，经过滤而得的无色、味咸的澄明液体。主要成分为氯化钠和水，尚含少量的氯化镁、硫酸镁、硫酸钙、硫酸钠、氯化钾、碘化钠及其他不溶物质等成分。

食盐应为白色，味咸，无可见的外来杂物，无苦味、涩味，无异臭。氯化钠含量 $\geqslant 96\%$，硫酸盐（以 SO_4^{2-} 计）$\leqslant 2\%$，镁 $\leqslant 2\%$，钡 $\leqslant 20\text{mg/kg}$，氟 $\leqslant 5\text{mg/kg}$，砷 $\leqslant 0.5\text{mg/kg}$，铅 $\leqslant 1\text{mg/kg}$（检验标准与方法详见《中国药典》2020 年版）。

食盐中的主要化学成分是氯化钠，能够调节中药材中的化学成分在组织中的渗透压。此外，盐炙过程中由于盐水的浸泡，使得中药材的质地变得疏松并易于粉碎，有利于有效成分的溶出。如在含黄柏的方剂大补阴丸中，黄柏盐炙后其指标性成分黄柏碱的含量较生品高。

食盐味咸，性寒，能引药下行，具有强筋骨、软坚散结、清热、凉血、润燥、解毒的作用。故食盐水多用于炮制补肾益精、疗疝止痛、利尿和泻相火的中药材。常用食盐水炮制的中药材有知母、泽泻、杜仲、黄柏、车前子、补骨脂等。常用食盐水炮炙的食药同源中药材有八角茴香、小茴香、马齿苋、砂仁、益智仁等。

2.1.3.2 固体辅料

中药炮制中常见的固体辅料包括稻米、麦麸、白矾、豆腐、土、蛤粉、滑石粉、河砂、朱砂等。食药同源中药材常用的固体辅料包括稻米、麦麸、土、河砂、蛤粉等。

（1）稻米

中药炮制所用稻米为禾本科植物稻（*Oryza sativa* L.）的种仁，主要成分是淀粉、蛋白质、脂肪，尚含维生素、有机酸、矿物质等。稻米味甘，性平，具有补中益气、健脾和胃、除烦止渴、止泻痢的作用，故一般用稻米炮制某些补中益气的中药。常用稻米炮制的食药同源中药材有党参等。

（2）麦麸

中药炮制所用的麦麸是禾本科植物小麦（*Triticum aestivum* L.）经过磨粉过筛后的种皮，呈淡黄色或褐黄色的皮状颗粒。质较轻，具特殊麦香气，主要成分为淀粉、蛋白质、脂肪、粗纤维，尚含维生素、酶类、谷甾醇等。用麦麸炮制中药材能够减缓药物的刺激性，或增强药物疗效，或矫正药物的不良气味。麦麸味甘、淡，性平，具有益气和中的作用，故常用麦麸炮制补脾胃或作用强烈的中药材。常用麦麸炮制的食药同源中药材有山药、芡实、薏苡仁等。

（3）土

中药炮制常用的土是灶心土（又名伏龙肝），也可使用黄土、赤石脂等。灶心土呈焦土状，黑褐色，有烟熏气味，主含硅酸盐、钙盐及多种碱性氧化物。用土炮制中药材能够增强药物疗效，降低药物的刺激性。灶心土味辛，性温，具有温中和胃、止血、止呕、涩肠止泻的作用，常用来炮制具有补脾止泻作用的药物。常用土炮制的食药同源中药材有当归、山药等。

（4）蛤粉

中药炮制所用蛤粉是帘蛤科文蛤属动物文蛤 *Meretrix meretrix* L. 或青蛤属动物青蛤 *Cyclina sinensis* Gmel. 等的贝壳，经过煅制粉碎后的灰白色粉末。主要成分为氧化钙等。蛤粉味咸，性寒。能清热、利湿、化痰、软坚。用蛤粉炒制的过程中由于其颗粒细小，火力弱，传热作用较河砂慢，故能使药物缓慢受热，适用于炒制胶类中药材。常用蛤粉炮制的食药同源中药材为阿胶。

（5）河砂

中药炮制所选用的河砂，是经过筛选粒度均匀适中的河砂，经去净泥土、杂质后，晒干备用，主要成分为二氧化硅。炮制一般多用"油砂"，即取干净、粒度均匀的河砂，加热至烫后，再加入1%～2%的植物油，翻炒至油烟散尽，河砂呈油亮光泽时，取出备用。河砂在炮制的过程中主要作为中间传热体，由于质地坚硬，传热较快，与药物接触面积较大，所以用砂炒药物可使其受热均匀，又因砂炒火力强，温度高，故适用于炒制质地坚硬的中药材。此外，还可利用河砂温度高，破坏部分毒副作用成分而降低药物的毒副作用，去除非药用部位及矫味矫臭等。常用河砂炮制的食药同源中药材有鸡内金。

2.1.4 炮制品的质量要求及储藏保管

食药同源炮制品的质量优劣直接影响食药疗效，因此中药饮片的质量控制和储藏保管是饮片炮制的重要环节，一方面对中药炮制品有一定的质量要求，另一方面要保证中药炮制品储藏保管过程得当，不影响炮制品的质量。中药炮制的储藏管理是否得当，影响着中药炮制品使用的安全性和有效性。明代陈嘉谟《本草蒙筌》中就有提到如何进行中药材的储藏管理："凡药贮藏，宜常提防，倘阴干，曝干，烘干，未尽去湿，则蛀蚀霉垢朽烂不免为殃……见雨久者火频烘，遇晴明向日旋曝。粗糙旋架上，细腻贮坛中。"可见从古至今的中医药学家均十分重视中药饮片的储藏管理，经过长期的积累和总结，形成了中药饮片特有的贮存保管方法和技术。可将中药饮片的储藏管理分为传统贮藏保管方法和现代贮藏保管方法。

2.2 食药同源中药材的净选加工

2.2.1 净选加工的目的

净选加工即净制，是药材在切制、炮炙和调配、制剂前，选取规定的药用部分，除去非药用部位、霉变品、虫蛀品、灰屑泥沙杂质等，使其达到药用净度标准的方法。净制可根据具体情况，分别使用挑选、筛选、风选、水选、剪、切、刮、削、剔除、酶法、剥离、挤压、燀、刷、擦、火燎、烫、撞、碾串等方法操作，以达到净度要求。药材必须净制后方可进行切制或炮炙等处理。净选加工的目的有以下几点：

① 分离药用部位。使不同药用部位各自发挥更好疗效。如莲子肉和莲子心等。

② 进行分档。便于在水处理和加热过程中分别处理，使其均匀一致。如山楂、栀子、鸡内金等。

③ 除去非食（药）用部位。保证调配时剂量准确，减少服用时的副作用，如去粗皮、

去瓤、去心、去芦等。

④ 除去泥沙及虫蛀霉变品。主要是去除产地采集、加工、贮运过程中混入的泥沙杂质、虫蛀及霉变品，以达到洁净卫生要求。

2.2.2 净选加工的方法

去除杂质是为了使药物洁净或便于进一步的加工处理。可将中药材中混存的杂质规定为三类：第一类是来源与规定相同，但其性状或部位与规定不符，即非药用部位；第二类是来源与规定不同的物质；第三类是无机杂质。在实际操作过程中，依据中药材理化性质的不同，可以选择不同清除杂质的方法，一般可分为挑选、筛选、风选、水选和磁选等。

（1）挑选

挑选是指用手工或挑选机挑拣出混在药物中的杂质及霉变品等，以使其洁净或进一步加工处理。如丝瓜络需除去外皮、果肉和种子，紫苏叶需除去混有的枯枝、腐叶及杂草，山楂需要除去脱落的核和果柄等。

（2）筛选

筛选是根据药物和杂质的体积大小不同，选用不同规格的筛和箩，筛选除去与药物的体积大小相差悬殊的杂质，或将辅料筛去（如麦麸、河砂、滑石粉、蛤粉、米、土粉等），使其达到洁净；或者用不同规格的筛箩对药物进行大小分档。有些药物形体大小不等，需用不同孔径的筛子进行筛选分开，如延胡索、浙贝母、半夏等，以便控制后续炮制的条件。

（3）风选

风选是指利用药物和杂质的密度不同，借助风力清除杂质，适用于杂质与中药材的质量相差较大。

（4）水选

水选是指用水冲洗中药材以除去杂质，如昆布、海藻这类含盐较多的中药材，筛选和挑选不易除去，故选用水选或漂的方式以使其洁净；或利用药物与杂质的水的浮力不同分离非药用部位，如蝉蜕、蛇蜕等质地较轻的中药材，可将药物置于水中搅拌，杂质与中药材在水中浮力不同而分离。

（5）磁选

磁选是利用强磁性材料吸附混合在药材中的磁性杂物（铁屑、铁丝），将药材与磁性杂物分离。磁选避免了因药材在采收、储运、加工过程中可能混入的铁质杂物（如铁钉、铁丝、铁屑等）对后续工序的影响，保护了切药机、粉碎机等设备。

2.2.3 去除非食（药）用部分

食药同源的中药材在使用前应根据原药材的情况，结合实际的用药需求，去除非食（药）用部分。按照净制要求可以分为：去根去茎，去皮壳，去毛，去心，去芦，去核，去瓤，去枝梗，去头尾足翅，去残肉，去杂质、霉败品等。

2.2.4 净制的质量要求

净选加工是为了除去中药材中的杂质和非药用部位，以保证中药饮片达到药用净度标准。如2020年版《中国药典》规定饮片药屑杂质通常不得过3%，《中药饮片质量标准通则（试行）》中对中药饮片中药屑、杂质也进行了限量要求（见表2-2）。

表2-2 中药饮片所含药屑、杂质的要求标准

药材类别		药屑、杂质限量要求
根、根茎、藤木类、叶类、花类、皮类、动物类、矿物类、菌藻类		<2%
果实、种子类、全草类、树脂类		<3%
炮炙品	蜜炙品、油炙品	<0.5%
	炒黄品、米炒品、酒炙品、醋炙品、盐炙品、姜汁炙、米泔水炙、蒸制品、（清水/矾水/醋）煮制品、发芽品、发酵品	<1%
	炒焦品、麸炒品、煅制品、（药汁/豆腐）煮制品	<2%
	炒炭品、土炒品、烫制品、煨制品	<3%

2.3 食药同源中药材的切制

2.3.1 切制前软化处理

将净选后的药物进行软化，再切成一定规格的片、丝、块、段等炮制工艺，称为饮片切制。切制饮片是为了便于有效成分的煎出，有利于饮片的炮炙、贮存、调配和制剂等。干燥的药材切制成饮片必须先经过适当的软化处理。

软化处理包括水处理和特殊软化处理。其中大部分药材可以采用常规水软化处理方法，部分特殊药材采用特殊软化处理方法。

2.3.1.1 常规水软化处理方法

常规水软化处理方法包括淋法、淘洗法、泡法、漂法、润法等，现代常用真空加温润药、减压浸渍和气相置换设备进行快速软化。

（1）淋法（喷淋法）

是指用清水喷淋或浇淋药材的方法。操作时，将药材整齐堆放，用清水均匀喷淋，喷

淋的次数根据药材质地而异，一般为2~3次，均需稍润，以适合切制。本法多适用于气味芳香、质地疏松的全草类、叶类、果皮类和有效成分易随水流失的药材。

(2) 淘洗法（抢水洗）

是指用清水洗涤或快速洗涤药物的方法。操作时，将药材投入清水中，经淘洗或快速洗涤后，及时取出，稍润，即可切制。由于药材与水接触时间短，故又称"抢水洗"。适用于质地松软、水分易渗入及有效成分易溶于水的药材。

(3) 泡法

是指将药材用清水泡一定时间，使其吸入适量水分的方法。操作时，先将药材洗净，再注入清水至淹没药材，放置一定时间（时间根据药材的质地、大小和季节、水温等灵活掌握），中间不换水，一般浸泡至一定程度，捞起，润软，再切制。适用于质地坚硬、水分较难渗入的药材。如萆薢、天花粉、木香、乌药、土茯苓、泽泻、姜黄、三棱等。动物类药物也可采取泡法，即将药材置缸内，放水淹过药材面，加盖泡之，中间不换水。由于微生物繁殖，造成筋膜腐烂，可除去附着的筋、肉、膜、皮等，而留下需要的骨质，洗净，干燥。

(4) 漂法

是指将药材用多量水，多次漂洗的方法。操作时，将药材放入大量的清水中，每日换水2~3次，漂去有毒成分、盐分及腥臭异味，漂洗的时间根据药材的质地、季节、水温灵活掌握。本法多不用于处理食药同源中药材，较多适用于毒性药材、用盐腌制过的药物及具腥臭异常气味的药材。

(5) 润法

是把泡、洗、淋过的药材，用适当器具盛装，或堆积于润药台上，以湿物遮盖，或继续喷洒适量清水，保持湿润状态，使药材外部的水分徐徐渗透到药物组织内部，达到内外湿度一致，利于切制。润的方法包括浸润、伏润、露润等。

2.3.1.2 特殊软化处理方法

特殊软化处理方法包括湿热软化、干热软化、砂润软化等。

(1) 湿热软化

有些不适宜采用上述方法处理的药材，还可采用蒸润、蒸汽喷雾润、减压冷浸等方法进行软化。

(2) 干热软化

是指在烘箱内进行加热，使药材软化的方法。该法主要用于动物胶类药物的软化，如阿胶、鹿角胶、鱼鳔胶等。常将整块药材放烘箱内，在一定温度下烘软，趁热切制。

(3) 砂润软化

是将待软化的药物埋入含水充分的砂中，利用渗透的原理，使砂中的水分逐渐渗入药物组织内部达到软化的方法，称为砂润法。

2.3.2　切制原则

饮片经过软化处理后，按照要求，选择适宜的类型和规格，并且依据药材自身性质和调剂制剂的需求来进行切制。饮片切制的总体原则为：质坚宜薄，质松宜厚，突出鉴别特征，便于进一步炮制，兼顾各种因素以满足临床用药要求。

2.3.3　切制方法

饮片切制的方法包括机器切制和人工切制。目前在不影响临床疗效、便于调配和制剂的前提下，多采用机器切制。但目前机器切制并不能满足某些药材或药材切制某些环节的切制要求，因此，手工切制仍在使用。

2.3.3.1　机器切制

目前，全国各地生产的切药机种类较多，切片原理不一，如剁刀式切药机、旋转式切药机、多功能中药切药机、多功能斜片切药机等，基本特点是生产效率高、速度快、节约生产时间，减轻劳动强度，但目前仍没有能够适应各种药材及饮片类型的切药机器。

2.3.3.2　手工切制

手工切制是指将软化好的药物置于刀床上，用手或一特别的压板向刀口推进，然后按下刀片，即切成饮片。适用于切药机器无法切制的药材，如太软、太黏及粉质药材和少量特殊药材。其操作方便，灵活，不受药材形状的限制，切制的饮片均匀、美观，损耗率低，类型和规格齐全，弥补了机器切制的不足。缺点是劳动效率较低，需要操作者具备一定的经验。

2.3.4　切制后饮片的干燥处理

为了保存药效，便于贮存，药材切制后必须及时干燥，否则会影响药材的质量和临床疗效。由于各种药物性质不同，干燥方法不尽相同，主要分为自然干燥和人工干燥。

2.3.4.1　人工干燥

人工干燥是利用一定的干燥设备，对饮片进行干燥。本法的优点是干燥过程不受气候的影响，较自然干燥的效率高且干净卫生。近年来已经设计并制造出各种干燥设备，如直火热风式、蒸汽式、电热式、远红外线式、微波式。

2.3.4.2 自然干燥

自然干燥是指把切制好的饮片置日光下晒干或置阴凉通风处阴干，必要时采用烘焙至干的方法。晒干法和阴干法都不需要特殊设备，但易受气候的影响，饮片亦不太卫生，烘焙法则可弥补上述缺点。

2.4 食药同源中药材的炒法

2.4.1 炒制的目的

将净制或切制过的药物，筛去灰屑，大小分档，置炒制容器内，加辅料或不加辅料，用不同火力加热，并不断翻动或转动使之达到一定程度的炮制方法，称为炒法。炒法的目的主要有：

① 增强药物疗效。炒制后药物质地变得松泡，利于有效成分的煎出，如王不留行、紫苏子、山楂等。

② 缓和或改变药性。炒制能缓和或改变中药的性能，使其更能适应于临床用药或日常食用。如薏苡仁、芥子等。

③ 矫臭矫味。炒制过程中温度的变化以及所加入辅料的不同能够对药材的气味产生影响，以便于食用。如僵蚕等。

④ 利于药材的贮藏。炒制过程中的高温能破坏药材中的水解酶，起到杀酶保苷的作用，同时减少了药材中的水分，有利于药材的贮藏保管。

2.4.2 炒制加工的分类

根据炒法操作时加辅料与否，可分为清炒法（单炒法）和加辅料炒法（合炒法）。

2.4.2.1 清炒法

不加任何辅料的炒法称为清炒法。根据火候及程度的不同又分为炒黄、炒焦和炒炭。

（1）炒黄

是将净制或切制过的药物，置炒制容器内，用文火或中火加热，并不断翻动或转动，使药物表面呈黄色或颜色加深，或发泡鼓起，或爆裂，并逸出固有气味的方法。是炒法中最基本的操作。如炒王不留行、芥子、莱菔子等。

（2）炒焦

是将净选或切制后的药物，置炒制容器内，用中火或武火加热，炒至药物表面呈焦黄或焦褐色，内部颜色加深，并具有焦香气味。如焦山楂、焦栀子等。

(3) 炒炭

是将净选或切制后的药物，置炒制容器内，用武火或中火加热，炒至药物表面呈焦黑色或焦褐色，内部呈棕褐色或棕黄色。如姜炭、槐花炭、侧柏叶炭、荆芥炭等。

2.4.2.2　加辅料炒法

将净制或切制后的药物与固体辅料共同加热，并翻炒至一定程度的方法，称为加辅料炒法。加辅料炒的主要目的是降低毒性，缓和药性，增强疗效和矫臭矫味等。同时，某些辅料具有中间传热的作用，能使药物受热均匀，炒后的饮片色泽一致，外观质量好。常用的固体辅料有麦麸、大米、灶心土、河砂、蛤粉、滑石粉，依次所对应的炒法称为麸炒、米炒、土炒、砂炒、蛤粉炒、滑石粉炒。

(1) 麸炒

将净制或切制后的药物用麦麸熏炒的方法，称为麸炒。麸炒又称为"麦麸炒"或"麸皮炒"。炒制药物时所用的麦麸为未制者称净麸炒或清麸炒；麦麸经用蜂蜜或红糖制过者，则分别称蜜麸炒或糖麸炒。麦麸味甘性平，具有和中作用。故常用麦麸炒制补脾胃或作用强烈及有腥味的药物，如苍术、枳壳、僵蚕等。

(2) 米炒

将净制或切制后的药物与米同炒的方法，称为米炒。米炒药物一般以糯米为佳，有些地区用"陈仓米"，现多用大米。大米甘平，健脾和中，除烦止渴。故米炒法常用于炮制某些补中益气的中药及某些具有毒性的昆虫类中药，如党参、斑蝥等。

(3) 土炒

将净选或切制后的药物与灶心土（伏龙肝）拌炒的方法，称为土炒。亦有用黄土、赤石脂炒者。灶心土味辛，性温，能温中止血、止呕、止泻，故常用来炮制补脾止泻的药物，如山药、白术等。

(4) 砂炒

将净选或切制后的药物与热砂共同拌炒的方法，称为砂炒（砂烫）。砂作为中间传热体，由于质地坚硬，传热较快，与药物接触面积较大，所以用砂炒药物可使其受热均匀，又因砂炒火力强，温度高，故适用于炒制质地坚硬的药材，如龟甲、鳖甲、马钱子等。

(5) 蛤粉炒

将净制或切制后的药物与蛤粉共同拌炒的方法，称为蛤粉炒或蛤粉烫。蛤粉是软体动物文蛤或青蛤的贝壳，经洗净晒干研粉或煅后研粉而成。其味咸性寒，有清热利湿、软坚化痰的功能。蛤粉炒由于火力较弱，而且蛤粉颗粒细小，传热作用较砂稍慢，故能使药物缓慢受热，适于炒制胶类药物，如阿胶、鹿角胶等。

（6）滑石粉炒

将净制或切制后的药物与滑石粉共同拌炒的方法，称为滑石粉炒或滑石粉烫。滑石粉味甘性寒，具清热利尿作用。滑石粉质地细腻而滑利，传热较缓慢，用滑石粉炒制药物，由于其滑利细腻，与药物接触面积大，使药物受热均匀。滑石粉炒适用于韧性较大的动物类药物，如黄狗肾、水蛭、刺猬皮等。

2.4.3 炒制的注意事项及质量要求

炒制过程中的两个关键因素是火力和火候。根据临床需要和药物自身性质的不同，所控制的火力和火候标准不同。

火力是指药物炮制过程中所用热源释放出的热量大小、火的强弱或温度的高低。火力可分为文火、中火、武火。文火即小火，武火即大火或强火，介于文火和武火之间的为中火。先文火后武火，或文火和武火交替使用的为文武火。炒法最初用火都是柴火，有柳木火、桑木火、炭火等。后来逐渐发展用煤、煤气、电、电磁和微波等。火力是影响炮制品质量的重要因素，可根据炒制要求，选用不同的火力。

火候是指药物炮制的温度、时间和程度。可根据药物内外特征的变化和附加判别方法进行判断。目前正在集合材料学、计算机学、仿生学和生物学等学科优势，开发用于判断中药炮制火候标准的电子鼻和电子舌等。

炒制是中药炮制中常用的方法之一，其目的主要是增强药物疗效，缓和或改变药性，矫味矫臭，利于贮藏和调剂制剂等。炒制后的中药饮片均应符合《中国药典》2020年版、《全国中药炮制规范》或地方《中药炮制规范》中对其的质量要求。如2020年版《中国药典》中规定麸炒芡实含水分不得过10%，总灰分不得过1.0%；规定槐花水分不得过11.0%，总灰分不得过14.0%，酸不溶性灰分不得过8.0%，醇溶性浸出物不得少于37.0%，含总黄酮以芦丁计，不得少于8.0%，含芦丁不得少于6.0%等。部分炒制品质量要求见表2-3。

表2-3 部分炒制品的质量要求汇总

类型	质量标准	
	外观	药屑杂质
炒黄	应符合《中国药典》2020年版、《全国中药炮制规范》或地方《中药炮制规范》，色泽均匀。生片、糊片不得超过2%	<1%
炒焦	应符合《中国药典》2020年版、《全国中药炮制规范》或地方《中药炮制规范》，色泽均匀。生片、糊片不得超过3%	<2%
炒炭	应符合《中国药典》2020年版、《全国中药炮制规范》或地方《中药炮制规范》，存性生片和完全炭化者不得超过5%	<3%
麸炒	应符合《中国药典》2020年版、《全国中药炮制规范》或地方《中药炮制规范》，色泽均匀。生片、糊片不得超过2%	<2%

续表

类型	质量标准	
	外观	药屑杂质
土炒	应符合《中国药典》2020年版、《全国中药炮制规范》或地方《中药炮制规范》,色泽均匀。生片、糊片不得超过2%	<3%
米炒	应符合《中国药典》2020年版、《全国中药炮制规范》或地方《中药炮制规范》,色泽均匀。生片、糊片不得超过2%	<1%

注：数据来源于《中药饮片质量标准通则（试行）》。

2.5 食药同源中药材的蒸煮法

蒸煮法是食药同源中药材中最常见的加工和炮制方法，主要通过蒸煮法达到改变食药同源中药材中化学成分的组成和比例、减少储存和加工过程中有效成分的流失、抑制其中微生物增殖利于储存等。基于食药同源中药材同时兼具食物和药物的特性，其蒸煮法除传统中药材饮片的炮制方法外，还包括食药同源中药材鲜品的加工等。

2.5.1 蒸法加工的目的和要求

蒸法是指将净制或切制后的食药同源中药材加入辅料或不加辅料置于蒸制容器内加热的一种方法，属于传统中药材炮制中"水火共制"的常用方法之一，同时也是饮片切制软化的方法之一。根据是否添加辅料分为清蒸和辅料蒸，其中清蒸是指仅以水蒸气作为媒介，辅料蒸则包括与黑豆汁、黄酒、醋、盐等一起蒸制。根据是否与蒸汽接触分为直接蒸法和间接蒸法，直接蒸法是指直接利用流通蒸汽蒸，间接蒸法是指在密闭条件下隔水蒸。不同的蒸法加工过程会对食药同源中药材产生不同的作用，其加工目的主要包括：

① 改变药性，扩大用药范围。清蒸可以通过蒸制过程影响食药同源中药材，特别是根茎类材料中多糖、皂苷类化合物、黄酮类化合物、有机酸等成分的比例，改变其消化性和营养性，例如古籍中记载的"九蒸九晒"等；辅料蒸则可以通过食药同源中药材与辅料在高温蒸制状态下相互作用，改变中药材药性药效，增加其功效的侧重点。

② 利于贮存，保存药效。高温蒸制可以抑制食药同源中药材中有害微生物的增殖，减少微生物引起的腐败及其有害代谢产物，例如黄曲霉毒素等。

③ 软化药材，便于切片。蒸法不仅是中药材的炮制方法，同时也是饮片切制软化方法之一，例如短时间清蒸天麻、人参和木瓜等，其目的是通过蒸制使其干燥药材吸收水分后软化，有利于整株药材切片和修整，此种应用通常会在切制为合适饮片后进行二次干燥，操作过程要求水质纯净，不可温度过高、时间过长。

④ 减少副作用。食药同源中药材在限定使用范围和剂量内可以同时作为食物和药物食用，具有很高的安全性，但对于特定人群如老年人群、脾胃虚弱人群等具有一定的副作用，部分食药同源中药材如黄精、山药等，其鲜品中成分具有刺激咽喉和引起皮肤瘙痒

等，经过蒸制后可以消除以上不良反应。

根据不同中药材的性味归经特征和不同的制备目的，需采用个性化的蒸制方法。在蒸制过程中要注意火候、时间，一般先用武火，待"圆气"后改用文火，保持锅内有足够的蒸汽。但是有的中药材蒸制时间太短达不到炮制效果，需要反复长时间蒸制；部分中药材若蒸得过久，使得药物不仅因为"上水"影响药效，同时难以干燥。

2.5.2 蒸法加工在食药同源中药材中的应用

地黄为玄参科地黄属植物地黄的新鲜或干燥块根，《本经逢原》中记载"熟地黄，假火力蒸晒，转苦为甘，为阴中之阳，故能补肾中元气"，是"生熟异治"的代表中药。地黄经过蒸法的药性由寒转温，味由苦转甜，功能由清转补，具有滋阴补肾、益精填髓功效；熟地黄质厚味浓、滋腻碍脾，以酒蒸制后主补阴血，并可借酒力行散，起到行药势、通血脉的作用。现代研究表明，生地黄药材蒸制后主要成分环烯醚萜苷类成分总峰面积和苯乙醇苷类成分总峰面积在蒸制时间为 4h 时出现最高值，由美拉德反应产生的 5-羟基甲基糠醛峰面积呈现上升趋势，熟地黄中果糖、葡萄糖、蜜二糖、甘露三糖等多糖含量多于生地黄，水苏糖和蔗糖含量则显著下降。同时也有研究者对地黄在炮制前后体外清除 DPPH 和 ABTS 自由基、SOD、MDA 等氧化应激相关指标进行比较，结果显示抗氧化能力依次为酒炖熟地黄＞清蒸熟地黄＞地黄生品。与鲜品地黄相比，地黄中的地黄苷 D 因结构稳定性差，易于高温和酸性环境下发生水解，因此在蒸制过程中含量呈下降趋势，且水溶性浸出物含量会逐渐降低，可见地黄在蒸制过程中需对时间和温度等炮制工艺进行进一步优化。

黄精，为百合科黄精属植物黄精 *Polygonatum sibiricum* Red.、多花黄精 *Polygonatum cyrtonema* Hua 或滇黄精 *Polygonatum kingianum* Coll. et Hemsl. 的干燥根茎，具有养阴润肺、补脾益气、滋肾填精的功效。黄精在《神农本草经·上品植物篇》《名医别录》中被列为上品，认为"常吃黄精不虚一生"，可以"主补中益气，除风湿，安五脏，久服轻身延年不饥"。然而，鲜品黄精具有刺激咽喉的不良反应，《食疗本草》记载："蒸之，若生则刺人咽喉，曝使干，不尔朽坏。"黄精鲜品服用时会产生口舌麻木、咽喉不适等症状，其汁液可使皮肤瘙痒，所以生黄精需经蒸制消除不良反应。现代黄精的炮制方法多沿用古法，以九蒸九晒炮制法应用最为广泛，蒸制后可去除不良反应，补脾润肺功效增强；酒黄精可引药上行，使其具有补养功效但不至于滋腻碍脾。黄精中主要的化学成分包括黄精多糖、黄精皂苷、黄酮类化合物和木脂素类化合物等。在黄精的九蒸九晒炮制过程中，黄精多糖的含量呈现先升后降的趋势，总皂苷的含量不断下降但相对速率较为缓慢，由于加热产生的美拉德反应促进 5-羟甲基糠醛含量增加，而浸出物的含量并未发现明显变化。与非炮制品相比，炮制品中丝氨酸、胱氨酸、赖氨酸和精氨酸含量显著降低，而其他氨基酸含量如甘氨酸、苯丙氨酸以及苏氨酸等显著升高，功能性氨基酸含量则没有显著性变化，但必需氨基酸含量显著升高，提示炮制后不仅能维持黄精的药效作用，还有助于其营养价值的提升。研究表明经炮制后黄精的抗氧化活性、降血糖活性和抗衰老活性都有所提升。

2.5.3 煮法加工的目的和要求

煮法是指将净制的药物加辅料（液体或固体）或不加辅料放入锅内，加适量清水共煮的方法，分类与蒸法类似，包括清水煮和辅料煮。清水煮指取净药材放入容器内，加清水没过药材面，先用武火煮沸再改文火加热，煮至内无白心取出。辅料煮如甘草汁煮、豆腐煮等。甘草汁煮是指以甘草汁替换清水，煮至汤汁被吸收取出。豆腐煮则需将药材放入豆腐中，加水没过豆腐，煮至一定程度后取出，将豆腐放凉后去除豆腐。针对食药同源类中药材其加工目的主要为以下两点：

① 缓和药性，增强药效。经过高温煮制改变中药材中主要化合物的结构和比例，加入辅料煮制更是可以通过辅料的功能成分增强和扩大原食药同源中药材的功效和应用范围。

② 清洁药材。通过高温和固体辅料对中药材进行初步加工，去除杂质。

此外，食药同源中药材的煮法还可包括鲜品或饮片在日常饮食烹饪过程中的直接应用，包括药膳、代茶饮等，例如银耳百合汤、车前草代茶饮。

2.5.4 煮法加工在食药同源中药材中的应用

巴戟天，为茜草科巴戟天属植物巴戟天 *Morinda officinalis* How. 的根，具有补肾助阳、祛风除湿的功效。《仁术便览》中记载"甘草汤浸去心"，《景岳全书》中有"巴戟肉，甘草汤炒"的记载，《先醒斋广医学笔记》也记载巴戟天可以"甘草汁煮，去骨"等，《中国药典》也规定制巴戟天的炮制方法为"取甘草，捣碎，加水煎汤，去渣，加入净巴戟天拌匀"。甘草水制巴戟天，使其补益作用增强，可补肾、益气、养血，用于治疗脾肾亏虚、胸中短气等证。生巴戟天经甘草汁煮制甲基异茜草素-1-甲醚含量显著下降，总蒽醌类化学成分呈先升后降趋势。研究者比较生巴戟天和不同比例甘草汁炮制巴戟天对腺嘌呤致肾阳虚模型大鼠肾功能和下丘脑-垂体-性腺轴的改善作用，结果显示可以更显著降低 BUN、SCr、FSH 和 LH 水平及调整 E2/T，同时可以更显著调控大鼠肾脏和睾丸组织中 Wnt/β-catenin 通路及睾丸组织中 TGF-β1/Smads 通路。

远志，为远志科远志属植物远志 *Polygala tenuifolia* Willd. 或卵叶远志 *Polygala sibirica* L. 的干燥根，具有安神益智、祛痰开窍、消散痈肿的功效。《中国药典》记载制远志的炮制方法"取甘草，加适量水煎汤，去渣，加入净远志，用文火煮至汤吸尽，取出，干燥"。古人记载生远志有"戟人咽喉"，容易刺激胃黏膜而引起恶心、呕吐，经甘草水制后能减其燥性，缓和药性，协同补脾益气、安神益智作用。现代研究表明远志的主要活性成分为皂苷类化合物，经甘草汁煮和水煮后其中远志皂苷 B 含量明显降低，远志皂苷 Z、远志皂苷 F、瓜子金皂苷 XXIII、细叶远志皂苷含量明显升高，可改善远志引起的大鼠肠道菌群结构改变和物种多样性减少，降低生远志引起的大鼠十二指肠组织中 IL-6、IL-8、TNF-α 水平升高和肠道炎症损伤，可一定程度逆转生远志引起的大鼠粪便中乙酸、丙酸、丁酸、戊酸含量降低。

珍珠，本品为珍珠贝科动物马氏珍珠贝 *Pteria martensii*（Dunker）、蚌科动物三角帆蚌 *Hyriopsis cumingii*（Lea）或褶纹冠蚌 *Cristaria plicata*（Leach）等双壳类动物受刺激形成的珍珠。具有安神定惊、明目去翳、解毒生肌的功效。《本草求真》记载珍珠在使用时须研成极细粉末应用，"否则伤人脏腑，外掺肌肉作疼"。具体炮制过程如《银海精微》记载："用豆腐一块，入珠与腐内。"之后采用水飞法将珍珠研为细粉，将豆腐煮法与水飞结合，在水飞之前用于清洁，除去珍珠上附着的油脂类成分。与直接水飞珍珠、炒爆研细珍珠相比，豆腐煮制珍珠氨基酸含量更高，以甘氨酸和丙氨酸的含量最多，天冬氨酸、丝氨酸、精氨酸为次。炒爆研细珍珠在炒制过程中由于温度较高，部分氨基酸被破坏。

2.6 食药同源中药材的炙法

炙法，作为一种传统的中药炮制方法，通过对中药材进行加热处理，以改变其内部化学成分和药理作用。然而，不同的炙法、不同的中药材以及不同的炙制条件都可能对化学成分产生不同的影响。常用的炙法辅料包括黄酒、蜂蜜、生姜汁、食盐等，这些辅料同时也是食物烹饪过程中重要的调味物品。炙法对食药同源类中药材的加工具有十分重要的意义。

2.6.1 炙法加工的目的和要求

炙法是指将净制好的待炮炙品加入一定量液体辅料后共同拌润，使辅料逐渐渗入食药同源物质组织内部，并炒至一定程度的方法。关于炙法，早在南北朝时期的《雷公炮炙论》中就有了酒炙的记载，之后又增加了醋炙、蜜炙等不同方法。不同辅料炙制可以改变食药同源中药材的性、味、归经等，并总结出了酒炙升提、蜜炙则和、姜炙发散等功效变化。由此可见，炙法可以达到以下目的：

① 增强药效。炙法的加热过程一般为文火加热，炙法操作的关键影响因素除加热外还包括不同种类的辅料添加，部分辅料还可以与药物发挥协同作用，使中药材中的有效成分更易于溶出。

② 矫臭去腥。食药同源中药材中产生腥臭之味的成分如三甲胺、氨基戊醛类成分，可以随酒加热分解，同时部分辅料还可以在加热后生成具有芳香气味的酯类物质，改善中药材的不良气味。

2.6.2 炙法加工的分类

参考《中国药典炮制通则》，根据所需辅料不同分为：酒炙、醋炙、盐炙、姜炙、蜜炙、油炙等。

2.6.3 炙法加工在食药同源中药材中的应用

黄芪，为豆科黄芪属植物蒙古黄芪 *Astragalus membranaceus* var. *mongholicus* (Bunge) P. K. Hsiao 或膜荚黄芪的根，具有健脾补中、升阳举陷、益卫固表、利尿、托毒生肌的功效。《本草通玄》曰："古人制黄芪多用蜜炙，愚易以酒炙，既助其达表，又行气泥滞也。若补肾及崩带淋浊中，须盐水炒之。"目前临床常用黄芪以生黄芪和蜜炙黄芪居多，生黄芪为补气圣药，以益卫固表作用为主；炼蜜具有调理脾胃的作用，中医理论认为蜜炙黄芪能增强补中益气、升阳固表的作用，用于脾肺气虚、中气下陷等证。研究者对比生黄芪经蜜炙后主要成分变化，黄芪多糖、黄芪甲苷、异黄芪皂苷、大豆皂苷等含量有所增加，其中由于加热使得分子量较高的多糖降解为分子量较低的多糖，且受辅料炼蜜的加入和美拉德反应的影响，蜜炙黄芪中的蔗糖含量降低，果糖和葡萄糖含量升高，5-羟基甲基糠醛在生黄芪中未检出，在蜜炙黄芪中含量显著升高。动物实验结果显示与生黄芪相比，蜜炙黄芪抑制机体炎症因子表达水平增强，免疫调控功能也有所增强。

当归，为伞形科当归属植物当归 *Angelica sinensis* (Oliv) Diels. 的根，具有补血调经、活血止痛、润肠通便的功效。《雷公炮炙论》记载"凡使当归，先去尘并头尖硬处一分已来，酒浸一宿"。生当归质润，长于补血、调经、润肠通便，多用于血虚便秘、血虚体亏、痈疽疮疡；酒当归功善活血、补血、调经，多用于血瘀经闭、痛经、月经不调、风湿痹痛等。当归酒浸润后再切片，其有效成分损失少，饮片质量好。研究结果表明生当归经酒炙后水溶物增高，特别是酚酸类、多糖类成分含量增加，与酒炙环境下高温导致细胞壁被破坏，更多成分被释放和溶出相关。其中部分成分含量的增加与酒炙后功能增强密切相关，例如藁本内酯、阿魏酸等具有促进血液循环作用，当归多糖则被证实具有提高造血能力、抗血小板聚集等作用。动物实验结果显示生当归经酒炙后可以增强免疫调控功能、心血管调控功能，调节神经系统，安神助眠。

乌梢蛇，为游蛇科动物乌梢蛇 *Zaocysdhumnades* (Cantor) 的干燥体，具有祛风湿、通经络、止痉的功效。自宋代《太平圣惠方》开始出现了酒炒、酒浸、酒煨、酒炙、酒煮、酒蒸等酒制乌梢蛇的炮制方法，用来防止乌梢蛇霉烂变质、虫蛀，还可去除腥气，增加疗效。《中国药典》中记载了酒乌梢蛇炮制方法，参照酒炙法炮制后炒干，增强其补血调经、强筋壮骨的功效。文献提示乌梢蛇经酒炙后其中腥味物质醛类化合物、1-辛烯-3-醇、硫化物含量降低，杂环和酯类等香气成分显著增加，提示酒炙乌梢蛇具有矫臭作用。酒炙过程可以增加乌梢蛇内氨基酸等有效成分溶出，增强其调整内分泌、保护骨关节、提高免疫力等作用。

2.7　食药同源中药材的发酵法和发芽法

发酵技术在食药同源物质中的应用起源很早，例如我们现在日常中常见的酒、醋和酱等，早在北魏《齐民要术》中就已经记载了其制备方法；唐《新修本草》《雷公炮炙论》中正式收载了发酵类中药如六神曲、红曲、淡豆豉等制备方法，其炮制工艺一直沿用至今。

2.7.1　发酵法的目的及在食药同源中药材中的应用

食药同源物质发酵指取净制后的饮片或提取物，在适宜的温度和湿度条件下，通过微生物的作用对其进行发酵的过程，包括液态发酵、固态发酵和双向发酵等不同体系。在发酵过程中，部分化合物分子量变小，更容易被人体吸收，有利于提高其功效；微生物能够代谢产生不同的木质素降解酶和水解酶降解纤维，使细胞壁发生结构性破坏并从其中释放出更多活性物质；微生物表达的淀粉酶、β-葡萄糖苷酶、单宁酶和葡萄糖淀粉酶等不同作用的生物酶，通过酶催化代谢转化食药同源物质中的活性成分，使其发生结构转变、成分转化。但需注意发酵过程中，如发现有黄曲霉菌应禁用。

淡豆豉，为豆科大豆属植物大豆 *Glycine max* (L.) Merr. 的成熟种子的发酵加工品，具有解表、除烦、宣发郁热的功效。淡豆豉保留了发酵原料黑豆中的主要活性成分如大豆异黄酮、豆豉多糖、大豆低聚糖和大豆皂苷等，发酵过程中产生 γ-氨基丁酸、纤溶酶等成分。γ-氨基丁酸被证明是原料中的谷氨酸在微生物分泌的谷氨酰胺脱羧酶作用下产生的，具有调节神经递质、改善记忆功能障碍、抗抑郁等作用；纤溶酶则是发酵过程中由枯草芽孢杆菌产生的，被报道具有较强的溶解血栓、抗氧化和降血脂的作用。

双向发酵是指运用现代微生物学技术将某种药食兼用真菌作为发酵菌种，接种于含有一定比例中草药成分的药性基质上进行发酵的技术。药食兼用真菌以添加了中草药的药性基质为培养底物，经过真菌特有的酶系对代谢的作用，会产生新的代谢产物。其中灵芝-黄芪双向发酵为典型搭配，研究结果表明，以灵芝-黄芪双向发酵菌质为原材料提取多糖，比未添加黄芪的灵芝菌发酵菌质提取的多糖，得率增加 325%，发酵后多糖的免疫增强活性，对肿瘤细胞增殖的抑制作用，说明添加黄芪促进了灵芝菌质多糖的分泌，使灵芝多糖的免疫增强活性和抗肿瘤活性增强。

此外，食药同源酵素作为一种功能食品也得到了一定的关注，以食药同源植物及提取物作为底物，采用单一或复合益生菌菌株对其进行发酵，结合了药食两用植物的药效作用和酵素食品的营养保健功能，成为近年来酵素产品开发的新热点。

2.7.2　发芽法的目的及在食药同源中药材中的应用

发芽法是指将净制后的成熟果实或种子在一定温度和湿度条件下促使萌发幼芽的方

法。《中国药典》记载具体操作方法为：取待炮制品，置容器内，加适量水浸泡后，取出，在适宜的湿度和温度下使其发芽至规定程度，晒干或低温干燥。采用发芽法炮制的目的包括产生新的功效，扩大应用品种。

麦芽，为禾本科大麦属植物大麦 Hordeum vulgare L. 的成熟果实经发芽干燥而成，具有消食健胃、回乳消胀的功效。《本草纲目》提到麦芽可以"消化一切米面诸果食积"，明确指出麦芽"消食"的种类主要为多种以米、面为原材料的食物。麦芽主要含 α- 及 β-淀粉酶、催化酶、麦芽糖及大麦芽碱、腺嘌呤、胆碱、蛋白质、氨基酸、维生素 B、维生素 D、维生素 E、细胞色素 c 等。麦芽所含淀粉酶能将淀粉分解成麦芽糖和糊精，其水提物对胃酸及胃蛋白酶的分泌有轻度促进作用，其中还可提取出一种胰淀粉酶激活剂，也可帮助消化，同时对血糖也具有一定的调控作用，为麦芽"消化一切米面诸果食积"提供理论依据。麦芽同时具有回乳和催乳的双向调节作用，实验结果表明小剂量生麦芽可扩张母鼠乳腺泡及增加乳汁充盈度，促进乳汁分泌；大剂量则可以"回乳"，即抑制乳汁分泌，作用机制可能与麦芽中含有类溴隐亭物质相关，其能抑制泌乳素分泌。

大豆黄卷，为豆科植物大豆 Glycine max（L.）Merr. 的成熟种子经发芽干燥的炮制加工品，具有清热透表、除湿利气的功效。发芽的过程结束了大豆作为种子的休眠状态，激活了大豆种子内的内源酶，加快了其生理生化代谢反应，促使大豆贮藏的蛋白质分解为酰胺和游离氨基酸，进一步转化为可溶性含氮化合物，参与组织蛋白合成。大豆在发芽过程中的主要二次代谢产物是异黄酮类，而部分异黄酮类物质会随着发芽过程的进展发生异黄酮苷转化为苷元、蛋白质降解成多肽等反应，使大豆皂苷、维生素 C 和 γ-氨基丁酸等成分含量升高。可见发芽对大豆原料中物质基础含量、种类的改变，是大豆黄卷产生新功能物质的基础。

2.8 食药同源中药材的其他加工工艺

2.8.1 煅法

将食药同源原料直接放置于无烟炉火或适宜的耐火容器内，在有氧或缺氧的条件下煅烧至所需程度的方法称为煅法。根据操作方法及所需条件不同，可分为明煅法和煅淬法，主要用于矿物类、贝类、化石类食药同源物质。《中国药典》记载了具体操作方法为：明煅，取待炮炙品，砸成小块，置适宜的容器内，煅至酥脆或红透时，取出，放凉，碾碎；煅淬，将待炮炙品煅至红透时，立即投入规定的液体辅料中，淬酥，取出，干燥，打碎或研粉。煅制时应将药物大小分档，药物受热均匀，煅至内外一致而"存性"，应一次性煅透。

煅制的主要目的包括经过高温煅烧，改变食药同源原料性状，使得质地变疏松，利于粉碎和煎煮，进而有利于有效成分的溶出；同时减少或消除副反应，例如煅烧可以分解砷等有害元素，消除其带来的副反应。

煅牡蛎，为牡蛎的炮制品。牡蛎为牡蛎科牡蛎属动物长牡蛎 Ostrea gigas Thunb.、大连湾牡蛎 O. tallienwhanensisi Crosse 或近江牡蛎 O. rivularis Gould 的贝壳。煅牡蛎具有收敛固涩、制酸止痛的功效。牡蛎"生熟异治"特点明显，生品重镇安神，煅品制酸止痛，其经炮制可缓和药性，或使其功效偏向由"潜阳安神""软坚散结"向"收敛固涩"转变。例如牡蛎生品能降低肝阳上亢型高血压，而煅制后无明显降压作用，提示牡蛎煅后其潜阳功效可能减弱。煅牡蛎主要成分是碳酸钙，含量为80%～95%，尚含有磷酸钙、氧化铁、铝、镁等，因此具有显著的制酸止痛的作用。但研究表明不同的煅制温度对其硬度、水煎液 pH 值、钙离子溶出度等具有不同的影响，进而对其发挥抗胃溃疡等功效也有一定的影响。研究还发现牡蛎煅制后其中有害元素砷的含量大大降低，且砷含量随煅制时间延长而降低，可见煅制牡蛎起到降低毒性的作用。

2.8.2 燀法

将净制后的食药同源物质置于沸水中，浸煮短暂时间后取出，除去或分离种皮的方法称为燀。其目的包括：除去或分离种皮，如白扁豆的种皮和其他部分功效有异，需分离后分别使用；保存有效成分，减少副反应，如苦杏仁经燀制后即能除去活性成分含量较少的种皮，同时可以破坏苦杏仁酶而保存苦杏仁苷，以达到"杀酶保苷，增效减毒"的作用。

2.8.3 煨法

煨法是指将食药同源物质用适合比例湿面、湿纸包裹，埋于热火灰中缓慢加热的炮制方法，有面粉煨、纸煨、麸皮煨、滑石粉煨等。

煨法的主要目的是除去食药同源物质中部分挥发油及刺激性成分，从而降低副作用，缓和药性，增强功效。常见的煨法适用物质，主要通过煨制增强其止泻作用，包括煨肉豆蔻、生姜、诃子、木香等，其中具有滑肠作用的挥发油成分例如肉豆蔻醚、诃子脂肪油、木香和生姜挥发油等被去除，具有止泻作用的鞣质即单宁类成分增加。

2.8.4 干馏法

将食药同源物质置于容器内，以火烤灼，使产生汁液的方法称为干馏法。在明《本草纲目》中即收录了用于制备鲜竹沥的干馏法，该法将竹子盛放于容器内，与火间接接触制备竹沥，"以竹截长五六寸，以瓶盛，倒悬，下用一器承之，周围以炭火逼之，其油沥于器也。"其目的是使鲜竹杆经加热后自然沥出液体，其中富含内醚糖、木脂素、酚及酚酸、黄酮、氨基酸等成分，具有清热化痰的功效，现代药理学研究发现其具有加速气管黏液纤毛运动、降低气道反应性、抗菌等作用。

思考题

1. 食药同源中药材炮制的目的是什么？请举例说明。
2. 请列举食药同源中药材炮制中常用的辅料及其作用（三种以上）。
3. 经典食药同源中药材黄精的常见炮制方法及其作用是什么？
4. 请分析淡豆豉的炮制方法及作用原理。

参考文献

[1] 李春晓, 张兵, 李红艳. 炮制对药食同源植物功能成分和活性的影响 [J]. 食品安全质量检测学报, 2022, 13 (24): 7867-7874.

[2] 石芸, 徐长丽, 金俊杰, 等. "逢子必炒"炮制理论的传统认识与现代研究进展 [J]. 中草药, 2022, 53 (7): 2227-2236.

[3] 马燕, 张育贵, 石露萍, 等. 当归炮制品及其化学成分和药理作用研究进展 [J]. 中国中药杂志, 2023, 48 (22): 6003-6010.

[4] 董玉洁, 蒋沅岐, 刘毅, 等. 决明子的化学成分、药理作用及质量标志物预测分析 [J]. 中草药, 2021, 52 (9): 2719-2732.

[5] 李春晓, 张兵, 李红艳. 炮制对药食同源植物功能成分和活性的影响 [J]. 食品安全质量检测学报, 2022, 13 (24): 7867-7874.

[6] 王梦婕, 魏平, 杨思晔, 等. 药食同源中药多糖防治糖尿病多组学与交叉组学机制初探 [J]. 中药药理与临床, 2023, 39 (8): 2-11.

[7] 刘闯, 赵新月, 田颖颖, 等. 中药糖类成分生物活性及应用研究进展 [J]. 中国中医药图书情报杂志, 2024, 48 (1): 256-260.

[8] 王艳. 党参炮制前后化学成分分析与功效相关性研究 [D]. 兰州: 兰州大学, 2022.

[9] 岳璐, 周天豹, 闫向丽, 等. 中药黄酮类化合物改善脑缺血再灌注损伤的作用及其机制研究进展 [J]. 中国实验方剂学杂志, 2024, 30 (10): 269-279.

[10] ÇELIK H, KOŞAR M. Inhibitory effects of dietary flavonoids on purified hepatic NADH-cytochrome b5 reductase: Structure-activity relationships [J]. Chemico-Biological Interactions, 2012, 197 (2-3): 103-109.

[11] 白莉, 魏湘萍, 李宁, 等. 牡丹花总黄酮对痛风性肾病小鼠模型的肾脏保护作用 [J]. 中药药理与临床, 2022, 38 (2): 90-94.

[12] 肖梦媛, 胡珊, 文艳霞. 不同炮制条件对槐米总黄酮含量影响的研究 [J]. 广州化工, 2019, 47 (21): 91-94.

[13] 祝明涛, 孙延平, 王艺萌, 等. 中药皂苷类成分的抗癌作用及机制研究进展 [J]. 中国实验方剂学杂志, 2024, 30 (10): 236-245.

[14] LI F F, LIU B, LI T, et al. Review of constituents and biological activities of triterpene saponins from italic glycyrrhizae radix/italic et rhizoma and its solubilization characteristics [J]. Molecules, 2020, 25 (17): 3904.

[15] 梁泽华, 潘颖洁, 邱丽媛, 等. 基于 UPLC-Q-TOF-MS/MS 分析黄精九蒸九晒炮制过程中化学成分的变化 [J]. 中草药, 2022, 53 (16): 4948-4957.

[16] 杨琳琳, 辛洁萍, 李千, 等. 乌梅炭炮制过程中颜色与内在质量的相关性及其炮制终点研究 [J]. 中国药房, 2023, 34 (3): 289-293.

[17] ZHU X C, LIU X, PEI K, et al. Development of an analytical strategy to identify and classify the global chemical

constituents of Ziziphi Spinosae Semen by using UHPLC with quadrupole time-of-flight mass spectrometry combined with multiple data-processing approaches [J]. Journal of Separation Science，2018，41（17）：3389-3396.

[18] 周雅倩，石磊，林上阳，等．中药盐炙机理现代研究进展［J］．中成药，2021，43（10）：2774-2778.

[19] 姜宇．不同炮制程度的酒炖和清蒸熟地黄性状-成分-抗氧化活性的比较研究［D］．北京：北京中医药大学，2023.

[20] 袁怡菁，王秋红．黄精化学成分、药理作用研究进展及质量标志物预测分析［J］．中医药信息，2024，41（02）：72-80，86.

[21] 丁平平．建昌帮炆法炮制对何首乌、远志中化学成分变化研究［D］．江西：江西中医药大学，2022.

第 3 章
食药同源中药材在食品中的应用

3.1 作为食品原料的应用

3.1.1 发酵原料

食药同源发酵食品是食药同源类食品的重要分支，具有较大的发展潜力，由于微生物代谢的淀粉酶、蛋白酶、脂肪酶和纤维素酶等作用，使食药同源食品原料中蛋白质、纤维素、淀粉等大分子物质降解成小分子物质，或改变其原有的营养物质，有利于活性成分在体内的吸收。在发酵过程中，微生物生长代谢产生的代谢产物，可对食药同源物质的天然活性成分进行生物转化或分解改变其原有的生物活性，产生新的风味、成分或功效；在发酵后，其毒性成分被微生物分解转化，使得毒性降低或对有毒成分进行结构修饰，达到降低不良反应的效果。因此，将食药同源发酵原料应用于现代食品中，不仅丰富了食品的种类，更提升了食品的健康价值。以下将从发酵饮品、乳制品、发酵型调味品、烘焙食品等方面，探讨食药同源发酵原料在食品中的广泛应用。

3.1.1.1 发酵饮品

发酵饮品是一类通过微生物发酵作用而制成的饮品，它们不仅具有独特的风味，还含有丰富的营养成分和益生菌，对人体健康有益。食药同源发酵原料在发酵饮品中的应用尤为广泛，主要以桑椹、山药、酸枣仁、茯苓、红枣和百合等食药同源中药材为原料，经科学发酵后，制成发酵饮料、酒、酵素等饮品。不仅保留了原料的营养成分，还增加了益生菌等有益微生物，有助于调节肠道菌群平衡，促进消化吸收，增强免疫力。同时，发酵过程中产生的独特风味，也使得这些饮品更加受消费者欢迎。

（1）发酵饮料

食药同源发酵饮料大多采用益生菌作为菌种进行发酵，如植物乳杆菌、副干酪乳杆菌、嗜热链球菌和嗜酸乳杆菌等，既可增强其抗氧化、调节肠道菌群等功能，又可以与其他果蔬复合研制营养更全面、功效更多样的发酵饮品。山药经糖化酶糖化后，接种嗜热链球菌、乳杆菌等菌种混合发酵，获得酸甜可口、香气浓郁且具有一定抗氧化能力的山药发酵饮料，提高了产品的营养价值、改善了产品风味口感。此外，食药同源发酵原料在解酒饮品中也有应用，为缓解酒后不适提供了有效解决方案。例如，利用葛根、菊花等具有解酒功效的食药同源材料进行发酵处理，制成的解酒饮品可以帮助人体快速分解酒精、缓解醉酒症状、保护肝脏健康。这些解酒饮品不仅效果显著，还因其天然成分而受到消费者的青睐。

（2）酒

食药同源酒饮是以食药同源中药材为原料经酵母酿制而成的一种低度酒饮。如桑椹果酒，呈澄清透明的紫红色，酒香馥郁，口感柔和，带有明亮的桑椹风味。桑椹果酒富含总黄酮、花色苷等活性物质，有多种酯类、醇类等挥发性香气化合物；桑椹酒饮经发酵后，既赋予了酒饮独特的风味、保证了酒饮的酒精度，又降低了酒在酿造过程中花色苷的损失。以山药为原料制出的新型复合果酒，外观澄清透亮，可最大程度地保留山药中具有消炎、降血脂等功效的萜类化合物；同时，酒香醇厚且浓郁，酒体协调，甜度适中，营养互补，风味突出。

（3）酵素

食药同源中药材本身富含生物活性成分，通过自然发酵、酵母发酵、乳酸菌发酵、复合菌种发酵（酵母＋乳酸菌）等方式制备酵素，使其生物活性增强；同时可能产生新的生物活性物质，赋予酵素抗氧化、降血脂、防动脉粥样硬化等功效。研究表明，以双歧杆菌为发酵菌种，对山荷复合酵素（山楂、山药、茯苓、荷叶、甘草）的发酵工艺进行优化，得到的复合酵素中降血脂成分（荷叶碱、熊果酸、金丝桃苷）含量显著增加。以植物乳酸杆菌为发酵菌种，研制的山药茯苓复合酵素中降血脂活性成分如总多糖含量比发酵前显著增加。通过自然发酵方式制备的怀山药酵素粉的 SOD 活性约为 $15.35U/mL$，具有良好的抗氧化能力。

3.1.1.2 乳制品

食药同源发酵乳制品是近年来乳制品行业的一个创新方向，它将传统中医学中的"药食同源"理论与现代乳制品发酵技术相结合，通过发酵技术将食药同源的食材与牛奶等原料结合，旨在为消费者提供口感和风味更加独特、更加健康、功能性的发酵乳制品。例如，"三元"茯苓酸奶，是国内首款将"药食同源"理论应用到乳制品中的产品，凭借其独特的口感和健康的功效赢得了广大消费者的喜爱。将桑椹和新鲜牛奶共同发酵得到桑椹酸奶，兼具桑椹和酸奶的保健效果，酸甜适中，口感细腻，带有桑椹果香；可以有效提高桑椹酸奶中花青素的稳定性，提高酸奶体系中总酚和总黄酮含量及抗氧化活性，且可以维持10天。

3.1.1.3 发酵型调味品

在调味品领域，食药同源发酵原料同样有着广泛的应用前景。通过将食药同源材料复配其他原料进行发酵，可以制成风味独特的发酵醋、发酵酱油等调味品。这些调味品不仅提升了菜肴的口感和风味，还因其含有的活性成分而具有一定的保健作用。

（1）食药同源醋

例如，以梨与山药为原料，在初始糖度15%、酵母菌添加量0.3g/L、28℃下酒精发酵8天，然后在醋酸菌接种量为0.3g/L、32℃下醋酸发酵11天，得到乙酸含量为7.12g/kg的山药-梨复合型发酵醋。以枸杞和山药为原料，采用由醋酸菌、酵母菌和乳酸菌混合菌种发酵得到的枸杞-山药果醋，其总酸量为4.65g/dL。

（2）食药同源酱油

通常将食药同源中药材与酿造酱油的主要原料如大豆、小麦等，以一定比例混合发酵。在发酵过程中，食药同源中药材的有效成分渗透到酱油中，以丰富酱油的营养价值，赋予酱油独特的香气和口感，融入生物学功效如增强免疫力、抗氧化、抗炎等。有研究使用低盐固态发酵法进行酱油发酵生产，在制曲、制醅、勾兑等不同工艺时期添蛹虫草发酵液或蛹虫草菌丝体，生产出既保持传统酱油的营养成分和风味，又富含虫草营养成分（虫草多糖含量68.204mg/dL、虫草素含量0.371mg/dL）的高品质食药同源酱油。松茸富含多糖、蛋白质、氨基酸、维生素、甾醇化合物与多酚化合物等多种营养成分，其多糖含量更是食用蕈菌之首，具有益肠胃、防治糖尿病、抗氧化、抗癌、抗衰老等多种生物学功效。有研究将松茸提取物与豆饼和麸皮联合发酵，生产出松茸风味酱油，其鲜味突出，松茸香气显著。

3.1.1.4 烘焙食品

当代消费者在追求美味的同时，食药同源的理念逐渐融入现代烘焙食品中，创造出了一系列既满足风味享受又兼顾养生功效的新型产品。将食药同源材料与面粉等共同发酵而后通过烘焙的方式制成的食药同源发酵烘焙食品为消费者对烘焙食品的选择增加一种可能。例如，将新鲜玫瑰花瓣与面粉、糖、奶油等原料巧妙结合，通过精细的发酵与烘焙工艺，打造出一款具有疏肝解郁、美容养颜功效的玫瑰风味蛋糕。将生姜与发酵乳相结合，发酵烘焙后制作成生姜酵乳饼干，既保留了生姜的辛辣与温暖，又融入了酵乳的醇厚与香甜，使得饼干口感层次丰富，既满足了味蕾的享受，又具有驱寒暖胃、促进血液循环的功效。将黑芝麻融入发酵糕点中，不仅赋予了糕点浓郁的芝麻香，还通过发酵过程提升了糕点的营养价值和消化吸收率。

综上所述，食药同源发酵原料在食品中的应用具有广阔的前景和深远的意义。通过科学合理地利用这些原料，可以开发出更多符合现代人健康需求的食品，为消费者带来更加健康、美味的生活体验。

3.1.2 蒸煮原料

食药同源作为中国传统医学与饮食文化相结合的重要理念，强调食物与药物之间的紧密联系，即许多食材不仅具有营养价值，还兼具药用功效。蒸煮作为保留食材原汁原味及营养成分的烹饪方式，与食药同源的理念相得益彰。本部分将探讨食药同源蒸煮原料在食品中的应用领域：粥米品制作、饮品调配、汤品炖煮等。

3.1.2.1 粥米品制作

粥米品作为中国传统饮食文化的重要组成部分，成为融入食药同源理念的理想载体。将食药同源的蒸煮原料如薏米、红枣、莲子、山药等融入粥米中，不仅能丰富粥米的口感和营养，还能发挥其特定的保健功能。本部分将从基础食材融合、食药同源杂粮健康添加、食药同源滋补原料融入、特殊病症调理等四个方面，探讨食药同源原料在粥米品中的应用。

（1）基础食材融合

粥米品的基础在于米与水的完美结合，而食药同源的理念则鼓励在此基础上融入更多具有食疗功效的基础食材。例如，薏米粥具有健脾利湿、清热排脓的作用；红枣粥则能补血安神、补中益气。这些原料通过长时间的蒸煮，其营养成分得以充分释放，更易被人体吸收利用。

（2）食药同源杂粮健康添加

随着健康饮食观念的普及，杂粮因其丰富的膳食纤维、维生素及矿物质等营养成分而备受推崇。在粥米品中添加食药同源类杂粮，如燕麦、糙米、黑米、藜麦、赤小豆、绿豆等，不仅能增加粥品的口感层次，还能促进肠道蠕动、降低血糖指数，对预防便秘、糖尿病等现代慢性病具有积极作用。食药同源杂粮的加入，使食药同源粥米品成为了健康饮食的优选之一。

（3）食药同源滋补原料融入

在粥米品中加入适量的中药材，如黄芪、当归、党参等，既能提升粥品的营养价值，又能针对不同体质进行滋补调理。例如，黄芪粥具有补气、增强免疫力的功效；玫瑰枸杞沙参粥、阿胶糯米粥均是补益肝肾、强壮筋骨的食药同源粥品；当归粥则适用于血虚体弱、月经不调的女性朋友。食药同源滋补原料的融入，使得粥米品在养生保健方面发挥了更大的作用。

(4) 特殊病症调理

食药同源原料在粥米品中的应用还体现在对特殊病症的调理上。针对不同的病症，可以通过选择相应的食药同源原料和食材进行搭配，制作成具有辅助治疗作用的粥品。例如，黑豆黑米粥起到补益肝肾的作用，能有效改善老年人的体质；针对脾肾两虚型高血脂症患者，采用茯苓百合粥、芡实荷叶粥；对于失眠多梦者，可选用百合、莲子等安神食材制作百合莲子粥；黄芪粥，具有补气和提高免疫力的功效；对于贫血患者，则可选择红枣、桂圆等补血食材制作红枣桂圆粥。这些特殊病症调理食药同源粥品，在辅助治疗的同时，也为患者提供了美味可口、易于消化吸收的饮食选择。

3.1.2.2 饮品调配

在现代饮品市场中，将食药同源原料通过蒸煮的方式制作的饮品，越来越受到消费者的青睐。这种饮品既具有食物的营养价值，又具有一定的药理作用，适合日常养生保健。以下是一些常见的食药同源蒸煮饮品的介绍。

(1) 枸杞、菊花、决明子饮

通过将枸杞、菊花、决明子等具有清热明目、养肝明目功效的原料进行蒸煮后，与甜味剂调和，制成既健康又美味的饮品。这类饮品不仅风味独特，香气突出，有提神醒脑功效，还能有效缓解现代人因长时间用眼、熬夜等不良生活习惯导致的眼部疲劳和干涩问题。

(2) 党参、黄芪、茯苓复合固体饮

将党参、黄芪、茯苓、肉桂、陈皮、甘草等原料按比例混匀，经加水煮沸、过滤、冷冻干燥等过程制成党参、黄芪、茯苓复合固体饮。通过高血脂大鼠模型，观察到该复合固体饮使高血脂大鼠体重降低、肝指数降低、肾周脂肪指数降低、睾周脂肪指数降低、总胆固醇降低、甘油三酯降低、低密度脂蛋白胆固醇降低、高密度脂蛋白胆固醇升高、谷丙转氨酶和谷草转氨酶含量降低，说明党参、黄芪、茯苓复合饮料可有效控制高血脂大鼠体重，显著减少脂肪在肝脏、肾周和睾周的堆积，可有效调控血脂代谢紊乱，预防高脂血症，改善高血脂导致的肝损伤和肝组织脂肪变性、脂质积累。

(3) 山楂、荷叶、荞麦植物饮料

通过将山楂、荷叶、桑叶、桑椹、葛根、荞麦等具有调节血糖、血脂、动脉粥样硬化功效的食药同源原料进行蒸煮后，加入木糖醇、山梨酸矫味，制成口感较好、质量稳定的食药同源蒸煮饮品。动物实验结果表明，山楂、荷叶、荞麦植物饮料有较好的降血糖、降血脂的功效，对糖尿病和心脑血管疾病的预防具有一定的作用。

（4）酸梅汤

将乌梅、山楂、陈皮、甘草等食药同源药材用纱布包裹后，加水煮沸，加入冰糖溶化即可制成酸梅汤饮品。酸梅汤含有较多酸性物质，可以促进唾液与胃液的分泌，保护肠胃。在盛暑时节饮用酸梅汤，不仅酸甜可口，还可开胃、补充水分，适合夏季饮用或消化不良人群饮用。此外，酸梅汤还能降肝火，帮助消化，减少肠胃对油脂的吸收，帮助身体有效地排出脂肪和毒素，起到解油腻的作用。

3.1.2.3 汤品炖煮

汤品炖煮是展现食药同源理念的重要形式之一。通过巧妙的食材搭配，在炖制鸡汤、鱼汤、排骨汤等日常汤品时，加入当归、黄芪、党参等食药同源的蒸煮原料，不仅能提升汤品的营养价值，还能增强其滋补效果。这些原料在长时间的炖煮过程中，与肉类中的营养成分相互融合，形成了一种独特的药膳风味，有助于调理身体、增强体质。以下是一些常见的食药同源汤品的介绍。

（1）党参大枣乌鸡汤

将党参、大枣和乌骨鸡肉按一定的比例加水煮沸后文火炖煮 3h，经过滤浓缩后将上清液按照大、中、小三种剂量分别灌胃昆明小鼠，观察该乌鸡汤对小鼠的抗疲劳作用。研究表明，高剂量的党参大枣乌鸡汤能延长小鼠游泳时间，降低运动引起的血清尿素氮和血乳酸升高，具有抗疲劳的保健功能。

（2）黄芪鳝鱼汤

经盐搓水煮法和盐搓油炒法结合制得的黄芪鳝鱼汤，有利于提高汤中皂苷和黄酮含量，促进多糖和蛋白质的溶出。选取入院治疗的 60 例非小细胞肺癌化疗患者，且辨证为气血亏虚型，患者化疗期间应用黄芪鳝鱼汤营养支持；收入住院的 59 例非小细胞肺癌化疗患者，且辨证为气血亏虚型，作为回顾组，患者化疗期间给予普通膳食。比较两组化疗后白细胞计数、白蛋白＜30g/L 例数、患者发生肺部感染例数。结果表明：化疗后第 7、14 天，黄芪鳝鱼汤组的白细胞计数明显高于回顾组，黄芪鳝鱼汤组白蛋白＜30g/L 例数及肺部感染发生率显著低于回顾组。因此，黄芪鳝鱼汤在临床观察中表现出可有效防治气血亏虚型非小细胞肺癌化疗患者白细胞减少症，增加白蛋白值，提高机体免疫力，减少肺部感染的发生等效果，值得临床推广应用。

（3）当归生姜羊肉汤

当归、生姜、羊肉按照 3∶5∶10 的比例加入适量水炖煮后，其药用功效最为显著。研究发现，采用当归生姜羊肉汤治疗频发室性早搏患者，与对照相比，其总有效率明显优于对照组，当归生姜羊肉汤可能具有增加冠脉血流、改善心肌收缩力、抗血小板聚集等作用，并能调整心律、保护心肌细胞、增加心肌营养、提高耐缺氧能力。应用当归生姜羊肉汤治疗肠易激综合征患者 56 例,其疗效显著,总有效率达 87.50%。且 56 例患者中绝大多数为西北人,结合当地饮食特点的基础上使用此食药同源汤品,患者易于接受。此外当归生姜羊肉汤治疗产后痛风 98 例,以汤代饭服用,服用当日见效者占 60%,次日见效者占 40%,疗效显著。当归生姜羊肉汤味鲜、色美、气香,既可用于佐食,又可以防治疾病,值得推广。

综上所述,食药同源蒸煮原料在食品中的应用具有广泛的前景和深远的意义。它们不仅丰富了食品的种类和风味,还提升了食品的营养价值和健康功效。通过科学合理地利用这些原料,我们可以制作出更多符合现代人健康需求的食品产品,为人们的饮食生活增添更多色彩和活力。

3.1.3 榨汁原料

随着现代健康理念的普及,将食药同源的食材融入日常饮食,特别是通过榨汁的方式摄入,已成为一种流行趋势。食药同源的中药材通过榨汁处理,可以制成各种健康饮品,不仅保留了原料的营养成分,还能提高其口感和生物利用度,还使得摄入更加便捷高效。常见的食药同源榨汁原料主要有:枸杞、山楂、桑椹、木瓜、芦荟、大枣、生姜、菊花、刺梨、沙棘、南瓜、木瓜等。本部分将探讨食药同源榨汁原料在食品中的应用:鲜榨饮品、榨汁调配型饮品及其他类榨汁产品等。

3.1.3.1 鲜榨饮品

鲜榨饮品是食药同源榨汁产品系列中最纯粹、最直接的体现。这类饮品采用新鲜食药同源水果、蔬菜等天然食材,通过冷压榨汁技术,最大限度地保留了食材中的维生素、矿物质、膳食纤维等营养成分。它们不仅口感鲜美,还能直接为身体提供能量,促进新陈代谢,是日常健康饮品的基础选择。制备工艺较为简单便捷,主要过程为:原料→清洗→榨汁→精滤→灌装→真空封口→杀菌→成品。常见的食药同源鲜榨饮品主要有:枸杞汁、芦荟汁、姜汁、沙棘汁、红枣汁、刺梨汁、山楂汁、桑椹汁等。

3.1.3.2 榨汁调配型饮品

榨汁调配型饮品则是在鲜榨的基础上,通过科学配比,将多种食材的精华融合于一体。这类饮品旨在实现营养的全面均衡,满足不同人群的特殊需求。例如,将苹果、柠檬与薄荷叶相结合,不仅能提升口感层次,还能促进消化、清新口气;而蓝莓、紫甘蓝与猕猴桃的搭配,则能增强免疫力、抗氧化,适合追求美容养颜的消费者;在金钗石斛汁 25%、红枣汁 25%、枸杞汁 20%、玫瑰花汁 15%、菊花汁 15% 的条件下,制得五花果茶饮口感最佳,添加 8% 蜂蜜、0.3% 玫瑰香精、0.3% 维生素 C 进一步调节风味,使制得的茶饮风味清香、回味甘甜。在食药同源榨汁调配型饮品研发过程中,涉及原料选择、配比设计、风味与口感调整等问题。

(1) 原料选择

原料是食药同源复合调配榨汁饮料品质的基础，需精选具有明确保健功效的食药同源新鲜果蔬作为核心原料，明确饮品中主要食药同源成分的药理作用、营养价值及科学依据。例如，枸杞富含多种氨基酸、微生物、微量元素、多糖、黄酮等生物活性物质，具有抗氧化、滋补肝肾、益精明目、免疫调节等功效；菊花则能清热解毒、平肝明目；大枣富含维生素、钙、磷、铁等以及大枣皂苷、有机酸、环磷腺苷等生物活性成分，具有安神健脾、补肾、止咳、降血压等多种功能；木瓜含有丰富的维生素C、维生素B_1、维生素B_2、果胶、单宁、儿茶素和花青素等，中医认为木瓜有舒筋活络、健脾开胃的功效，可用于防治风湿病、维生素C及维生素B_1和维生素B_2缺乏症。

(2) 配比设计

科学合理的配比是平衡功能性与口感的关键。在榨取的食药同源鲜汁基础上，通过深入研究各原料的性味归经及营养成分，采用中医理论为指导，结合现代营养学原理，精确的计量与混合，实现食药同源成分的复合调配，设计出既符合健康需求又口感愉悦的配比方案。同时，考虑到不同人群的体质差异，可设计多款系列产品，满足不同消费群体的需求。此过程需严格控制各成分的比例与加入顺序，以确保产品的稳定性与口感一致性。例如，在山楂枸杞红枣复合果汁饮料的工艺研究中，以果汁的感官评分与理化分析为指标开展单因素、正交试验得出复合果汁各原料的最佳配方为：红枣汁51.6%、山楂汁34.4%、枸杞汁6%，具有稳定性强、风味独特、色泽美观等特点。生姜枣汁饮料制作过程中，生姜与红枣的质量比为1:3，经榨汁、过滤、煮熟、灭菌、罐装等过程制备成品。生姜和红枣均具有较高的营养和药用价值，两者相互补充，相互协调，能够抵消各自的不良反应，具有增效的优势。

(3) 风味与口感调整

根据市场反馈与消费者偏好，适时调整产品的甜度、酸度及香气等感官指标。可通过添加天然甜味剂（如蜂蜜、罗汉果甜苷、木糖醇）、酸味剂（如柠檬酸、苹果酸）、天然香精、稳定剂等方式，使榨汁调配型饮品风味更加自然、和谐。例如沙棘、红枣、山楂复合功能饮料的制备中，采用单因素试验和正交试验相结合的方式，以感官（色泽、气味、组织状态、口感）评分为评价指标，确定沙棘汁:红枣汁:山楂汁体积比为20:10:4、白砂糖添加量为5%、食盐添加量为0.06%、柠檬酸添加量为0.03%、羧甲基纤维素钠添加量为0.05%，此时复合功能饮料色泽气味理想、口感良好、组织状态均匀、透明度高。

3.1.3.3 其他类榨汁产品

以食药同源鲜榨汁为基础，添加到其他非食药同源型产品中，通过一定配比，将食药同源材料与普通食材融合于一体。这类产品旨在丰富产品的类型，满足不同人群的需求。例如，将酸枣榨汁后加入到汽水中，即使不添加其他香精香料，也可以制成酸甜可口、风味良好的酸枣汽水；将生姜通过榨汁处理，制成生姜汁添加到可乐饮料中制成姜汁可乐，味道甜辣、风味独特，具有一定的散寒解表、温补脾胃和美容养颜的功效；将新鲜紫苏汁和柠檬汁加入到茶饮中，制成紫苏柠檬茶饮，色泽鲜艳、酸甜可口，带有紫苏特有的清香和柠檬爽口的味道，口感清爽，清凉解渴。食药同源原料经榨汁浓缩后可制作成天然着色剂，在此不做赘述。

综上所述，食药同源的榨汁原料在食品中的应用广泛而深远，不仅满足了人们对营养补充的需求，更在健康调理、美容养颜、减肥瘦身、增强体能、促进消化及安神助眠等方面展现出独特的优势。通过科学合理的搭配与饮用，这些天然饮品将为我们的健康生活增添更多色彩。

3.1.4 辅料原料

在现代食品工业中，食药同源辅料凭借其丰富的营养成分与独特的保健功效，正逐步成为食品创新的重要驱动力。本部分将探讨食药同源辅料在食品中的应用。

3.1.4.1 风味改善

食药同源辅料在提升食品风味方面也展现出独特魅力。许多食药同源食材本身就具有独特的香气和口感，它们的加入不仅丰富了食品的风味层次，还为消费者带来了更加愉悦的食用体验。例如，在冰淇淋或酸奶中加入桂花提取物，能带来清新的花香与奶香交织的愉悦感受。同时，一些食药同源原料可作为天然的调味品，在烹饪时加入不仅丰富了食物的口感，还为消费者带来了功效价值。如姜黄，广泛用于咖喱、炖菜、汤类等食品中，因其含有姜黄素，具有抗炎、抗氧化、抗菌等作用，有助于预防慢性疾病和提高免疫力；茴香常用于调味肉类、蔬菜和烘焙食品，尤其在中餐和地中海饮食中广受欢迎，具有促进消化、缓解胃肠不适、抗菌等作用，有助于改善消化系统健康。

3.1.4.2 营养强化

许多食药同源食品富含人体所需的多种营养素，如枸杞中的维生素、红枣中的铁元素、黑芝麻中的不饱和脂肪酸等。在食品生产过程中，将这些食药同源食品作为辅料添加，可以有效强化食品的营养价值，满足消费者对均衡膳食的需求。

（1）维生素强化

红枣、枸杞等食药同源食物富含维生素 C、维生素 E 等抗氧化物质，可以添加到果汁、酸奶、烘焙食品等中，增加食品的维生素含量，提升营养价值。

（2）矿物质强化

黑芝麻、核桃等富含钙、铁、锌等矿物质，可以作为营养强化剂添加到谷物食品、乳制品、调味品等中,帮助人们补充日常所需的矿物质。

(3) 膳食纤维强化

山药、燕麦等富含膳食纤维的食药同源物质,可以添加到饼干、面条、饮料等食品中,增加食品的膳食纤维含量,促进肠道健康。

3.1.4.3 保健功效

食药同源食品的保健功效是其区别于普通食品的重要特征之一。通过科学合理的搭配和使用,这些食品可以在一定程度上调节人体机能,改善健康状况。例如,将人参、黄芪等具有补气养血功效的食药同源食品添加到保健品或功能性食品中,可以为消费者提供更为全面和针对性的健康支持。

3.1.4.4 口感改善

除了风味和营养方面的优势外,食药同源食品还能在改善食品口感方面发挥重要作用。一些食药同源食材如燕麦、薏米等含有丰富的膳食纤维和黏性物质,能够增加食品的稠度和润滑感,使口感更加细腻和丰富。同时,这些食材还具有一定的吸水性和膨胀性,有助于调节食品的质地和结构。

3.1.4.5 色彩调配

食药同源食品中丰富的天然色素资源也为食品的色彩调配提供了广阔空间。如甜菜根粉、红甜椒粉、姜黄素粉、叶绿素粉等天然色素。这些色素多为花青素类、黄酮类、胡萝卜素类,色彩鲜艳且安全无毒,可广泛应用于糕点、糖果、饮料、肉制品等食品中作为着色剂使用。这些天然色素不仅提升了食品的视觉吸引力,同时提升食品的营养价值和健康属性。

综上所述,食药同源食品在辅料应用中的价值体现在多个方面。通过科学合理地搭配和使用这些食材,不仅可以提升食品的风味、营养和保健价值,还能满足消费者对食品多样化、个性化的需求。未来,随着科技的进步和人们对健康饮食的日益重视,食药同源食品在辅料应用中的潜力将得到进一步挖掘和释放。

3.2 作为食品添加剂的应用

3.2.1 保鲜剂

3.2.1.1 食药同源物质的保鲜机理

食药同源物质提取物来源于兼具有药用和食用价值的草本植物,其有效成分一般包括醇醛类、酸类、酚类、丙酮类、萜烯类等，通常具有高生物活性、可降解性、挥发性、低残留性等优势，其中丁香精油、肉桂精油、迷迭香精油、薄荷提取物、百里香提取物、柠檬提取物等多种食药同源物质已被广泛作为食品保鲜剂。

食药同源物质的保鲜作用主要是通过其抗氧化性和抑菌性实现的，这源于其中的芳香族化合物、醇醛类和有机酸成分，这也是其延缓食品腐败变质的重要因素。食药同源物质中的活性成分一方面可通过破坏微生物细胞结构完整性使其细胞壁或细胞膜通透性改变，导致营养物质外泄而无法生长繁殖。另一方面，抑菌成分会造成微生物细胞酶系统功能紊乱，阻碍能量代谢与呼吸代谢。同时，食药同源物质活性成分对细胞膜的类脂结构具有破坏作用，抑制分生孢子产生路径，有效控制食品中腐败菌的大量繁殖。另外，食药同源物质活性成分的抗氧化成分会明显减慢食品贮藏期间经氧化产生氢过氧化物与自由基的速率，进而减缓蛋白质和脂肪的氧化进程，尤其对富含蛋白质、脂质的食品保鲜效果良好。

但是，食药同源物质具有有效成分繁杂、不稳定的特性，目前对其保鲜机制的研究还不够成熟，因此还有待开展更加深入的研究，比如从分子结构水平揭示其保鲜作用的构效关系。特别地，食药同源物质的精油成分自身具有易氧化、易挥发、有异味特性，采取有效途径缓释其有效成分也将是其保鲜应用中的技术壁垒与攻克重点，如将植物精油与具有良好成膜性的壳聚糖协同制备可食性涂膜可有效发挥其抑菌特性。

3.2.1.2 食药同源物质的保鲜应用

（1）食药同源物质在果蔬保鲜中的应用

水果在采收后的包装、运输、贮藏、销售阶段，极易因机械挤压、微生物侵染、温度波动、冻害等因素改变而腐败变质。食药同源物质活性成分的提取及其对水果的保鲜作用效果近年来受到中外学者广泛关注，也经常将活性成分与具有良好成膜性的糖基物质协同制备可食性涂膜保鲜液，用于各类水果保鲜。从保鲜研究对象出发，目前针对食药同源植物成分在各类水果保鲜中的应用研究较多，包括浆果类、柑橘类、仁果类等，且集中于对鲜切水果保鲜的应用研究。

研究表明，红百里香精油可显著降低圣女果常温贮藏期间可溶性固形物、可滴定酸及抗坏血酸含量降低速率，也可有效延缓丙二醛含量积累量，实现2天内坏果率仅为30%左右，表明该食药同源植物精油可保持圣女果的抗氧化活性、维生素C和营养成分含量。另外，有研究通过水蒸气蒸馏法制备鱼腥草挥发油，并将其与黄连生物碱、壳聚糖协同制备的可食性涂膜液处理芒果，结果表明，鱼腥草挥发油协同黄连生物碱可减缓芒果病情指数、水分及有机营养物质流失现象。因此，食药同源植物精油复合膜在保持芒果安全卫生、营养价值等保鲜中具有广阔应用前景。类似地，柠檬精油-壳聚糖对常温贮藏期间草莓挥发性成分的影响研究发现，添加柠檬精油的壳聚糖涂膜处理会增加萜类化合物含量，对草莓感官风味特性具有明显积极作用。除壳聚糖外，添加醇类小茴香精油的瓜尔豆胶涂膜可明显抑制青芒贮藏期间腐败菌的生长繁殖及理化品质特性劣变速率，这可能与小茴香可抑制霉菌等微生物污染密切相关。

(2) 食药同源物质在蔬菜保鲜中的应用

蔬菜种类繁多，其价格及经济效益受到不易贮存、运输设备落后等因素影响，开发诸如气调包装、电解水短时处理、辐照等安全稳定性高且高效的天然保鲜技术近年来尤其受到广泛关注，其中应用食药同源物质活性成分是有效途径之一。研究表明，将通过有机溶剂萃取制备的橘皮精油用于小白菜保鲜，发现使用了1.5%橘皮精油可有效抑制小白菜失重率、叶绿素和维生素C含量的损失，且对于不同贮藏温度表现出一致性，有效减缓了小白菜贮藏期间理化特性的劣变速率，延长货架期。同时，研究也发现，食药同源植物精油具有不稳定、易挥发等弊端，通过包埋法、喷雾干燥等工艺制备缓释性精油微胶囊，可延长食药同源植物精油的缓释期限，明显提高保鲜效果。例如，有研究以环糊精为壁材，以丁香油、肉桂精油为芯材制备微胶囊用于香菇保鲜，能更好地保持香菇的理化特性；将生姜精油通过喷雾干燥工艺填充于壳聚糖-明胶壁材中得到精油微胶囊，并制备得到聚乙烯-生姜精油胶囊活性包装，结果表明，微胶囊活性包装可明显改善秋葵保水性和感官特性，表现出良好抗氧化性能，保持其采后良好品质特性。这也充分表明，以克服植物精油自身缺陷为出发点的微胶囊制备工艺改进也是未来保鲜应用中的重要研究与应用方向，特别是与活性智能包装等技术的协同应用。

(3) 食药同源物质在畜禽肉保鲜中的应用

畜禽肉及制品含有丰富的脂类、蛋白质等营养物质，水分活度高，其具有营养丰富的特性恰好可作为微生物大量繁殖的培养基，因此极易因环境因素而出现腐败菌繁殖、油脂氧化酸败、肌红蛋白氧化变色等现象。近年来不乏食药同源植物精油用于畜禽肉保鲜的相关研究报道。有研究将八角茴香精油协同生物源保鲜剂制备复合涂膜液用于冷鲜牛肉保鲜，发现复合涂膜液在保持牛肉质构特性、保水性方面具有明显优势，延缓牛肉品质劣变，实现了货架期的延长。类似地，添加不同浓度杏仁精油的壳聚糖可食性涂膜处理对保持牛肉感官质构特性、减慢单增李斯特氏菌侵染及油脂、蛋白质氧化方面均表现优良，应用前景广阔。除壳聚糖外，通过制备含TiO_2-迷迭香精油的纤维素纳米纤维/乳清蛋白活性包装，具有明显抑制牛肉中腐败菌生长、减弱油脂氧化及分解速率的作用，可明显延长货架期。以上研究均反映出食药同源植物精油可通过抑制营养物质氧化、微生物增殖、感官指标劣变途径延长货架期。同时，针对植物精油自身不稳定的缺陷，可将植物精油微胶囊工艺、活性包装协同应用于畜禽肉保鲜，精油种类包括丁香精油、生姜精油、玫瑰精油等。

(4) 食药同源物质在水产品保鲜中的应用

水产品营养丰富，富含优质蛋白质、不饱和脂肪酸，是居民膳食中重要的蛋白质食物来源。近年来随着绿色安全、环境友好意识的提升，在水产品保鲜技术中，包括食药同源植物精油在内的生物源保鲜剂被认为是应用最具潜力的保鲜方式。有研究发现，薄荷精油-海藻酸钠复合涂膜处理后的鲤鱼在冷藏期间总挥发性盐基氮（TVB-N）、过氧化值

（PV）、硫代巴比妥酸（TBA）值及微生物变化速率明显减缓，能够保持其良好品质特性。这表明食药同源植物精油在有效延缓水产品贮藏期间蛋白质氧化分解、油脂酸败及腐败菌无限增殖方面具有突出优势。另外，在迷迭香精油-壳聚糖纳米粒制备工艺基础上，通过研究其对冷藏草鱼贮藏期间品质特性的影响，发现迷迭香精油-壳聚糖纳米粒在抑制微生物繁殖、脂肪氧化方面效果显著。类似地丁香精油-壳聚糖涂膜对贮藏期间鱼片致病菌（大肠杆菌、单增李斯特氏菌、肠炎沙门氏菌、金黄色葡萄球菌和铜绿假单胞菌）积累量及积累速率均具有明显抑制作用。这表明壳聚糖等大分子作为具有良好成膜性的优良基质，被作为载体协同食药同源植物精油可广泛应用于水产品保鲜中。

3.2.2 防腐剂

3.2.2.1 食药同源物质的防腐机理

食药同源物质作为防腐剂抑制或杀灭微生物的机制较为复杂，一般认为，目前使用的食药同源物质防腐剂对微生物的作用机制主要包括以下几个方面。

（1）破坏微生物细胞结构和功能完整性

防腐剂可破坏微生物细胞的细胞壁或者细胞膜，使细胞失去完整性，细胞膜功能受损，导致正常的生理功能被破坏，甚至造成细胞的溶解而导致微生物失活。一些食药同源物质的提取物可直接破坏或干扰细胞膜功能实现抑菌功能；另外一些食药同源物质中的天然酶成分能水解革兰氏阳性菌细胞壁中肽聚糖的 N-乙酰胞壁酸和 N-乙酰氨基葡糖之间的 β-1,4-糖苷键，使细胞壁不溶性肽聚糖分解成可溶性糖肽，导致细胞壁破裂，细胞结构瓦解。

（2）影响微生物代谢相关酶活性

防腐剂干扰微生物代谢活动通过影响物质代谢和能量代谢相关酶的活性来实现，防腐剂可与酶的巯基作用，破坏多种含硫蛋白酶的活性。一般而言，防腐剂是作用于微生物的呼吸酶系，如乙酰辅酶 A 缩合酶、脱氢酶、电子传递酶系等。一些食药同源物质中的小分子成分可与微生物酶中的巯基结合，破坏代谢酶的活性使其生长或繁殖受阻。

（3）能量消耗

一些弱酸性食药同源物质中的活性成分，如绿原酸、单宁酸、奎宁酸等，随 pH 不同在解离和未解离状态间存在动态平衡，在低 pH 条件下，多数处于未解离状态，未解离的弱酸性有机分子是亲脂性的，因此可自由透过原生质膜，进入细胞内后，在细胞内高 pH 环境下，分子解离成带正电荷的氢离子和阴离子，这些解离成分不易透过膜而在细胞内蓄积，造成细胞内环境的酸化。为了维持细胞内正常的 pH 环境，需要将氢离子通过原生质膜泵出菌体细胞外，这个过程需要腺苷三磷酸（ATP）提供能量，造成细胞能量大量消耗，从而影响微生物的正常代谢活动，造成生长受阻。

值得注意的是，食药同源物质对微生物的抑制作用有不同的机制，同一种防腐剂的抑菌效果往往也不是由单一作用机制实现的，可能是多种机制共同作用的结果。总之，深入了解防腐剂在微生物体内的作用机制可更有效、更合理地使用或开发该类防腐剂。

3.2.2.2 常见食药同源物质的防腐剂

食药同源物质作为食品防腐剂属于天然类防腐剂，是近年来的研究热点也是今后防腐剂发展的重要方向。从食药同源植物中提取有效成分并将其开发成食品防腐剂一方面为我国丰富的食药植物资源的开发提供了宝贵的物质基础，另一方面可充分发挥中药材提取物在防腐抑菌方面高效低毒的功能特性。目前，可用于食品防腐食药同源物质主要有以下几类。

（1）食药两用植物提取物

① 竹叶提取物。我国拥有非常丰富的竹类资源。竹叶自古就有药食两用的历史，竹叶具有止咳、止血和退热等功效。竹子中含有多种有益的成分，竹叶提取物中含有大量维生素、氨基酸、叶绿素、糖类、黄酮类等物质，以及富含人体必需的微量及常量元素。早期人们通过实践发现了竹子中有抑菌物质，并将其作为消炎用的医用材料。研究发现通过不同有机试剂制备的竹叶提取物对微生物的抑菌效果不同。竹叶中主要的抑菌成分为黄酮类化合物、蒽醌化合物、生物碱等。值得关注的是，现在常用的食品防腐剂如苯甲酸钠、山梨酸钾等只有在酸性条件下才有抑菌的效果，而竹叶提取物在中性条件下就有抑菌效果，具有明显优势。另外，竹叶提取物还有很好的热稳定性。

② 银杏提取物。银杏是我国特有的珍贵树种，银杏提取物的主要成分是黄酮类化合物，具有较高的药用价值和抑菌效应。研究表明银杏黄酮对细菌有良好的抑制作用，对霉菌的效果较弱，对酵母菌几乎没有抑菌作用。银杏酸是银杏中除了黄酮外的另一种具有重要生理活性的成分，主要存在银杏种皮当中，是一类烷基酸或烷基酚类化合物。银杏酸可用乙醇进行提取，研究发现银杏酸对金黄色葡萄球菌、大肠杆菌、芽孢杆菌、白色念珠菌、沙门氏菌均有较好的抑菌效果。因此，将含有银杏黄酮和银杏酸的银杏提取物开发成食品防腐剂，可有效提升其利用价值。

③ 其他植物提取物。芦荟是百合科芦荟属多年生常绿肉质草本植物，虽然其种类众多，但有药用价值的只占少数，包括库拉索芦荟、元江芦荟、目立芦荟等。有研究用水煮法、榨汁法和醇提法制备库拉索芦荟提取物，发现通过这三种方法制备的库拉索芦荟提取物对维氏气单胞菌有不同程度的抑菌作用，抑菌效果随浓度增高而增加，醇提法效果最好。荸荠营养丰富且药用价值很高，近年来的研究也表明，荸荠果肉及其皮中含有抑菌物质荸荠茋。研究发现荸荠提取物对大肠杆菌、金黄色葡萄球菌和枯草芽孢杆菌的抑菌效果良好，且对 pH 和温度变化不敏感，可作为食品中良好的抑菌剂。

（2）中草药提取物

我国中草药品种繁多，有十分丰富的资源。中药包括一般的草药在内有 5000 多种，常见的约有 700~800 种。国内外研究者对中草药的抑菌作用进行了大量的研究和探讨，目前研究表明的具有良好抑菌作用的中草药已超过 100 种。中草药成分复杂，作用范围广泛，对常见病原菌如淋病球菌、白念球菌、痢疾杆菌、金黄色葡萄球菌、大肠杆菌、伤寒沙门氏菌以及黑曲霉、黄曲霉、日本曲霉、杂色曲霉、产黄青霉、毛壳菌、弯孢霉、枝孢霉、橘青霉等霉菌都有较强的抑制作用。

目前一般认为中草药主要的抑菌成分有醛、酮、酯、醚、酸、萜类及内酯等，其抑菌作用主要机理为对细胞壁的合成形成干扰、损伤细胞浆膜、影响细胞蛋白质的合成、影响核酸合成等。

中草药成分之间也存在抗菌性的协同增效作用，有研究利用中草药及其配伍进行抑菌探究，发现适当混合使用可提高抗菌效果，不仅降低了抑菌浓度，而且抗菌范围更加广泛。

（3）香辛料

香辛料大多数属于食药同源类物质，一般为生长在热带的芳香植物的根、树皮、种子或果实，具有调味增香的作用，其中不少种还有程度不同的抑菌防腐作用，且早已被古人所利用。例如，紫苏叶洗净晾干后浸渍于装有酱油的容器中，具有很好的防腐效果，还可增加酱油的醇香味；月桂树干叶加到猪肉罐头内，不仅能起到防腐作用，还能使猪肉增加特殊的香味。目前开发防腐保鲜剂的食用香料植物主要有：芸香科的九里香属植物；樟科的樟属植物；菊科的蒿属植物；禾本科的香茅、芸香草；桃金娘科桉属中的柠檬桉、窿缘桉、蓝桉等；姜科的砂仁属、姜黄属中某些种；唇形花科的紫苏等。另外，有研究表明丁香、白胡椒、豆蔻等粉末对食品中常见的腐败菌和产毒菌的生长均有不同程度的抑制作用，其中将丁香粉末添加到酱油中，可使酱油夏季敞口存放一个月而不产生白花变质，并赋予酱油特殊良好的风味。

这些香辛料能抑菌防腐，真正起作用的是其精油，而目前研究与开发食品防腐剂使用的大多也是香辛料的精油或提取物。多年来，众多学者对香辛料中抗菌活性成分的提取、抗菌效果的评价、作用机制及应用范围进行了广泛研究。香辛料的抗菌成分主要有丁香酚、丁香酚乙酸酯、异硫氰酸烯丙酯、百里酚、香芹酚、异冰片、茴香脑、肉桂醛、香草醛、辣椒素和水杨醛等。有研究表明芳香植物精油在水相中的溶解度与精油中有效成分透过细胞而进入菌体的能力直接相关，而抗菌性则基于抗菌剂在菌体细胞膜双层磷脂中的溶解度；精油中的类萜类降低生物膜的稳定性，从而干扰了能量代谢的酶促反应。同时，香辛料成分之间存在着抗菌性的协同增效作用。

3.2.3 甜味剂

3.2.3.1 甜味剂概述

（1）甜感特性

人们最喜欢的基本味道就是甜味。甜味是协调和平衡风味、掩蔽异味、增加适口性的重要因素。甜味食品的数量很多，其甜度和水分各不相同，以甜味为主味的食品含糖量不同，食品甜味也不同。

呈甜味的物质很多，由于组成和结构不同，产生的甜感也有很大的不同，主要表现在甜味强度和甜感特色两个方面。天然糖类一般是随碳链增长甜味减弱，单糖、双糖类都有甜味，但乳糖的甜味较弱，多糖大多无甜味。蔗糖的甜味纯，且甜度的高低适当，刺激舌尖味蕾1s内产生甜味感觉，很快达到最高甜度，约30s后甜味消失，这种甜味的感觉是愉快的，因而成为确定不同甜味剂甜度和甜感特征的标准物。

一般用相对甜度来表示甜味的强度，简称甜度，是甜味剂的重要指标，但不是物理或化学参数，因为目前还是凭人的感官来判断、评价甜度。通常的方法是以5%或10%的蔗糖水溶液（蔗糖是非还原糖，在水中较稳定）为参照物，在20℃的条件下某种甜味剂水溶液与参照物的浓度比，称为比甜度或甜度倍数。由于人为的主观因素影响很大，故所得的结果有时差别很大。

（2）甜味感知机理

近年来，在甜味的感知机理领域进行了深入系统的研究。研究表明，人们对于甜味的感知主要集中于舌尖部位。人体舌头的舌苔上的乳状突起分布着大量可感知味道的味蕾，味蕾上存在着感受不同味道的味觉细胞，当呈现甜味的物质分子接触味觉细胞时，甜味分子与味觉细胞膜上的甜味受体结合，经G蛋白偶联受体信号传导后分泌磷脂酶，进一步生成三磷酸肌醇（细胞内第二信使），从而激活内质网分泌钙离子，并激活细胞膜钠离子通道，使细胞膜外的钠离子进入细胞中，导致细胞内电势升高，激活细胞膜上钙稳态调节蛋白，分泌ATP（神经递质），舌头上的神经元接收到神经递质后将其作为神经信号传递至大脑皮层，从而感知到甜味（图3-1）。

（3）甜感影响因素

一般而言，糖的甜度随浓度的增加而提高，但各种糖的甜度提高程度不同，大多数糖的甜度随浓度增高的程度都比蔗糖大，尤其以葡萄糖最为明显，如葡萄糖浓度在8%时甜度为0.53，35%时为0.88，一般讲葡萄糖的甜度比蔗糖低，是指在较低浓度情况下。另外，当蔗糖的浓度在小于40%的范围内，其甜度比葡萄糖大；但当两者的浓度大于40%时，甜度却几乎没有差别。

在较低的温度范围内，大多数糖的甜度受温度影响并不明显，尤其对蔗糖和葡萄糖的影响很小。但果糖的甜度受温度的影响却十分显著，在浓度相同的情况下，当温度低于40℃时，果糖的甜度较蔗糖大，在0℃时果糖比蔗糖甜1.4倍；而在大于50℃时，其甜度反比蔗糖小，在60℃时则只是蔗糖甜度的0.8倍。这是因为果糖环形异构的平衡体系受温度影响较大，温度高，甜度大的β-D-吡喃果糖的含量下降，而不甜的β-D-呋喃果糖含量增加。

各种糖的溶解度不相同，甜感就有差别。果糖溶解度最高，其次是蔗糖、葡萄糖。将各种糖液混合使用显示出相乘效果。

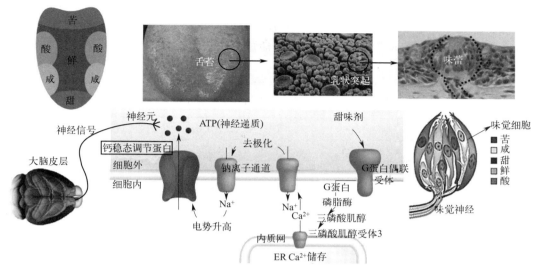

图 3-1 甜味感知机理

注：源于 CALHM1 ion channel mediates purinergic neurotransmission of sweet, bitter and umami tastes. *Nature*，2019，179：392-405.

食药同源植物提取物中含有多种甜味成分，如蔗糖、果糖、葡萄糖、糖醇类、糖苷类等，这些甜味成分对食品甜味贡献亦受温度、浓度、溶解度、复配等因素的影响，在调味时需注意。

3.2.3.2 常见食药同源物质甜味剂

可作为食品甜味剂的食药同源植物提取物较少，主要集中于糖苷类物质。

（1）甜菊糖苷

甜菊糖苷简称甜菊糖、甜菊苷，它是从菊科植物 *Stevia rebaudia* 叶子中提取出来的。该植物在我国称为甜叶菊，为食药同源植物，原产于巴拉圭和巴西，现在中国、新加坡、马来西亚等国家也有种植。甜菊糖苷由于植物来源和其应用食品的不同，其呈现的甜味存在差异。甜菊糖苷具有高甜度、低热能、纯天然的特性，其甜感与蔗糖相似，但刺激缓慢、味觉延绵，浓度较高时略带"植物味"。

甜叶菊中的甜味物质有甜菊糖苷（St）、莱鲍迪苷 A（R-A）、莱鲍迪苷 B（R-B）、莱鲍迪苷 C（R-C）、莱鲍迪苷 D（R-D）、莱鲍迪苷 E（R-E）等（表 3-1）。1931 年法国化学家 Bridel 和 Lavieille 第一次从甜菊中提取结晶的纯甜味物质，分子式 $C_{38}H_{60}O_{18}$，分子量 803，熔程 196~198℃，高温下性能稳定，在 pH=3~10 范围内十分稳定，易存放。甜菊糖苷的分子结构如图 3-2 所示，可溶于水和乙醇等，不溶于苯、醚等有机溶剂，其纯度越高，在水中溶解速

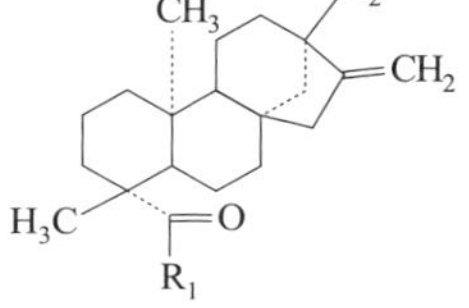

图 3-2 甜菊糖苷及其衍生物的分子结构

度越慢,市售品由于添加了其他的糖、糖醇和其他甜味剂,其溶解度有很大差异,且易吸潮。与蔗糖、果糖、葡萄糖、麦芽糖等混合使用时,不仅甜菊糖苷味更纯正,且甜度可得到相乘效果。莱鲍迪苷A为甜菊甜味成分中甜度最接近蔗糖的一种,其甜度约为蔗糖的450倍。

表3-1 甜菊糖苷及其衍生物的分子结构及理化特性

成分名称	缩写	R₁	R₂	分子量	熔程/℃	甜度倍数
甜菊糖苷	St	-glu	-glu-glu	804.9	196～198	270～300
莱鲍迪苷A	R-A	-glu	-glu(-glu)(-glu)	967.0	242～244	350～450
莱鲍迪苷B	R-B	-H	-glu(-glu)(-glu)	804.9	193～195	10～15
莱鲍迪苷C	R-C	-glu	-glu(-glu)(-glu)	951.0	215～217	40～60
莱鲍迪苷D	R-D	-glu-glu	-glu(-glu)(-glu)	1129.2	283～286	150～250
莱鲍迪苷E	R-E	-glu-glu	-glu-glu	967.0	205～207	100～150
杜尔可苷A	D-A	-glu	-glu-rhm	788.9	193～195	40～60
甜菊糖二糖苷	S-Bio	-H	-glu-glu	642.7	189～192	10～15
甜菊醇		-H	-H	318.5	94.7	0

注:源于《食品添加剂》(第二版),高彦祥 主编,中国轻工业出版社。

甜菊糖具有保健功能,具有良好的辅助治疗作用,是食品、医药、化妆品等工业的理想代糖品,被国际上誉为"世界第三糖源"。JECFA在第69届年会上对甜菊糖苷的安全性重新评价,新制定的ADI值为0~4mg/kg体重(以甜菊醇计,FAO/WHO,2008)。

日本自1969年禁用甜蜜素以来,对甜菊糖苷倍加重视,常于软饮料、糖果蜜饯、口香糖、烘烤食品中单独应用甜菊糖苷或与其他非营养甜味剂混合使用;甜菊糖苷还用于无糖和糖尿病患者食品的生产。GB 2760—2024《食品添加剂使用标准》规定:甜菊糖苷可在风味发酵乳、冷冻饮品(食用冰除外)、蜜饯凉果、熟制坚果与籽类、糖果、糕点、餐桌甜味剂、调味品、饮料类(包装饮用水除外)、果冻、膨化食品、茶制品(包括调味茶和代用茶类)中使用。

(2) 甘草酸铵、甘草酸一钾及三钾

甘草酸铵是从甘草中提取的甘草酸铵盐,为天然甜味剂。甘草酸铵为白色粉末,分子式$C_{42}H_{65}NO_{16} \cdot 5H_2O$,结构式见图3-3,甜度约为蔗糖的200倍,溶于氨水,不溶于冰乙酸。与蔗糖相比,甘草酸铵甜味感觉速度偏慢,带有甘草后余味,温凉感弱。将甘草酸铵直接作为甜味剂应用到食品中，甜味不纯正，一般将其与三氯蔗糖、赤藓糖醇等其他甜味剂复配，使其甜味更接近蔗糖。

甘草酸一钾及三钾类似白色或淡黄色粉末，分子式 $C_{42}H_{61}O_{16}K$，结构式见图 3-3，无臭，有特殊的甜味，甘草酸一钾的甜度约为蔗糖的 500 倍，甘草酸三钾的甜度为蔗糖的 150 倍，甜味残留时间长，易溶于水，溶于稀乙醇、甘油、丙二醇，微溶于无水乙醇和乙醚。由于采集野生甘草时对环境破坏严重并造成自然资源枯竭，我国新疆等地已开始种植人工甘草以满足工业化生产对甘草原料的大量需求。甘草酸苷的半数致死量 LD_{50} 为 0.8g/kg 体重（小鼠，腹腔）。GB 2760—2024《食品添加剂使用标准》规定：甘草酸铵、甘草酸一钾及三钾可作为甜味剂用于肉罐头类、调味品、糖果、饼干、蜜饯凉果、饮料类等食品中。甘草酸二钠在日本主要用于酱油和 MISO（发酵大豆酱）中控制大豆制品的腥味。在美国，甘草甜素用作调味料。

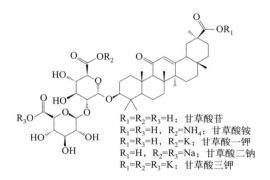

图 3-3 甘草酸苷及其衍生物的分子结构

（3）罗汉果甜苷

罗汉果是我国广西特产果实，属于葫芦科草本蔓藤植物。罗汉果甜苷属天然三萜类糖苷甜味剂，目前鉴定的共有 11 种，分别是：罗汉果甜苷Ⅳ、罗汉果甜苷Ⅴ、罗汉果甜苷Ⅲ、罗汉果甜苷ⅡE、罗汉果甜苷ⅢE、罗汉果甜苷Ⅵ、罗汉果甜苷 A、罗汉果新苷、赛门苷Ⅰ、11-O-罗汉果甜苷Ⅴ和罗汉果二醇苯甲酸酯。其最主要的甜味成分为罗汉果甜苷Ⅴ（图 3-4），含 5 个葡萄糖残基，呈白色结晶状粉末，甜味绵延，带有类似甜菊糖的后苦味。用水或 50%乙醇从干罗汉果中提取，再经浓缩、干燥、重结晶而成，市售商品有黑色膏状物，甜度约为蔗糖的 15~20 倍。

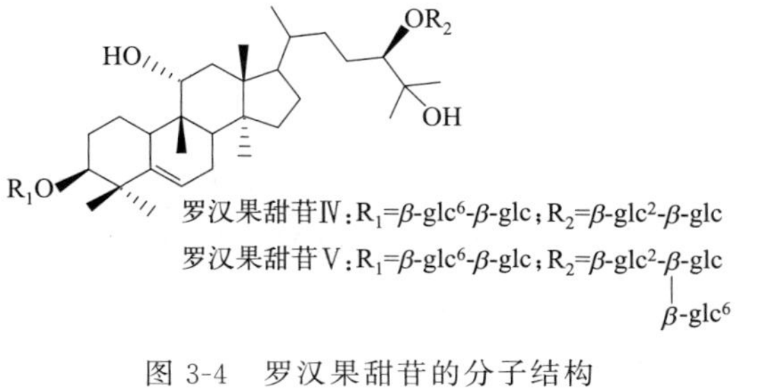

罗汉果甜苷Ⅳ：$R_1=\beta\text{-glc}^6\text{-}\beta\text{-glc}$；$R_2=\beta\text{-glc}^2\text{-}\beta\text{-glc}$
罗汉果甜苷Ⅴ：$R_1=\beta\text{-glc}^6\text{-}\beta\text{-glc}$；$R_2=\beta\text{-glc}^2\text{-}\beta\text{-glc}$
　　　　　　　　　　　　　　　　　　　　$|$
　　　　　　　　　　　　　　　　　　$\beta\text{-glc}^6$

图 3-4 罗汉果甜苷的分子结构

初步毒理学试验和长期的食用历史可以证明罗汉果所含的罗汉果甜苷食用安全。1997年罗汉果甜苷被批准用作甜味剂。GB 2760—2024《食品添加剂使用标准》规定：罗汉果甜苷可在各类食品中按生产需要适量添加，这也证明其食用安全性。

3.2.4　增香剂

3.2.4.1　食药同源物质增香剂的分类

由食药同源物质开发的增香剂主要归为天然类香料，主要是指通过蒸馏、压榨、萃取、吸附等物理方法从食药同源植物中得到的具有食品增香作用的成分。《香料香精术语》（GB/T 21171—2018）将通过发酵等生物工艺手段从天然产物制得的香料，以及由天然原料经过供人类使用的加工过程所得的反应产物（如美拉德反应香料、热裂解香料）也列入天然香料范畴。这类香料通常具有形态多样和成分复杂两个特点。

可用于增香的食药同源物质原料很多，作为食品增香剂使用的主要是食药同源植物提取物。常见的提取物有以下几种：

（1）精油

精油（essential oil），又称芳香油、挥发油等，是食药同源植物香料中的一大类，是指从香料植物中加工提取所得到的挥发性含香物质制品的总称。其成分多为萜类和烃类及其含氧化合物，十分复杂，多的可达数百种。天然香料中有效成分的含量常因原料的栽培地区和条件的不同而有很大差异，香味亦有明显的不同。精油的提取通常采用蒸馏、压榨方式，蒸馏最普遍的是水蒸气蒸馏，如玫瑰油、薄荷油、八角茴香油。也常采用溶剂萃取，但所用溶剂应采用食用级产品。一般来说，戊醇和己醇适用于花蕾，甲苯适用于含芳烃化合物精油的提取，乙醇或丙酮适用于酚类化合物，含氯溶剂适用于含胺类化合物的精油提取。对于柑橘类原料，则主要用压榨法提取精油，如红橘油、柠檬油等。液态精油是我国目前天然香料最主要的应用形式。

（2）酊剂

酊剂（tincture）指用一定浓度的乙醇，在室温下或加热条件下，浸提植物原料所得到的乙醇浸出液，经冷却、澄清、过滤而得到的产品。如枣酊、麝香酊、丁香酊、黑豆酊、茴香酊等。

（3）浸膏

浸膏（concrete）是一种含有精油及植物蜡等呈膏状浓缩的非水溶剂萃取物。用挥发性有机溶剂浸提食药同源植物原料，然后蒸馏回收有机溶剂，蒸馏残留物即为浸膏。在浸膏中除含有精油外，尚含有相当量的植物蜡、色素等杂质，所以在室温下多数浸膏呈深色膏状或蜡状。如香桂花浸膏、茉莉浸膏等。

(4) 油树脂

油树脂(oleoresin)指用溶剂萃取食药同源植物原料,然后蒸除溶剂后得到的具有特征香气或香味的浓缩萃取物,通常为黏稠液体,色泽较深,呈不均匀状态。如姜黄油树脂、胡椒油树脂等。

(5) 净油

净油(absolute)指用乙醇萃取浸膏、香脂或树脂所得到的萃取液,经过冷冻处理,滤去不溶的蜡质等杂质,再经减压蒸馏蒸去乙醇,从而得到的流动或半流动的液体。如茉莉净油、玫瑰净油等。

3.2.4.2 常见食药同源物质增香剂

(1) 精油类

① 八角茴香油。八角茴香油(anise star oil)又称大茴香油、茴油,主要成分为反式大茴香脑(80%~95%)、大茴香醛、大茴香酮、茴香酸、苧烯、松油醇和芳樟醇等。八角茴香油为无色透明或浅黄色液体,具有大茴香的特征香气,味甜,凝固点15℃,易溶于乙醇、乙醚和氯仿,微溶于水。八角茴香是人们数千年来使用的调味料,未发现因使用于食品而导致影响健康的事例。FEMA将其列入一般公认安全物质。八角茴香作为常用的烹调用辛香料,其油广泛用于食品、化妆品和医药等。用于食品,可使之具有八角茴香的香气,特别是用于酒、饮料中,效果尤佳。在我国,八角茴香是允许使用的食用天然香料,主要用于酒类、碳酸饮料、糖果及焙烤食品等,用量按正常生产需要而定。还可用作提取食用茴香脑和大茴香酸的原料。八角茴香油是以八角茴香的新鲜枝叶或成熟的果实为原料,将其粉碎后采用水蒸气蒸馏法提油。新鲜八角茴香枝叶得油率0.3%~0.7%,新鲜八角茴香果实得油率1.78%~5%。

② 姜油。姜油(ginger oil)主要成分有姜酮、姜醇、姜烯酚、芳姜黄烯、金合欢烯、苧烯、桉叶素、龙脑和有辣味的生姜素等。采取水蒸气蒸馏法提油。蒸馏品为淡黄色至黄色液体,有姜的辛辣气味,而口感辣味不大。颜色由黄逐渐变为黄棕,口感较辣,久贮变稠。生姜油冷榨品是用冷榨法提油,将鲜姜洗净后进行冷榨,得冷榨生姜油,得油率0.27%~0.33%,残渣再采取水蒸气蒸馏法提油,得蒸馏品。也可用姜为原料,经粉碎后,采取水蒸气蒸馏法提油,得油率1%~3%。姜油可以增加食物的辛辣气味,有一定的抗氧化能力,可以用于熟肉制品、方便食品、膨化食品、焙烤食品、食品调料等。可直接添加或使用乙醇、植物油稀释后使用。

③ 肉桂油。肉桂油(cassia oil),别名中国肉桂油,主要成分为肉桂醛(80%~95%)、乙酸肉桂酯、香豆素、水杨醛、丁香酚、香兰素、苯甲醛、肉桂酸、水杨酸、苯甲酸、苯甲醛和乙酸邻甲氧基肉桂酯等。为黄色至红褐色液体,具有特有的辛香味(先有甜味,然后有辛辣味)。放置日久或暴露于空气中会使油色变深、油体变稠,严重的会有肉桂酸析出。天然品闪点不高于100℃,兼有杀菌作用,溶于冰醋酸、丙二醇、非挥发性

油和乙醇中，不溶于甘油和矿物油。肉桂油是由中国肉桂的枝、叶或树皮或籽用水蒸气蒸馏法提取。其得油率：鲜枝、叶为0.3%～0.4%，树皮为1%～2%，籽为1.5%。中国肉桂常与其他辛香料组合成各种香味的调味料，主要用于肉类烹饪，亦用于腌渍、浸酒及面包、蛋糕、糕点等焙烤食品，也可用于水果保鲜。

④ 橘子油。橘子油（mandarin oil）又称橘皮油，主要成分是柠檬烯及邻 N-甲基-邻氨基苯甲酸甲酯，还有少量癸醛等。橘子油为黄色的油状液体，有清甜的橘子香气，能溶于7～10倍容积的90%乙醇中。由芳香科植物橘（*Citrus reticulate* Blanco var. *mandarin*）的果皮经冷榨得到。FDA将其列入一般公认安全物质。橘子油是橘子香精的主要原料，亦可直接添加于食品中。常用于浓缩橘子汁、柑橘酱等柑橘类产品。柑橘酱中用量为0.5～0.66g/kg。什锦罐头中用量为0.02g/kg。

⑤ 亚洲薄荷油。亚洲薄荷油（menthe arvensis oil，cornmint oil）是以亚洲薄荷全草为原料，新鲜的或半干的全草用水蒸气蒸馏法提取而得，为淡黄色或淡草绿色液体，温度稍降低即会凝固，有强烈的薄荷香气和清凉的微苦味。主要成分为薄荷醇、薄荷酮、乙酸薄荷酯、丙酸乙酯、α-蒎烯、3-戊醇、蒎烯、苧烯、百里香酚等。亚洲薄荷油能赋予食品以薄荷香味，使口腔有清凉感。有清凉、驱风、消炎、镇痛和兴奋等作用，构成食品特殊风味。研究发现其LD_{50}为2426mg/kg体重（大鼠，经口），FDA将其列入一般公认安全物质。薄荷素油（脱脑薄荷油）是配制薄荷型香精的主要原料之一，在油溶性薄荷香精中薄荷素油的用量为38%左右。亦可将亚洲薄荷油直接添加到食品中。清凉型糖果、饮料等经常使用薄荷素油、薄荷脑或薄荷香精。胶基糖果和泡泡糖的赋香剂，最常用的是留兰香、薄荷或两者的混合香料。在一些泡泡糖配方中，配合其他香料而使用的薄荷素油约为0.6g/kg。

⑥ 玫瑰花油。玫瑰花油（rose oil）主要成分有香茅醇、香叶醇、橙花醇、芳樟醇、苯乙醇、己醇、金合花醇、肉桂醇、甲基丁香酚、玫瑰醚、柠檬醛、香芹酮等。玫瑰花油为无色或浅黄色黏稠挥发性精油，具有玫瑰花香气和滋味。在21℃时析出片状玫瑰蜡晶体，加热后仍可液化。溶于乙醇和大多数非挥发性油中，几乎不溶于水。玫瑰花油可长久食用，未发生对身体健康有害的事例。玫瑰花油为高档香精的配制料，由于价格昂贵，只有高档食品方用玫瑰花油增香。玫瑰花是人类应用较早的天然香料之一，可用于泡茶、浸酒及制成玫瑰酱供制作糕点用，为无毒性物。可用以配制杏、桑椹、桃、苹果、草莓和梅等型香精，主要用于甜酒、烟草、糖果等。

(2) 浸膏类

① 桂花浸膏。桂花浸膏（flower concrete）由桂花（包括银桂和丹桂）的鲜花用石油醚作溶剂浸提，提取液经浓缩后制得。主要成分有α-紫罗兰酮、反式芳樟醇氧化物、顺式芳樟醇氧化物、芳樟醇、间乙基苯酚、橙花醇、壬醇和β-水芹烯等。为黄色或棕黄色膏状物，具有清甜花香，兼有蜡气和桃子样果香气息，香气浓郁而持久。FEMA将其列入一般公认安全物质（FEMA 3750）。桂花香气芬芳浓郁，为我国人民所喜爱。桂花浸膏

是我国特有的天然香料，广泛用于食品、化妆品和香精香料等。GB 2760—2024 批准其为允许使用的食用香料，最大使用量按正常生产需要而定。

② 玫瑰浸膏。玫瑰浸膏（rose extract，rose concrete）主成分有高分子烃类、醇类、脂肪酸、萜烯醇、脂肪酸酯、香茅醇、香叶醇、芳樟醇、苯乙醇、金合欢醇、丁香酚、丁香酚甲醚、玫瑰醚、橙花醚等。玫瑰浸膏为黄色、橙黄色或褐色膏状或蜡状物，溶于乙醇和大多数油脂，微溶于水，凝固点为 41~46℃。FEMA 将其列入一般公认安全物质。GB 2760—2024 批准其为允许使用的食用香料，最大使用量按正常生产需要而定。参考用量：饮料，0.63mg/kg；冷饮，1.2mg/kg；焙烤食品，1.6mg/kg；糖果，2.0mg/kg。

③ 甘草流浸膏。甘草流浸膏（licorice extract）为甘草浸膏经加工制成的流浸膏。为棕色或红褐色液体，味甜、略苦、涩。制备需取甘草浸膏 300~400g，加水适量，不断搅拌，并加热使溶化，过滤，在滤液中缓缓加入 85% 乙醇，随加随搅拌，直至溶液中乙醇含量达 65% 左右，静置过夜，仔细取出上清液，沉淀再加 65% 的乙醇，充分搅拌，静置过夜，取出上清液，沉淀再用 65% 乙醇提取一次，合并三次提取液，过滤，回收乙醇，测定甘草酸含量后，加水与乙醇适量，使甘草酸和乙醇量均符合规定，加浓氨试液适量调节 pH，静置，使澄清，取出上清液，过滤即得。甘草流浸膏为缓和药，常与化痰止咳药配伍应用，能减轻对咽部黏膜的刺激，并有缓解胃平滑肌痉挛与去氧皮质酮样作用。用于支气管炎、咽喉炎、支气管哮喘、慢性肾上腺皮质功能减退症。

（3）酊剂类

① 酒花酊。酒花酊（hops tincture）主要成分蛇麻酮、二聚戊烯、十八碳酸、二十六酸、葎草酮、二十六烷醇、α,β-石竹烯、甲基壬基甲酮等。乙醇浸提经干燥的酒花雌性花序和含腺毛状物。理化性质有苦的清香、药草香气。GB 2760—2024 批准其为允许使用的食用香料。用于啤酒酿制中，可赋予啤酒独特的芳香和清爽的苦味，并能将酒液中多余的蛋白质凝固、分离出来，使酒液澄清，抑制杂菌的繁殖，使啤酒有丰富的泡沫。

② 罗汉果酊。用水或 20% 乙醇加热萃取罗汉果果实得罗汉果酊（louhanfruit tincture）。药草样甜香，味极甜。主要成分罗汉果甜苷，其甜度比蔗糖高 400 倍。GB 2760—2024 批准其为允许使用的食用香料。应用于调配日化香精、食用香精和烟用香精。在烟气中可矫正吸味，抑制苦味，增强甜味。常用于烟草加料。过量使用易产生药香。

（4）树脂类

① 姜油树脂。姜油树脂（giger oleoresin）又称生姜浸膏。含有精油 30%~40%，含姜酚、姜脑、姜酮等辣味物质，还含有龙脑、柠檬醛、樟烯酚、桉叶醚等 30 多种成分。姜油树脂为黑褐色黏稠至非黏稠的半流态液体，有姜的强烈辛辣味和香气。溶于乙醇（有沉淀）等有机溶剂。姜油树脂可用于调味剂、增香剂等。

② 辣椒油树脂。辣椒油树脂（capsicum oleoresin，paprika oleoresin）是将辣椒的果实粉碎后，用有机溶剂如乙醚、乙醇或丙酮浸提而得，为暗红色至橙红色澄清液体。用乙醇提取的较用乙醚提取的色泽更深，味略辛。有强烈辛辣味，对口腔乃至咽喉有炙热刺激

性，溶于大多数非挥发油，部分溶于乙醇。主要成分为辣椒素、二氢辣椒素、正二氢辣椒素和高辣椒素，另含有色素和酒石酸、苹果酸、柠檬酸等。辣椒油树脂既能赋予食品独特的辣香味，又具有调味和着色的性能，为允许使用的食用天然香料，亦为广泛使用的食品增香剂。辣椒油树脂可用作调味剂、着色剂、增香剂等。

③ 黑胡椒油树脂。黑胡椒油树脂（black pepper oleoresin）是由胡椒科植物胡椒的浆果经有机溶剂浸提所得。呈黑绿色、橄榄绿色或淡褐橄榄色，除去叶绿素后的脱色制品为淡黄色。具有明显的黑胡椒特征香气，风味醇香浑厚，自然清新，香气稳定，不易挥发。常温下呈半稠状黏稠液体，一般分为两层，上层为油状层，下层为结晶体。如经过均质，则可呈均一的乳化体，但静置后仍会分成两层。黑胡椒油树脂含5%～26%的挥发油（通常为20%～26%）和30%～55%的胡椒碱（通常40%～42%）。黑胡椒油树脂几乎含有黑胡椒全部辣味成分，如胡椒碱、胡椒脂碱和六氢吡啶，可直接代替胡椒用于食品，可用于焙烤食品、调味品、肉类制品等。

思考题

1. 列举几种常见的食药同源中药材，并简述其作为食品原料的应用。
2. 食药同源中药材在功能性食品开发中的应用前景如何？
3. 如何将食药同源中药材融入日常饮食，实现健康养生？
4. 食药同源植物提取物是如何发挥其保鲜作用的？
5. 食药同源物质作为甜味剂时是如何产生甜感的？

参考文献

[1] LI Y, JI S, XU T, et al. Chinese yam (*Dioscorea*): Nutritional value, beneficial effects, and food and pharmaceutical applications [J]. Trends in Food Science & Technology, 2023, 134: 29-40.

[2] 周莹莹，卢忠英，陈祥. 中医食疗药膳在高脂血症治疗中的研究进展 [J]. 中药与临床，2023，14（6）：109-112.

[3] 赵婉莹. 中国古代食疗发展研究 [D]. 咸阳：西北农林科技大学，2008.

[4] ALIZADEH-SANI M, MOHAMMADIAN E, MCCLEMENTS D J. Eco-friendly active packaging consisting of nanostructured biopolymer matrix reinforced with TiO_2 and essential oil: Application for preservation of refrigerated meat [J]. Food Chemistry, 2020, 322: 126782.

[5] TARUNO A, VINGTDEUX V, OHMOTO M. et al. CALHM1 ion channel mediates purinergic neurotransmission of sweet, bitter and umami tastes [J]. Nature, 2013, 495: 223-226.

[6] 许瀚元. 荷叶碱在预防肥胖和减肥中的作用及其机制的研究 [D]. 北京：中国医学科学院，2022.

[7] 赵润田. 甘草酸对小鼠抗肥胖作用的研究及其应用 [D]. 天津：天津科技大学，2020.

[8] LIOU C J, LEE Y K, TING N C, et al. Protective Effects of licochalcone a ameliorates obesity and non-alcoholic fatty liver disease via promotion of the sirt-1/AMPK pathway in mice fed a high-fat diet [J]. Cells, 2019, 8（5）：447.

［9］ LIU Y，PENG Y，CHEN C，et al. Flavonoids from mulberry leaves inhibit fat production and improve fatty acid distribution in adipose tissue in finishing pigs［J］. Animal Nutrition，2023，16：147-157.

［10］ 浦乾琨，李景剑. 金花茶活性成分和药理作用研究进展［J］. 中国食品工业，2024，(05)：168-170.

［11］ LLOYD-PRICE J，ARZE C，ANANTHAKRISHNAN A N，et al. Multi-omics of the gut microbial ecosystem in inflammatory bowel diseases［J］. Nature，2019，569（7758）：655-662.

［12］ 张玉梅，邢慧珍，刘会平，等. 槐花多糖的提取、纯化和抗氧化活性分析［J］. 食品工业科技，2023，44（24）：207-215.

［13］ 陶叙. 马齿苋抗哮喘儿茶酚型生物碱BTQ和ITQ基于NF-κB/MAPK信号通路的抗炎和抗氧化作用机制研究［D］. 济南：山东大学，2023.

［14］ 陈向阳. 薄荷酚类部位化学成分及抗炎活性研究［D］. 北京：北京中医药大学，2016.

［15］ 燕霞凤，侯召勤，张翠芬，等. 山楂多酚缓解苯并芘诱导的呼吸道上皮细胞炎性损伤活性［J］. 食品科学，2023，44（17）：101-109.

［16］ MENG X L，ZHENG L C，LIU J，et al. Inhibitory effects of three bisbenzylisoquinoline alkaloids on lipopolysaccharide-induced microglial activation［J］. Rsc Advances，2017，7（30）：18347-18357.

［17］ 刘淑芳. 酸枣仁复方饮料的制备及其特性研究［D］. 长春：吉林大学，2023.

［18］ 梁彦霄，于佳琦，王晓鹏，等. 我国药食同源物质副产品应用现状与对策［J］. 中国果菜，2024，44（05）：20-26.

［19］ 张姝. 基于多重组学技术分析桑叶、黄芪联用降血糖作用［D］. 镇江：江苏大学，2021.

［20］ 刘璐，袁亚宏，岳田利. 葛根降血压茶的制备及对自发性高血压大鼠的降压作用［J］. 食品与机械，2022，38（07）：213-219.

［21］ 韩丹. "昆南素"辅助降血糖固体饮料的作用机制及降糖效果研究［D］. 长春：吉林大学，2021.

［22］ 李婉玉，张家旭，谢兴文，等. 杜仲叶化学成分、药理活性及现代应用研究进展［J］. 天然产物研究与开发，2024，36（05）：900-917.

［23］ 马翠霞. 天麻改善睡眠有效部位化学成分及其活性研究［D］. 长春：长春中医药大学，2020.

第4章 食药同源食品的加工工艺

4.1 超声技术

4.1.1 超声技术的概述

超声波由物体振动产生，并通过介质进行传播。超声技术的应用可追溯到1933年，用于解聚各种化合物，如树胶、明胶和淀粉。超声技术通过产生快速移动的微气泡流及其崩裂现象，以提高食品加工效率与产品质量，从而被广泛应用于食品行业中。

在超声波系统中，超声波换能器作为能量转换的枢纽，将电能高效转化为振动能，驱动周围液体介质产生周期性振动，随着超声波能量的传播与累积，介质内部粒子相互作用，产生周期性拉伸与压缩，促使微小气泡的形成与演变。由于连续的压缩-稀薄的循环，这些气泡在超声波作用下，开始振动、生长并不断聚集声场能量，当能量达到某个阈值时，气泡急剧崩塌，释放出巨大能量，由此引发冲击波和微射流，即超声空化效应（图4-1），从而对介质产生强烈的物理化学作用。

超声空化效应常伴随机械效应、热效应和自由基效应（图4-1）。机械效应是指超声波在介质中传播并发生反射后，形成驻波，在驻波作用下，介质内的微小颗粒会受到强烈机械力影响，进而在驻波的波节位置聚集，形成周期性堆积，破坏食品结构，使细胞组织发生形变。此外，介质分子与基质分子间的摩擦力可使大分子解聚，从而促进有效成分更快溶解于溶剂中。热效应则是来自于空化效应产生的热量和介质吸收声能后转化的热量所导致温度局部升高的一种现象。自由基效应是超声过程中产生自由基穿透细胞膜并与细胞内的活性酶、DNA等分子发生反应，破坏其结构与功能，从而影响细胞的生理生化活动。

超声技术作为一种前沿的非热处理技术，具有破坏性小、效率高、适用性广等优势。近年来，食药同源食品日益受到公众关注，超声技术的引入为食药同源食品的加工提供了

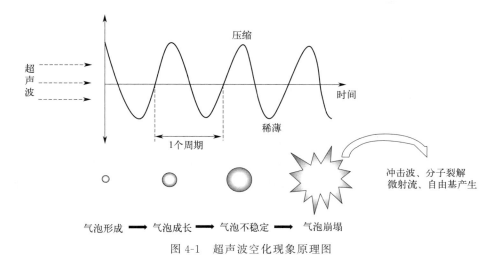

图 4-1 超声波空化现象原理图

更为高效、安全、环保的方法。

4.1.2 超声技术对食药同源食品品质的影响

由于食药同源食品具有成分复杂、不易溶出的局限，难以充分利用食药同源食品活性成分的药用价值，而超声波强烈振动带来的空化、破碎作用则有利于这些活性成分的溶出。此外，超声预处理可抑制微生物生长、加速干燥来延长食品的贮藏期。具体而言，超声对食药同源食品品质的影响主要体现在以下几方面：

（1）促进食药同源食品活性成分的溶出，减少营养成分损失

食药同源食品富含多种活性和营养成分，如皂苷、多糖、多酚等，但这些活性和营养成分通常被包裹在细胞壁内，难以溶出，造成营养损失。超声处理产生的空化效应可有效破坏植物细胞壁和细胞膜，使细胞内活性和营养成分迅速释放出来；机械效应增加介质分子的运动速度和穿透力，促进活性和营养成分在溶剂中的扩散和溶解，这些效应的共同作用加速溶出过程，从而降低成分的损失。超声辅助提取法提取藜麦种子皂苷量为 5.1mg/g，高于甲醇回流法的 3.8mg/g 和乙醇回流法的 3.2mg/g。在超声辅助下百合多糖提取率为 12.0%，高于热水浸提法 6.3%。此外，在干燥前对党参切片进行超声预处理，其样品中的多糖、总酚、总黄酮、党参炔苷和紫丁香苷等成分分别增加了 120.2%、65.7%、48.9%、110.0%、133.8%。

（2）提升食药同源食品的感官品质

研究表明，超声波处理可有效抑制食物中酶的活性，减少食品的酶促褐变问题，进而保持食品本身的色泽。如超声预处理后的红枣经中短波红外干燥后，其果实收缩率和颜色均显著优于直接中短波红外干燥的红枣果肉。此外，超声波空化效应产生的局部高温高压可加速风味的形成和释放。例如，利用超声辅助陈酿的菊花米酒，与未经超声处理相比，

其风味物质的保留效果最佳,且生成了正戊醇、3-羟基丁醛、异丁酸等化合物,表明超声催陈后菊花米酒形成新的风味物质。

(3) 延长食药同源食品的贮藏期

大多数食药同源食品在贮藏期间易发生腐败,主要原因有微生物污染、含水量高等。超声技术在食药同源食品的采后处理中,通过超声波清洗深入食品表面的微小孔隙,清除附着的细菌和微生物,减少因微生物污染而引发的腐败变质问题。例如,当归在经过超声波清洗后再结合紫外处理,其贮藏时间相较于未经超声清洗的样品,显著地从18个月延长至30个月。此外,超声波可使样品形成孔道,提高样品内部水分扩散速率,有助于去除食品表面残留水分,提高干燥效率,延长贮藏期。如与单独远红外干燥相比,经超声波预处理后,新鲜枸杞在30min内即达到最大平均干燥速率,显著提高了脱水效率,延长了枸杞的贮藏时间。

4.1.3 超声技术在食药同源食品中的应用

在现代食品加工与保藏技术中,超声波作为一种绿色、高效的物理手段,被广泛应用于食药同源食品的加工,如活性成分的提取、食品的干燥、大分子物质改性等,推动了食药同源食品产业发展。

(1) 超声技术在活性成分提取中的应用

超声辅助溶剂提取可加速原料表面破碎,增强传质,溶剂更容易渗透进入原料内部,从而提高提取效率,目前,已广泛应用于活性多糖、多酚、皂苷等功能成分的提取。

百合富含黄酮类化合物,在80.0%乙醇作为溶剂、料液比1∶30(g/mL)、70℃条件下超声提取40min,百合黄酮提取率可达99.3%。灵芝是一种传统名贵中药材,其子实体含有多种活性成分,其中多糖类和三萜类化合物起主要药理作用。超声处理灵芝子实体时,可以破坏其细胞壁结构,促进多糖和三萜类化合物的溶出。如在超声功率160W、超声温度50℃、超声时间25min、料液比1∶30(g/mL)下,灵芝多糖的提取率达到5.5%;而采用不同方法提取灵芝三萜时,在50%乙醇超声辅助提取下,提取物中的灵芝酸A、灵芝烯酸D、灵芝酸D、灵芝酸F、灵芝酸G含量最高,分别为25.1μg/g、7.4μg/g、14.7μg/g、22.5μg/g、17.2μg/g,说明超声辅助提取灵芝三萜优于常规溶剂浸提法。

(2) 超声技术在干燥中的应用

超声预处理可破碎植物组织,促进原料内部孔径扩大,因此,在常规干燥前,对原料预处理,可显著提升干燥速率和改善干燥品质。如猕猴桃经超声预处理后,干燥时间缩短了16.0%~25.0%,酚类等抗氧化成分的保留率显著提高;肉苁蓉切片经超声处理后,与未处理的样品相比,干燥时间缩短16.0%~36.8%,且处理后肉苁蓉切片的微孔通道数目增多、孔径扩张明显,不仅利于干燥,还显著增强切片干品的复水能力。

除了提高干燥速率外，超声技术在改善食品干燥品质方面也有显著作用。超声预处理后的铁皮石斛干品，其多酚及氨基酸含量显著升高，内部组织也更蓬松；超声预处理后的党参，其干品的抗氧化能力、多糖含量、总酚和总黄酮含量均显著高于未超声处理的样品，干燥品质较优。

（3）超声技术在大分子物质改性中的应用

超声技术是膳食纤维、蛋白质、淀粉等大分子的一种重要改性技术，其通过产生的空化效应、机械效应和热效应等，破坏大分子间和分子内相互作用，降低分子质量，暴露功能基团，从而改善大分子物质的理化特性，提高生物利用度。研究发现，铁皮石斛渣可溶性膳食纤维经超声改性后分子质量显著降低，且形成了疏松多孔的结构，水合特性和吸附特性显著提升，而添加该可溶性膳食纤维的果冻，其析水率降低，抗剪切能力提升，有效延长了果冻的贮存期。超声处理还会影响蛋白质分子的折叠和解折叠，进而影响蛋白质的溶解性、乳化性、发泡性和胶凝性等。如经超声处理后的紫苏粕蛋白，粒径减小，表面疏水性和游离巯基含量增加，从而显著提高紫苏粕蛋白的溶解性、持水力、持油力、起泡性、乳化性和热稳定性等。此外，超声波还能破坏淀粉颗粒结构和晶体结构，增加无定形结构，降低分子质量，从而改善淀粉的溶解性、糊化特性和流变特性等。葛根淀粉经超声后直链淀粉含量降低，无定形结构显著增加，溶解性较未超声处理样品提高了23%，表观黏度显著降低。

由于超声技术高效、节能、环保的特点，其在食药同源食品的辅助提取、干燥和分子改性等方面的应用已趋近成熟，也为食药同源食品的精深加工发挥了重要作用。

4.2 蒸汽爆破技术

4.2.1 蒸汽爆破技术的概述

蒸汽爆破技术又称汽爆技术，近年来广泛地应用在食品工业中。该技术通过高压作用促进过热的饱和水蒸气进入原料，填满细胞孔隙，维持压力一段时间后，渗透入原料组织细胞内部的蒸汽分子瞬间释放导致细胞内体积急剧膨胀形成多孔结构。蒸汽爆破设备主要由蒸汽产生器、进料口、反应室、接收室和控制柜等组成（如图4-2）。

蒸汽爆破过程包括高温蒸煮和瞬时减压爆破两个阶段。高温蒸煮阶段，蒸汽产生器中的高温蒸汽进入反应室，与原料充分接触并渗透入原料内部，使内部组织的连接强度下降；瞬时减压爆破阶段，原料内部的液体和水蒸气同时膨胀，热能瞬间转化为机械能，在这个过程中，原料内部组织结构在膨胀气体的冲击下变形、破裂，同时发生热降解、类酸性水解和类机械断裂作用等，破坏植物原料的细胞壁、形成裂纹和微孔、增加比表面积，从而有利于原料的后续加工。

蒸汽爆破技术最初是在造纸制浆中对木质纤维素原料预处理使用的。由于其具有高

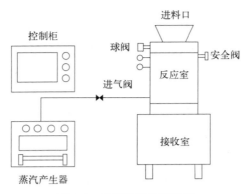

图 4-2 蒸汽爆破处理系统

效、无污染、适用性广和节约能耗等特点，蒸汽爆破技术在食品和农副产品加工等领域也得到了广泛应用。

4.2.2 蒸汽爆破技术对食药同源食品品质的影响

食药同源食品的原料大部分来源于真菌或植物的根、茎、叶、花、种子等器官，其中富含多酚类、多糖类、皂苷类等活性成分。然而，由于原料结构致密，导致其加工特性较差，活性成分难以充分溶出，口感和风味等感官品质欠佳，而蒸汽爆破技术可从以下几方面大大改善食药同源食品的品质。

（1）促进食药同源食品中活性成分的溶出

食药同源食品中富含多酚、多糖等对人体健康具有诸多益处的活性成分。蒸汽爆破的过程中，高温水蒸气使原料的细胞壁破裂，形成含有微孔和裂纹的细小颗粒，这样在提取加工时活性成分能与溶剂充分接触，从而提高其溶出率和提取率。如沙棘在蒸汽爆破处理后多酚提取率为 7.6%，与未爆破组相比提高了 17.1%；与未处理组相比，蒸汽爆破预处理的葛根总黄酮提取量提高了 2.08 倍。

（2）改善食药同源食品的结构及感官品质

蒸汽爆破过程中原料组织结构瞬间承受巨大的压力差，导致类机械断裂的发生，从而破坏组织结构，使食品质地蓬松、硬度降低，改善咀嚼性和口感。如未经爆破的绿豆淀粉颗粒形状完整、表面光滑，而蒸汽爆破处理后的绿豆淀粉表面粗糙、有凹凸状，说明淀粉颗粒发生了破碎、变形；经蒸汽爆破处理后的灵芝子实体蓬松，且纤维表面由原来光滑平整的结构逐渐变为粗糙、有空隙的不规则结构，表明蒸汽爆破处理后子实体组织发生了断裂和破碎。此外，在高温作用下，蒸汽爆破还能促使原本细胞内的挥发性成分释放，进而提升食品的风味和香气。杜仲叶经蒸汽爆破处理后挥发性成分增加，具有花香气味的酮类占比显著增加，相对含量提高了 1.9~3.4 倍。

(3) 提升食药同源食品中大分子的理化性能

大部分食药同源食品富含纤维素、蛋白质、淀粉等大分子成分，而蒸汽爆破处理能够显著改变这些物质的理化性能。具体来说，蒸汽爆破处理使物料内部致密的膳食纤维分子发生破碎和断裂，从而提高其持油力、持水力、吸水膨胀力等。如蒸汽爆破处理后米糠的致密结构变松散，纤维的有序性被破坏，可溶性膳食纤维含量显著提高，持水性和持油性显著提升。蒸汽爆破处理还能改变蛋白质的结构，使蛋白质发生解聚，进而改善蛋白质的乳化性、起泡性、持水性等性能。例如，与未处理组相比，经过蒸汽爆破处理后的米糠蛋白乳化性增至 $44.5m^2/g$，持水性增至 $4.7g/g$。此外，蒸汽爆破处理可以改变淀粉结晶结构、降低淀粉分子链聚合度，从而改善消化性质。如绿豆淀粉经蒸汽爆破处理后，其抗性淀粉和慢消化淀粉含量分别是对照组的 2.8 倍和 1.9 倍，淀粉抗酶解能力提升，进而增加其抗消化性能。

然而，蒸汽爆破技术也存在一定的局限性，处理过程中压力的作用效果较难控制均一。汽爆压力、汽爆温度、维压时间等是影响蒸汽爆破效果的主要因素，在实际操作中，应根据原料的组分和理化性质选择适宜的汽爆条件，才有助于提升食药同源食品的品质和营养价值，满足人们对食药同源食品的健康需求。

4.2.3 蒸汽爆破技术在食药同源食品中的应用

蒸汽爆破技术是一种高效且环保的物理加工技术，在食药同源食品的加工中有着广泛的应用。

(1) 蒸汽爆破技术在食药同源功能食品开发中的应用

食药同源食品含有丰富的功能活性成分，是功能食品开发的重要资源。蒸汽爆破预处理可以破坏原料组织结构，促进活性成分的释放与溶出，同时保留其生物活性，在食药同源功能食品的开发中有着广泛的应用。杜仲叶富含萜类、黄酮类、多糖类化合物等活性成分，这些活性成分具有降血压、降血脂、抗氧化、保护心血管系统等诸多保健功效，可以制作成杜仲茶。在蒸汽压强 0.5MPa、维压时间 300s 处理后，杜仲叶中总黄酮和多酚含量相较于对照组分别提高 10.9 倍和 21.5 倍，并且杜仲叶水提液的抗氧化活性显著提高，提升了杜仲茶产品的功效。麦麸含有丰富的营养物质，具有降低胆固醇、控制血糖等多种功效，可添加于饼干、面包等产品中，然而由于其口感欠佳，影响了其市场接受度。研究表明，蒸汽爆破处理可以显著提高麦麸中的还原糖和总黄酮含量，且添加蒸汽爆破麦麸的饼干，不仅口感良好，同时具有较好的抗氧化活性和抗消化性，表明其可以用于开发高营养品质的新型烘焙食品。灵芝含有多种生物活性成分，其中灵芝多糖具有抗氧化、降血脂、调节免疫等药理作用，可以加工成灵芝饮片。蒸汽爆破处理灵芝子实体，可促进灵芝多糖溶出，提高饮片中的多糖含量。例如灵芝经 1.3MPa、100s 蒸汽爆破处理后，其粗多糖得率达到 14.2%，相比未处理的样品提高 1.8 倍，并且其制成灵芝饮片的 DPPH 自由基清除率比未经处理组提高了12.5%，显著提升了灵芝饮片的抗氧化活性。

（2）蒸汽爆破技术在大分子物质改性中的应用

蒸汽爆破可以导致膳食纤维、蛋白质、淀粉、功能性多糖等大分子的内部结构发生变化，促进分子间的解聚和新官能团的形成，从而实现食品大分子物质改性的目的。

利用蒸汽爆破改性甘薯膳食纤维，与对照组相比，在蒸汽压力0.4MPa、维压时间121s的条件下，可溶性膳食纤维含量从3.8%提高到22.6%，且蒸汽爆破处理后的膳食纤维表面疏松多孔，出现大量褶皱，相对表面积增大，整体呈蜂窝状，有明显的孔洞和空隙，大大改善甘薯膳食纤维的感官品质和功能特性。经蒸汽爆破处理后，芝麻粕蛋白质的二级结构被破坏，溶解性和起泡性相比未爆破组分别提高了16.7%和14.3%。秋葵籽经过蒸汽爆破处理后，快消化淀粉含量随着蒸汽爆破强度的增加而降低，而慢消化淀粉和抗性淀粉含量分别从36.9%和2.5%提高到40.9%和9.1%，大大提高了淀粉的抗消化性能。

（3）蒸汽爆破技术在改良食药同源食品感官品质中的应用

蒸汽爆破过程中的高温高压作用能够促使食药同源食品内部结构变化、细胞破裂等，且处理后的原料质地变软，减少了原有的粗糙感和硬度，从而有助于改善食品的感官品质。橘皮是一味古老的中药，具有促进胃肠道消化、抗菌消炎、祛痰平喘等作用。蒸汽爆破处理的橘皮组织蓬松、硬脆程度减小，且风味物质含量增加，香气成分如柠檬烯、月桂烯和壬烷的保留时间长，使橘皮香气更为浓郁，口感更加丰富。薏苡仁具有丰富的营养和药用价值，但其质地坚硬、不易消化，一般需要经过炮制后食用。蒸汽爆破处理薏苡仁，使其坚硬的质地变得松散、蓬松，使其具有直接嚼服和泡水喝的便捷性。此外，红枣的质构在0.3MPa、20s蒸汽爆破处理下变得更加蓬松，且酸类、酮类和烃类等主要香气成分的相对含量显著增加，香气种类丰富，说明蒸汽爆破处理大大改善了红枣的感官品质。

蒸汽爆破技术以其高效、安全、节能等独特优势，在食药同源食品加工中展现出了巨大的应用价值。无论是在提高生产效率、降低能耗方面，还是在优化产品质量、提升市场竞争力方面，蒸汽爆破技术都发挥着重要作用。

4.3 超临界 CO_2 萃取技术

4.3.1 超临界 CO_2 萃取技术的概述

超临界流体萃取技术是利用溶解度与目标化合物相近或略大的超临界流体作为萃取介质，通过控制超临界流体的密度、黏度、扩散系数等参数，以达到对原料中目标化合物提取、分离目的的一种现代萃取技术。常见的超临界流体介质有二氧化碳（CO_2）、乙烷、乙烯、丙烷、氨等，其中 CO_2 因其临界条件容易达到（临界温度为31.6℃，临界压力为

7.3MPa），且本身惰性无毒，被认为是最理想的超临界流体。

如图4-3所示，超临界CO_2萃取工艺流程包括萃取和分离两个阶段。在萃取阶段，CO_2先经高压泵升压，使压力超过临界压力，再流经换热器时被加热，使温度超过临界温度，达到超临界状态后进入萃取釜对原料中的特定溶质进行萃取。在分离阶段，溶解有溶质的超临界CO_2流体进入分离釜，通过改变压力和温度，使得CO_2流体变成气体而与溶质分开，溶质沉降于分离釜底部，气体进入冷凝器冷凝液化后重新进入CO_2贮罐中，从而完成整个萃取过程。

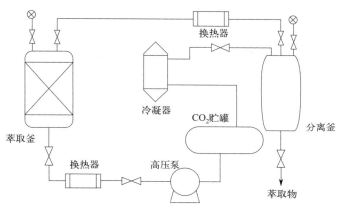

图4-3 超临界CO_2萃取工艺流程图

在超临界状态下，CO_2对低分子、低极性、亲脂性成分如挥发油等具有出色的溶解性；对于强极性或高分子量物质，则可通过添加甲醇等夹带剂来改变溶解度，从而满足更广泛的萃取需求。超临界CO_2萃取技术具有如下特点：

① 萃取条件温和：CO_2在较温和的条件下就可达到超临界状态，特别适用于萃取热敏性成分。

② 萃取方法绿色：全过程几乎不用或很少使用有机溶剂，萃取出来的产品无溶剂残留。

③ 对萃取成分具有选择性：通过调节超临界CO_2流体的温度和压力，能够有选择性地萃取不同的活性成分。

④ 萃取效率高：此技术将萃取和分离合二为一，萃取环节中超临界CO_2流体的萃取效率高，分离环节中通过条件的改变可以快速进行气液分离。

随着工艺设备的不断改进以及无害、易分离夹带剂的应用，超临界CO_2流体萃取技术在替代传统萃取分离技术，特别是在提取高附加值活性成分方面具有独特的优势。

4.3.2 超临界CO_2萃取技术对食药同源食品品质的影响

活性成分是食药同源食品发挥功效的关键，其提取与富集对开发这类食品至关重要。超临界CO_2流体萃取技术在萃取食药同源食品活性成分上具有显著优势。

(1) 超临界 CO_2 萃取技术能高效萃取食药同源食品活性成分

在超临界状态下，CO_2 具有独特的理化性质，它融合了气体的低黏度和液体的高密度，能更有效地渗透到原料中，并在不同超临界条件下，依据极性、沸点和分子量的差异，选择性萃取目标化合物。此外，由于萃取与分离一体化，显著缩短了萃取分离时间，实现高效萃取。例如，在当归挥发油的提取中，超临界 CO_2 萃取法的提取率高达5.0%，远超水蒸气蒸馏法的0.3%，且萃取时间仅需120min。

(2) 超临界 CO_2 萃取技术能保持产品原有风味

超临界 CO_2 萃取技术因其低温特性，能有效防止高温对热敏成分的破坏，这一点在提取食药同源食品中的芳香精油时尤为关键。此外，CO_2 作为惰性萃取剂，不干扰产物香味，保证了产品的纯净。例如，在提取木香挥发油时，超临界 CO_2 萃取法能显著提高去氢木香内酯的含量，相对含量达到37.0%，远高于水蒸气蒸馏法的11.5%，从而更好地保留了产品的独特风味。

(3) 超临界 CO_2 萃取技术能提高产品的食用安全性

超临界 CO_2 萃取技术使用无毒、无残留的 CO_2 作为萃取剂，确保了萃取物的纯净与安全，避免了传统方法中有机溶剂的残留。同时，该技术使 CO_2 在常温常压下完全汽化，不会在残渣中留下有害物，从而实现了萃取残渣的安全处理与再利用，降低了环境污染。

由于以上特性，超临界 CO_2 萃取技术已成为食药同源食品精深加工领域一种高效、清洁的提取分离技术。

4.3.3 超临界 CO_2 萃取技术在食药同源食品中的应用

超临界 CO_2 萃取技术因其高效、低能耗且产物易分离等优点，在萃取食药同源食品中的脂肪酸、天然色素、香料等易氧化或热敏成分有着广泛的应用。

(1) 在脂肪酸萃取中的应用

超临界 CO_2 萃取技术在提取脂肪酸，尤其是多不饱和脂肪酸方面展现出显著优势。多不饱和脂肪酸易氧化，传统方法常用压榨或正己烷等有机溶剂进行萃取，但存在纯度低、易氧化和溶剂残留等问题。超临界 CO_2 萃取技术则克服了这些缺点，它萃取率高，无溶剂残留，能有效防止脂肪酸热劣化与氧化。利用超临界 CO_2 萃取技术在萃取压力35MPa、萃取温度30～35℃条件下得到的苹果籽油总不饱和脂肪酸相对含量高达91.8%，较石油醚萃取高4.5%，并且发现 CO_2 纯度越高，油脂萃取率越高，得到的油脂越澄清透明。此外，超临界 CO_2 萃取得到的油脂含磷少，色泽浅，后处理中可省去脱胶脱色的流程。采用超临界 CO_2 萃取得到的米糠油含磷量为51.0μg/g，显著低于乙烷萃取样品含磷量的825.0μg/g，并且超临界 CO_2 萃取的米糠油颜色更浅。

（2）在天然色素萃取中的应用

天然色素作为食品添加剂，具有安全性高、色泽自然鲜艳等特点，且有些天然色素还具有药理作用和保健功能，例如番茄红素具有保护心脑血管、增强免疫力的功效，而姜黄素则具有抗炎、抗癌、预防动脉粥样硬化等作用。由于这些色素化合物通常对光和热敏感，极易氧化，因此在提取过程中需要采用特别的技术对其进行保护。采用超临界 CO_2 萃取辣椒红素，在萃取压力 20MPa、萃取温度 35℃条件下萃取得到的辣椒红素产品色价高达 150~320，总有机溶剂残留量不超过 0.002%，优于国标规定。此外，有研究创造性地采用榛实油而非其他有机溶剂作为夹带剂萃取番茄红素，得率高达 60%，且避免了有机溶剂对产品的污染，使得产品更加安全绿色。

（3）在天然香料萃取中的应用

天然香料的加工分离技术强调保留各种天然香料特有的香韵，尽量减少提取过程对其香气成分的破坏和微量成分的丢失。而天然香料多为小分子挥发性成分，不稳定且易受热变质或挥发，易导致香气损失。因此，相较于水蒸气蒸馏和有机溶剂萃取等方法，超临界 CO_2 萃取在萃取香料成分上具有天然的优势。将超临界 CO_2 萃取技术应用于甜橙皮精油的萃取，发现所得产品含醛量与不挥发性残渣含量分别为 0.2% 和 0.1%，显著低于水蒸气蒸馏法所得产品的 2.2% 和 0.9%；超临界 CO_2 萃取的甜橙皮精油颜色也更为澄清，香味更加浓郁。而在玫瑰精油的萃取中，超临界 CO_2 萃取的玫瑰精油以高级醇类和酯类为基础，各种成分相对比较均匀，其中苯乙醇相对含量（2.1%）约是溶剂萃取精油（1.2%）的两倍，烷酮类化合物相对含量（1.5%）也低于水蒸气蒸馏萃取产物的 2.6%，使得精油香气更加甜而饱满，具有浓郁的头香和底香，油脂味则要轻很多。

对于天然香料中的一部分辛香料，水蒸气蒸馏法只能得到其精油部分，而超临界 CO_2 萃取技术能够在提取精油的同时将其中的风味成分提取出来。在萃取压力 10~20MPa、温度 20~40℃、萃取时间 2~5h 的条件范围内利用超临界 CO_2 萃取的生姜精油萃取率比水蒸气蒸馏法提高三倍左右，并且所得姜油产品含有大量姜辣素成分，具有生姜的特有风味，是传统水蒸气蒸馏法提取的姜油无法达到的。

超临界 CO_2 萃取技术作为一种高效、绿色的萃取技术，在食药同源食品中的应用前景广阔。随着技术的不断成熟，超临界 CO_2 萃取技术将在食品和医药领域发挥更大的作用，推动产业的绿色化和可持续发展。

4.4 超高压技术

4.4.1 超高压技术的概述

超高压技术是指把液体或气体加压到 100MPa 以上的技术。它可以在常温或稍高于常温的条件下处理食品物料，具有延长食品货架期、提高活性成分提取效率、改善食品感官品质等作用。

如图 4-4 所示，超高压处理装置主要由压力发生系统、超高压容器和辅助系统组成，其中压力发生系统和超高压容器为核心部件。超高压处理主要包括升压、保压和卸压三个阶段。在升压阶段，外部向传压介质施压，使容器内压力达到设定值；在保压阶段，设定的高压均匀地作用在食品各部位，从而高效杀菌、钝化酶活性，并改善食品的某些理化特性；保压阶段结束，装置按照一定卸压速率降低容器内压力，降至常压后即可取出食品进行后续加工。

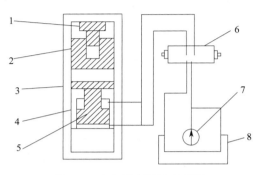

图 4-4　食品超高压处理系统

1—高压缸盖；2—超高压容器；3—承压框架；4—增压器；5—增压活塞；6—换向阀；7—高压泵；8—油箱

超高压技术在食品加工方面具有以下特点：

① 保持食品品质：非热处理能较大程度地保留维生素等营养物质及热敏性风味物质。

② 高效杀菌：超高压处理能够瞬间均匀地传递压力到食品的各个部分，不受原料大小和形状的限制。

③ 影响食品质构：超高压处理可以改善生物多聚体的结构，如使蛋白质变性或凝固、酶失活或激活、促进淀粉糊化、抑制淀粉老化等。

④ 安全卫生：作为物理处理手段无需添加化学物质。

4.4.2　超高压技术对食药同源食品品质的影响

超高压技术在非热条件下处理食品，能较大程度避免食品成分的损失。而且，在超高压作用下，微生物死亡、酶钝化，食品的货架期得到延长。超高压处理还能改变蛋白质和淀粉的结构，促使蛋白质变性和淀粉糊化，抑制淀粉老化，进而改善食品的感官品质。具体来说，超高压技术对食药同源食品品质具有以下影响：

（1）超高压技术能够保护食药同源食品中的活性成分

超高压技术使用非高温的处理方式，对小分子结构影响较小，因此对食品中活性成分具有保护作用。例如，与高温短时处理相比，超高压处理的樱桃汁的维生素 C 保留率从 45.3% 提升到 95.9%。采用 300MPa 两步式高压处理糙米，多酚的保留率可达 97.2%。

(2) 超高压技术能够延长食药同源食品的货架期

超高压可以破坏微生物的细胞壁、细胞膜,杀灭微生物,还能抑制某些酶的活性,减缓食品中的不良化学反应,从而延长食品货架期。例如,450MPa超高压可使单增李斯特氏菌细胞变形、细胞膜破坏、内含物泄漏、胞浆蛋白凝固以及核酸变性,最终致其死亡。经超高压预处理的牡蛎在4℃下贮藏15天后,菌落总数仍小于10^4CFU/g,符合我国水产品生食标准。说明超高压处理能够杀灭有害微生物,延长食品货架期。

(3) 超高压技术能够提升食药同源食品的感官品质

超高压能改善蛋白质的凝胶特性、促进淀粉糊化、抑制淀粉老化,进而改善食药同源食品的感官品质。超高压处理后,蛋白质分子间的二硫键部分断裂,巯基含量增加,促使蛋白质分子间的交联和聚集,形成更致密的凝胶网络,食品的硬度、弹性、咀嚼性等得到改善。例如,蛋黄在500MPa下处理10min后完全形成凝胶,使得蛋黄的质地更加紧实,具有更好的弹性和稳定性。超高压处理能够促使淀粉糊化,形成均匀的糊状物,使食品口感更加细腻。此外,超高压处理可以减少直链淀粉的溶出、稳定可冻结水含量、改变重结晶晶体的成核方式等,使淀粉不易老化。例如,在压力500MPa、保压时间20min、玉米粉质量浓度15g/100mL条件下处理玉米粉,玉米粉糊化度达到98.6%。超高压处理后的莲子罐头在常温条件下贮藏300天后未出现返生味,说明超高压处理可以有效延缓莲子淀粉的老化。

4.4.3 超高压技术在食药同源食品中的应用

超高压处理具有高效杀菌、保留食品中营养与活性成分、促进有效成分释放、使大分子变性等优点。在食药同源食品加工方面,超高压技术可以应用于食品杀菌、活性成分提取、大分子化合物的改性等。

(1) 超高压技术在食药同源食品杀菌上的应用

超高压处理能确保食品内部和外部微生物被同时杀灭,且杀菌效果不受形状和大小影响,因此杀菌效果更加均匀。例如,未经超高压处理的牡蛎在贮藏5天后菌落总数达到5.8×10^5CFU/g,超过水产品新鲜标准规定的上限(5.0×10^5CFU/g);而超高压预处理的牡蛎在贮藏15天后菌落总数仍符合水产品生食标准($<10^4$CFU/g),20天后菌落总数仍符合水产品新鲜标准。

(2) 超高压技术在食药同源食品活性成分提取上的应用

超高压能够破坏植物细胞壁和细胞膜,便于溶剂渗透和活性成分溶出。而且细胞内外的巨大渗透压差使溶剂的渗透速率加快,提高了溶剂的提取效率。例如,在压力400MPa、温度50℃、固液比1∶40(g/mL)、保压时间6min的条件下灵芝多糖的提取得率为2.8%,比水浸提法高出37.1%。在压力360MPa、时间5min、固液比1∶14(g/

mL）的条件下金银花黄酮的提取得率为13.6%，高于热醇浸泡提取法、微波提取法、超声提取法（分别为10.3%、11.2%、12.0%）。

（3）超高压技术在高淀粉食药同源食品加工中的应用

超高压技术不仅杀菌效果显著、对营养与活性成分破坏小，而且能改变淀粉的结构，进而影响淀粉的糊化、老化等特性，改善食药同源食品的品质。超高压处理能够显著降低淀粉的糊化温度和热焓值，使淀粉在较低温度下达到良好的糊化效果。此外，超高压处理后，食品中的淀粉结构发生不可逆变化，恢复有序结构的速率降低，从而延缓老化。莲子淀粉经100～500MPa压力处理30min以及500MPa压力处理10～60min后，淀粉糊细腻度、稠度得到改善。莲子淀粉在600MPa预处理后，在4℃储藏期间，重结晶速率常数与原淀粉相比从0.7降至0.3，可见超高压处理有利于延缓淀粉在低温贮藏环境下的老化速率。

超高压技术在食药同源食品加工方面具有广阔的前景，其在保持食品品质、延长货架期、改善食品质构等方面表现优异。随着技术的不断改进和市场需求的不断增加，超高压技术有望在更多领域得到推广和应用，为食品工业的发展贡献力量。

4.5 低温热泵干燥技术

4.5.1 低温热泵干燥技术的概述

低温热泵干燥是一种利用热泵对产品进行干燥脱水的方法，是一种新型、环保的干燥技术。该技术的核心是热泵从低温热源吸取热量后，将低品位热能转化为高品位热能，从而获得比输入能更多的输出热能，最终借助该输出热来完成产品的干燥工作。低温热泵干燥系统的原理如图4-5所示，该系统主要包括两部分：制冷剂回路和干燥介质回路。制冷剂回路包括压缩机、冷凝器、节流阀和蒸发器，干燥介质回路包括干燥箱和循环风机。

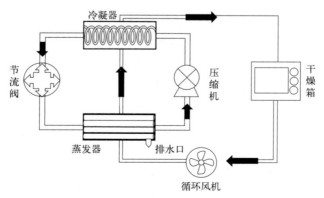

图4-5 低温热泵干燥系统原理图

热泵工质，即热泵干燥机内循环的制冷介质，可以在蒸发器、冷凝器组成的制冷剂回路中循环使用。当系统工作时，气态的热泵工质经压缩机提供压力和温度后进入冷凝器，在冷凝器中加热干燥介质后放热冷凝成液态，液态的热泵工质经过节流阀减压后进入蒸发器，在蒸发器中吸收干燥介质的余热后蒸发成气态，气态的热泵工质再进入压缩机从而完成热泵工质的闭路循环。而干燥介质通过冷凝器时被热泵工质加热变成高温低湿的气体进入干燥室，对物料进行加热干燥，带走物料的水分后成为湿热空气进入蒸发器，在蒸发器中将热量释放给热泵工质，水蒸气液化变成水后排出，而降低温度和湿度后的干燥介质再次进入冷凝器，由此完成闭路循环。

低温热泵干燥技术具有节能的优点，在整个干燥过程中，系统都处于封闭状态，热效率非常高，1份电能大约可以转换为3～4份热能，运行成本仅为冷冻升华干燥技术的1/3。低温热泵干燥技术还具有较宽的温度（-20～100℃）和湿度（15%～80%）调节范围，可实现干燥温度、湿度、气流速度的准确控制。此外，由于低温热泵干燥的加热温度低，物料表面水分的蒸发速度与内部水分向表面迁移的速度比较接近，因而获得的干燥物品具有质量优、色泽好、产品品级高等特点。

然而，低温热泵干燥也存在不足之处，热泵干燥的本质是对流干燥，干燥过程必然受到物料内部传热与传质的影响，进而导致湿度较高的产品的干燥效果不理想。因此，需要额外的处理措施，如应用多级蒸发热泵干燥装置，来满足不同物料或者同种物料在不同干燥阶段的温度要求，或者采用远红外、高频电磁波辅助等手段，加快物料内部水分的迁移。

4.5.2　低温热泵干燥技术对食药同源食品品质的影响

低温热泵干燥技术于20世纪80年代被引进到中国，90年代开始逐步应用在食品及农副产品干燥中。热泵干燥工艺可以避免食品在干燥过程中发生焦糖化褐变，能够最大限度地保持食品原有的色泽、风味和营养成分，干燥后的产品品质优于传统热风干燥。由于低温热泵干燥技术的显著优势，其在食药同源食品干燥中的应用越来越普遍。低温热泵干燥技术对食药同源食品品质的影响主要体现在以下两个方面：

（1）低温热泵干燥技术能够有效保留食药同源食品的营养成分

低温热泵干燥能够在相对较低的温度下实现有效干燥，从而最大限度地保留食品中的营养成分。这种技术通过热泵从环境中吸收热能，再将其转化为干燥所需的热量，避免了高温对食品中维生素、矿物质和其他生物活性物质的破坏，使得食药同源食品在干燥后仍能保留丰富的营养价值。例如，经过低温热泵干燥后，香菇中的总糖及维生素C的保留率分别约5.2%和5.5mg/100mg，均显著高于高温干燥；采用热泵干燥技术对生姜进行干燥处理后姜辣素的保留率为26.0%，明显高于滚筒干燥处理得到的产品。

（2）低温热泵干燥技术能够有效保持食药同源食品的感官特性

传统的高温干燥方法往往导致食品出现焦糊、硬化等现象，使其色泽黯淡，口感变差。而低温热泵干燥技术具有精准控制温度和湿度的能力，可以根据不同食药同源食品的特点和需求来调整干燥室内的温度和湿度，在避免高温的前提下完成食品的干燥，更好地保持食品原有的色泽和风味。例如在对新鲜蘑菇进行低温热泵干燥后，蘑菇能保持其所固有的灰白色，并能弥补热风干燥过程中蘑菇表面烤焦而内部水分分布不均的缺陷。

然而，需要注意的是，低温热泵干燥过程中热量的传递为热风的对流传递，这适合于颗粒或片状物料的干燥，而不适合粉状物料如薏苡仁粉的干燥。因此，应用低温热泵干燥技术时，需要进行充分的评估和试验，以确保其适用性和效果。

4.5.3 低温热泵干燥技术在食药同源食品中的应用

食药同源食品是一类既可以作为药材使用，也可日常食用的一系列食品原料。由于食用过程中需要兼顾其口感与药效，因此食药同源食品要维持良好的食药属性。这就对其加工过程尤其是干燥过程中的要求较高，不适的条件可能会造成食品品质的降低，失去其独有的食药特性。低温热泵干燥具有自动化程度高、干燥产品质量高等特点，在食药同源食品中得到了广泛应用。

（1）在根茎类食药同源食品加工中的应用

根茎类食药同源食品主要有山药、党参、生姜和天麻等，此类食品富含淀粉、蛋白质和多种矿物质，有助于增强人体免疫力、改善消化系统功能。然而，传统的干燥方法如电加热烘干法容易导致食品中的有效成分如热敏性蛋白、维生素等受到破坏，影响营养价值。低温热泵干燥技术能够在提高干燥效率的同时保留更多的有效成分，例如，采用高压电场辅助低温热泵干燥技术对铁棍山药进行干燥，在 100kV 条件下，联合干燥的干燥时间相对单独电场干燥缩短了 63.3%，并且山药的总酚含量相对单独低温热泵干燥提高了 13.4%，有效减少高温对铁棍山药总酚的破坏。耿雪对比研究了低温热泵干燥技术与传统阴干法对党参质量的影响，发现低温热泵干燥可以有效保留党参的功能成分，使得其醇浸出物的保留量提高 18.0%。

（2）在果类食药同源食品加工中的应用

果类食药同源食品主要有桑椹、龙眼、大枣和山楂等，此类食品富含多种维生素和矿物质，营养价值高，且具有消食健胃、清热润肺、化浊降脂等功效。该类食品相比于根茎类食品易腐烂，需要及时脱水干燥。传统干燥方式主要有晒干法、烤炉加热法、热风干燥法等，但这些方法存在许多弊端，如干燥环境不卫生、果品营养损失严重等。低温热泵干燥则能够在满足干燥需求的前提下保留较多的营养成分。研究对比了真空冷冻干燥（−30℃）、低温热泵干燥（60℃）及高温热风干燥（90℃）三种干燥方式对桑椹特性的影响，发现低温热泵干燥能够保留桑椹中大约 90.2% 的多酚以及 83.4% 的花色苷，且干燥时间短，热效率高，能够有效延长桑椹的贮藏期。采用低温热泵干燥技术对龙眼进行干燥处理后发现，与热风干燥相比，通过低温热泵干燥所获得的龙眼干具有总糖含量高、复水率高等优点,且颜色没有较大改变。

(3) 在菇类食药同源食品加工中的应用

菇类食药同源食品的典型代表为香菇,一般地,鲜香菇的含水率通常为80%~95%,其在常温下极易变质,需要干燥处理。传统干燥方式以热风干燥和日晒为主,但干燥速度慢,且香菇皱缩严重,色泽加深,导致香菇的品质降低。低温热泵干燥能够在保证香菇色泽不受影响的前提下加快香菇的干燥速度,研究发现在温度54℃、风速3m/s、装载量1176g/m^2的条件下干燥得到的香菇色泽为45.7,干燥时间为8.7h,较传统方法具有明显的优势;以干燥时间和复水比为指标研究了低温热泵干燥对切片后香菇的特性影响,在干燥温度60℃、装载量500g/m^2、厚度3mm的条件下能够较大程度保留香菇的营养成分,此条件下得到的香菇复水比为7.2,复水效果良好,且香菇的储藏时间也进一步延长。

总的来说,传统高温干燥在一定程度上会导致食药同源食品中活性成分的破坏,降低食品的食用价值。使用低温热泵干燥可以在相对较低的温度下对食品原料进行干燥,能够很好地保持食品原有的营养价值,提升其感官品质。因此,作为一种高效、环保的干燥技术,低温热泵干燥技术在食药同源食品的干燥方面具有不可替代的作用。

4.6 冷冻干燥技术

4.6.1 冷冻干燥技术的概述

冷冻干燥,又称真空冷冻干燥,是将物料冻结到共晶点温度以下,在低压状态下,通过升华去除物料中水分的一种干燥方法。水在三相点时,固、液和气三相可同时存在,并且在一定条件下可以相互转化。冷冻干燥技术利用这一原理,通过冰升华去除水分,在去除水分的同时,有效地保留原料的物理、化学特性,因此在医药、食品、生物技术等领域应用广泛。冷冻干燥过程中,需将物料降至冰点以下完成冻结,并保持水分冻结状态。通过降低环境水蒸气压至三相点压强以下,在真空条件下适当加热,使冰直接升华为水蒸气。冷冻干燥包括冻结放热和升华吸热,其系统主要包括制冷、供热和真空三部分。如图4-6所示,冷冻干燥机关键部件包括干燥室、冷阱、真空泵、回热器、压缩机、冷凝器等。压缩机、冷凝器和冷阱组成制冷系统,为干燥室提供冷量;回热器提供热量,使物料完成传热传质;冷阱与真空泵组成真空系统,维持样品升华所需的真空度。

相较于传统高温干燥技术,冷冻干燥技术具有如下特点:①保持品质。冷冻干燥低温和真空的环境避免了热敏性成分的破坏,减缓营养物质的氧化和分解,较大程度地保留营养物质,适用于高附加值的食品、药品、生物制品等。②维持形态。冷冻干燥通过冻结的固态冰晶升华除去水分,可保持原料的结构不发生皱缩,能够更好地保持其外观和质感,适用于对形态要求较高的食品、药品、生物制品等。③利于后续加工。冷冻干燥后物料呈现疏松多孔的网状结构,这是由于水分通过升华直接从固态转变为气态,残留在物料中的

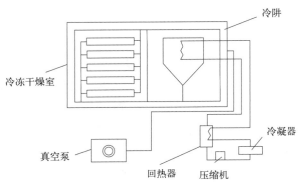

图 4-6 冷冻干燥系统原理图

孔隙结构较为完整，水分子能够通过这些孔隙迅速渗透和扩散，这种结构有利于干燥后的复水及后续加工。

虽然在食品干燥中冷冻干燥具备很多优点，但目前也存在难以克服的缺点，如相较于传统的干燥方式，冷冻干燥的时间明显较长；同时，冷冻干燥能耗较高，设备机组昂贵，其生产成本限制了冷冻干燥技术在食品加工中的产业化应用。

4.6.2 冷冻干燥技术对食药同源食品品质的影响

（1）冷冻干燥技术能够保留食药同源食品的营养成分

冷冻干燥在低温和真空状态下进行，可以有效保留食品中的营养成分。这种方法在低温条件下将水分升华，避免了传统热干燥过程中可能引起的热分解或营养成分损失。食药同源食品通常含有丰富的多糖、多酚、挥发油等活性成分，但其很易在高温和氧化条件下分解或失活，从而丧失营养和药用价值。冷冻干燥处理后的"丰花"玫瑰的花青素含量（3.0g/100g）约为真空干燥和热泵干燥的 2.0 倍。

（2）冷冻干燥技术能够改善食药同源食品的感官特性

冷冻干燥的物料内部细胞变形、破裂和分离，内部呈疏松多孔海绵状，因此具有硬度低、脆度高的特点。色泽也是评价食品干制后感官特性的重要指标之一。冷冻干燥的低温和真空环境有利于食品色泽的维持。传统高温干燥过程中，食品中的天然色素，如叶绿素和类胡萝卜素等，很容易因热和氧化而分解。而冷冻干燥可以减少热损害和氧化反应的可能性，从而保护热敏性色素成分。例如，冷冻干燥处理能够显著改善葡萄的亮度，低温低氧的干燥条件可以较好地保留果蔬中的花青素含量（20.3mg/kg），约为烘箱干燥的 1.3 倍。

（3）冷冻干燥技术能够提高食药同源食品的加工特性

在冷冻干燥技术中，冰晶升华产生的多孔结构可使冻干食品具有速溶、快速复水的特点，为后续加工提供了便利性。与滚筒干燥相比，冷冻干燥的芒果粉具有较高的溶解性

（约提高 4.0%）和较低的吸湿性（约降低 2.0%）。这是因为冷冻干燥过程中形成的多孔结构有助于提高粉末的溶解性，同时减少粉末在储存过程中的结块现象。比较冷冻干燥与其他干燥方式对人参体积收缩率的影响发现，冷冻干燥的人参体积收缩率约为其他干燥方法的 50.0%，显著优于其他干燥方法。

4.6.3 冷冻干燥技术在食药同源食品中的应用

冷冻干燥技术应用于食药同源食品主要是对高附加值原料的长期储存和活性成分的保护。冷冻干燥技术通过在低温和真空的条件下将水分直接从固态升华到气态，极大地减少了热敏性成分或易挥发成分如多酚、挥发油等的损失，使原料质量稳定。同时，干燥状态的原料易于储存和运输，且复水后能迅速恢复到接近原始状态的品质和功能。因此，冷冻干燥技术广泛应用于食药同源食品中。

(1) 冷冻干燥技术在姜黄中的应用

姜黄根茎的含水量达 70.0%～80.0%，故需要对其进行干燥处理，以长期储存并避免在运输和存储过程中因湿度或温度波动造成成分损失，其质量稳定性不佳。因此，干燥对于姜黄的药用效果至关重要。与其他干燥方式相比，冷冻干燥的姜黄中姜黄素损失率最低，较热风干燥和日晒干燥分别降低 6.0% 和 17.0%；总酚含量最高，较热风干燥和日晒干燥分别提高了 5.0mg/g 和 10.0mg/g，且姜黄细胞壁结构与新鲜姜黄相似。因此，冷冻干燥可以较好地保存姜黄中的活性物质。

(2) 冷冻干燥技术在柠檬中的应用

在柠檬的加工中，与传统的热风干燥相比，冷冻干燥避免了高温对柠檬中敏感营养成分和风味物质的破坏。通过冷冻干燥技术保留这些风味化合物，可以确保加工后的产品在口感、香气和风味上接近新鲜柠檬。比较热风干燥和冷冻干燥对柠檬皮营养成分的影响发现，经冷冻干燥的柠檬比经热风干燥多保留了三种挥发性风味化合物，更好地保留柠檬的风味。

(3) 冷冻干燥技术在酸枣仁中的应用

酸枣仁加工常采用湿法脱果肉，在传统加工环节中，极易导致水污染和黄曲霉毒素污染，并且在反复晾晒过程中，易导致酸枣仁中化学成分发生酶解等不良反应，严重影响酸枣仁质量。故对酸枣仁进行合适的干燥处理成为亟需解决的问题。冷冻干燥能够有效保留酸枣仁中次级化合物，如酸枣仁皂苷 A、白桦脂酸、木兰花碱（较热风干燥分别提高了 1.5%、1.2%、1.1%）等。因此，冷冻干燥是一种较适合酸枣仁的干燥方法，可以极大限度地保留酸枣仁中有效成分，保证酸枣仁的质量。

(4) 冷冻干燥技术在人参中的应用

干燥处理是鲜人参制成药材的关键步骤，使其易于保存和药用。与未干燥处理的人参果浆相比，冷冻干燥 11 种人参皂苷含量变化较小，损失了 9.6mg/g，而电热干燥和汽热干燥样品中原型皂苷发生降解，均损失了 23.0mg/g。由此可见，冷冻干燥可减少高温对人参果浆中人参皂苷的降解。

冷冻干燥技术作为一种温和的干燥方法，通过低温冻结和真空升华去除样品中的水分，在延长保存期限、保持产品的结构和营养成分方面具有显著优势。然而，高成本和长时间的干燥过程限制了其大规模工业应用。因此，未来需要进一步研究和优化冷冻干燥技术，以提高效率并降低成本，从而推动其在食品加工中的广泛应用。

4.7 低温液氮粉碎技术

4.7.1 低温液氮粉碎技术的概述

低温液氮粉碎技术属于撞击式粉碎方式，其原理是采用液氮作为冷溶剂，利用物料的低温脆性进行粉碎。物料的低温脆性即物料随温度的降低其硬度和脆性增加，而塑性和韧性降低，因此在低温冻结状态下可以将其轻易粉碎。在食品快速降温过程中，会造成内部各部位不均匀收缩而产生内应力。在此内应力的作用下，物料内部薄弱部位产生微裂纹并导致内部组织的结合力降低，在外部较小作用力下使得内部裂纹迅速扩大而破碎，从而达到粉碎的目的。

如图 4-7 所示，低温液氮粉碎过程如下：小颗粒物料由料斗进入冷冻室，加入液氮浸渍冷却；冷却后的物料由螺旋给料器送入粉碎室，由高速回转锤式粉碎机等破碎成粉体；粉体与氮气一起经换热器复热，然后进入分级室进行气固相分离及粉料粗细分级，确保材料在粉碎过程中不受污染。

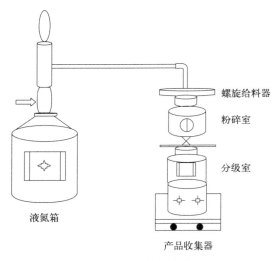

图 4-7 低温液氮粉碎装置图

低温液氮粉碎技术具有以下特点：①污染小。液氮本身是一种无毒无味的惰性气体，使用安全且纯净，从而减少了因研磨介质的磨损或机械设备的老化而产生的微量金属或其他杂质的污染风险。②设备易清洁维护。进行液氮低温粉碎过程中物料不易黏附在内壁上，因此在操作结束后清洁和维护简单方便。③提高效率。脆化的物料更容易被粉碎，从而提高了处理效率。同时，通过调节设备参数可以达到不同的粉碎要求，也进一步提高了粉碎效率。④保持样品结构和性质。液氮低温粉碎技术可以避免样品在粉碎过程中发生热解和氧化等问题，从而保持样品的原有结构和性质。⑤无升温现象。在整个粉碎过程中，由于温度被严格控制在远低于物料可能发生物理或化学变质的临界点，因此避免了因温度升高而导致的一系列问题。这对于保持物料的原有结构和性质至关重要。这些优势使得低温液氮粉碎技术在食品行业迅速发展。

4.7.2　低温液氮粉碎技术对食药同源食品品质的影响

目前，低温液氮粉碎技术已被广泛应用于韧性、黏性和弹性较大以及含水量和含油量较高的食药同源食品的粉碎。该技术有利于改善食药同源食品的色泽和口感，能够显著减少活性成分的破坏和流失。低温液氮粉碎技术对食药同源食品品质的影响主要体现在以下几个方面。

（1）对食药同源食品感官品质的影响

低温液氮粉碎技术能够利用液氮的超低温带走机械运转产生的热量，使其不发生变色和皱缩，从而提高产品的美观度。在粉碎过程中食品脆性增加，可以细化食品颗粒，使其口感均匀细腻。因此，低温液氮粉碎技术对食药同源食品的感官品质具有显著的提升作用，不仅能够保持食品的原有色泽，还能细化颗粒以提升口感。

（2）对食药同源食品活性成分及溶出度的影响

低温液氮粉碎技术通过迅速将食品原料冷冻至极低温，有效避免了机械运转产热可能导致的物料活性成分损失或变性。如多酚、黄酮类化合物、生物碱等活性成分往往对温度较为敏感，低温液氮粉碎技术将食品原料迅速冷冻并粉碎，减少了因氧化而导致的活性成分损失，进一步提高了活性成分的稳定性。同时，还可使活性成分的溶出度增加、提取率提高，对于提高药品或保健品的生物利用度具有重要意义。

（3）对食药同源食品加工效率的影响

液氮的沸点极低（在常压下为-196℃），能够迅速将食药同源食品冷冻至极低温度。这种快速冷冻过程使食药同源食品原料在短时间内达到脆化状态，从而更容易被粉碎。与传统机械粉碎方法相比，低温液氮粉碎能够显著缩短原料的准备时间，提高加工效率。对于一些难以粉碎的食药同源食品原料，如韧性、黏性、弹性较大和含水量、含油量较高的物料（如枸杞、松露、陈皮等），低温液氮粉碎则能直接对物料进行高效粉碎。

因此，低温液氮粉碎技术对食药同源食品品质的影响是多方面的，展现出了良好的应用潜力和价值。在实际应用中，需要根据具体的食药同源食品特性和加工需求来选择合适的粉碎工艺和参数，以达到最佳的加工效果。

4.7.3　低温液氮粉碎技术在食药同源食品中的应用

低温液氮粉碎技术的冷冻状态导致其粉碎产生的微粉比普通机械粉碎粒度更小，分布更均匀，可以有效改善粉体流动性。一些食品由于含有较多的水分和油脂，低温液氮粉碎技术可以快速地将其中的油和水冻结，使其脆性增加，更易于粉碎从而获得微细粉末。因此，低温液氮粉碎技术特别适宜于加工脂含量、糖含量、胶状物和芳香成分含量丰富的食药同源食品。以下列举了低温液氮粉碎技术在几种食药同源食品中的应用。

（1）在食药同源食品精油提取中的应用

低温液氮粉碎技术在食药同源食品精油提取中的应用主要体现在提高提取效率、保护活性成分以及优化后续加工过程等方面。低温液氮粉碎技术有效避免了机械产热导致的活性成分破坏，使得提取出的精油能保留更多的活性成分。例如，陈皮油中主要含有萜烯类等挥发性成分和黄酮类（特别是多甲氧基黄酮）等活性成分，采用液氮粉碎机对陈皮进行粉碎，可以有效降低陈皮中热敏性和易挥发成分的流失，且陈皮精油的提取得率更高。

（2）在食药同源食品调味品粉碎中的应用

低温液氮粉碎技术在调味品加工领域可以显著提升调味品的口感和营养价值。研究表明，低温液氮粉碎技术能使调味品的色、香、味成分保存率在 95.0% 以上，其中有效挥发有机物含量是常温粉碎产品的 3~5 倍，从而确保调味品在加工后仍能保持其原有的风味和品质。例如，用低温液氮粉碎技术粉碎胡椒，胡椒碱的流失率仅为 9.2%，远低于常温粉碎的 18.1%。此外，低温液氮粉碎还适用于多种调味品原料的加工，包括各种植物香辛料（如枸杞、芥末、孜然等）。

（3）在食药同源食品保健品加工中的应用

低温液氮粉碎技术在较低的温度下进行操作，有助于保留保健品原料中的活性成分、维生素、矿物质等。低温环境还可以减缓食品的氧化速度，防止营养成分的流失和品质下降。此外，低温液氮粉碎得到的颗粒更加均匀细密，这对于提高保健品的溶解性、吸收率和稳定性也具有重要意义。例如，低温液氮粉碎技术可以有效地保持黄芪粉末色泽，降低其硬度，能更彻底地粉碎其组织纤维，且可显著提高黄芪粉末溶解度。此外，液氮冷冻粉碎技术辅以吐温 80 联合提取蒙古黄芪多糖，提取率提高了 10.5%。

低温液氮粉碎技术在食药同源食品领域的应用，不仅提高了粉碎效率和产品质量，还保护了食药同源食品的活性成分，提升了其药用和营养价值。将其应用于食药同源食品的精深加工中，对于食药同源食品现代化和开发新型功能保健食品具有重要意义。

4.8 分子蒸馏技术

4.8.1 分子蒸馏技术的概述

分子蒸馏是一种在高真空条件下进行的新型液-液分离技术，产生于 20 世纪 20 年代。经过发展，分子蒸馏技术不断完善，如蒸发器效率提高、密封技术改进、应用领域拓展等。

目前，该技术已在食品、医药、化妆品、精细化工、香料工业等行业得到了广泛应用。

分子蒸馏技术的原理在于突破了常规减压蒸馏依靠沸点差异分离物质的原理，依靠不同物质分子逸出后的运动平均自由程的差别来实现物质的分离。其分离过程如图 4-8 所示，混合液先进入加热板，轻重分子获得足够能量后逸出液面进入气相，轻分子的平均自由程长于重组分，当在合适的位置设置一块冷凝板，轻分子在冷凝板处冷凝，而重分子因达不到冷凝板随混合液一同排出，从而实现混合物的分离。

分子蒸馏技术有以下特点：

① 真空度高。在分子蒸馏中，蒸发面的实际操作真空度远高于传统真空蒸馏，有利于防止物料的氧化变质。

② 操作温度低。分子蒸馏只需适当的温度让蒸气分子能够从液面逸出，无需达到物料的沸点。

③ 受热时间短。在分子蒸馏中，物料在蒸发过程中形成极薄的液膜，并被定向推动，使液体在分离器中停留时间极短。

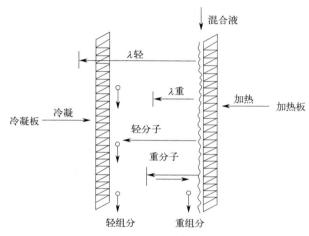

图 4-8 分子蒸馏分离原理图

④ 分离程度高。分子蒸馏能分离常规蒸馏不易分开的物质，其分离能力与组分的蒸气压和分子量之比相关。因此，分子蒸馏的分离程度更高，适用于分子平均自由程相差较大的混合物。

4.8.2 分子蒸馏技术对食药同源食品品质的影响

分子蒸馏是一种高效分离纯化技术，可以将混合物中的成分按照其性质差异，如分子大小、极性、沸点等进行分离。在食药同源食品领域，分子蒸馏可以用于提纯食药同源食品中的活性成分，如草药中的有效成分、水果中的芳香物质等，提高产品的感官品质和营养价值。同时，分子蒸馏可以去除食药同源食品中的有害物质，提高其品质和安全性。因此，分子蒸馏技术能够对食药同源食品在安全性、营养品质和感官品质等方面产生影响。

（1）提升食药同源食品的安全性

分子蒸馏技术能够通过去除有害物质、保留活性成分、精确控制提取过程等手段，提高食药同源食品的安全性，确保食用的安全。分子蒸馏技术提升食药同源食品本身安全性主要体现在：

① 去除有害物质。分子蒸馏技术可通过精密的分离和蒸馏过程，有效去除食品中的有害物质，如农药残留、重金属、细菌等，减少人体摄入有害物质的风险。

② 分离纯化。分子蒸馏技术可用于分离纯化食品中的目标成分，去除杂质和异物，

确保食品的纯度和质量，避免因杂质导致的安全问题。

③ 保留营养成分。分子蒸馏技术可较好地保留食品中的营养成分和活性物质，保持食品的营养价值和健康效益。

（2）提升食药同源食品的感官品质

分子蒸馏技术在提升食药同源食品感官品质方面具有重要作用，主要体现在对食药同源食品的脱酸、脱臭和脱色三个方面。

① 脱酸。分子蒸馏技术能有效分离食药同源食品中的酸性成分，如柠檬酸、鞣酸和游离脂肪酸，减轻或消除食品的酸味。

② 脱臭。分子蒸馏技术可去除食药同源食品中的异味物质，如鱼腥味、药材味等，提高食品口感和风味。

③ 脱色。分子蒸馏技术能去除食药同源食品中的色素成分，如茶多酚和红糖中的色素，使食品清澈透明或更接近自然状态。

因此，分子蒸馏技术通过脱酸、脱臭、脱色等操作可以改善食品口感、风味和外观，提升消费者的消费体验和满意度，推动食药同源食品行业的发展。

（3）提升食药同源食品提取物的营养品质

分子蒸馏技术可有效控制生产过程中的温度、压力等参数，避免高温、高压等条件对食品中活性成分的破坏，从而保持食品的营养品质。主要体现在以下几个方面：

① 保留活性成分。分子蒸馏技术可选择性地提取目标成分，如药材中的活性成分、食品中的营养物质等，最大程度地保留其活性成分，保持其药用或营养功能。

② 提高纯度。分子蒸馏可有效去除水、溶剂、有机酸等非必要成分，提高活性成分的纯度。

③ 降低热敏感成分损失。分子蒸馏技术可在较低温度下进行，减少热敏感成分的破坏，保持活性成分的功能。

④ 提高稳定性和溶解度。通过分子蒸馏技术提取的物质通常具有更高的稳定性和溶解度，能更好地应用于食品、保健品等领域，提高其生物利用率和功能。

因此，分子蒸馏技术在提取食药同源食品提取物时能够保留活性成分、去除有害物质、降低热敏感成分的损失、提高稳定性和溶解度，从而有效提升提取物的营养品质，增强其功效和安全性。这种技术的应用有助于提高食药同源食品的品质和营养价值，满足消费者对健康、安全的需求。

4.8.3 分子蒸馏技术在食药同源食品中的应用

分子蒸馏技术作为高效无污染的分离技术，在食药同源食品中被广泛应用。与传统真空精馏技术相比，分子蒸馏技术具有更高的精馏效率和产品纯度，同时能耗更低。该技术已应用于有机污染物去除、脱色脱味、活性成分提纯、香精提取以及功能油脂深加工等领域，提升了食药同源产品的品质、功能和营养价值,满足了消费者对高品质食药同源食品的需求。

(1) 在食药同源食品中有机污染物、异味异色脱除的应用

由于生长环境和人工种植原因导致许多天然药物提取物中含有残留农药和某些有害重金属。采用分子蒸馏方法脱除残留农药和有害重金属比其他传统方法更为有效。采用分子蒸馏技术处理塑化剂超标的核桃压榨原油,可使其酸值从 1.1mg/g 降至 0.1mg/g,邻苯二甲酸二正丁酯含量从 1.5mg/kg 降至 0.1mg/kg,维生素 E 及甾醇综合保留率达到 82.8%,显著提高了核桃油产品的品质和安全性。

(2) 在食药同源食品中分离提纯活性成分的应用

分子蒸馏技术可以应用于提取食药同源食品中的活性成分,包括热敏性成分、黄酮类化合物和脂肪酸等。这些活性成分在食品、保健品和药品领域具有重要应用。分子蒸馏技术根据分子大小和沸点的差异,实现对目标成分的选择性提取,避免了其他成分的破坏,确保了提取物的高纯度。利用分子蒸馏技术富集和纯化猕猴桃籽油中 α-亚麻酸,其含量达 86.3%。分子蒸馏技术在保持活性成分纯度方面有显著优势,有助于提升食药同源食品的药理活性。

(3) 分子蒸馏在精油分离中的应用

精油成分复杂,主要包括倍半萜、小分子芳香族化合物、脂肪族化合物和其他易挥发性物质。传统蒸馏技术提取精油效率低,成本高,而分子蒸馏技术能在低温下提取,保留更多活性成分,提取效率高。经分子蒸馏制备的玫瑰精油清澈透亮、香气纯正。

分子蒸馏在极高真空条件下的操作特性使得物料能在较低的温度下实现物质的高效分离,最大限度地减少了热敏感物料的热降解,从而保证了产品的纯度和活性成分的功能。随着技术的进一步发展和优化,分子蒸馏在食药同源食品安全及质量提升方面的应用将更加广泛。

思考题

1. 超声技术在食药同源食品活性成分提取中的优势主要体现在哪些方面?
2. 简要概括一下蒸汽爆破技术处理食药同源食品的优点。
3. 超临界 CO_2 萃取技术在提取食药同源食品中的活性成分时,有哪些关键因素需要考虑以确保萃取过程的最优化?
4. 请比较传统热加工与超高压技术在处理同一类食药同源食品时的差异。
5. 采用低温热泵干燥技术对食药同源食品进行干燥时,应遵循什么原则?
6. 冷冻干燥技术在食药同源食品的加工中有哪些优势?请从营养成分、感官特性和加工特性三个方面进行阐述。
7. 在精油提取的过程中,低温液氮粉碎技术是如何提高它的提取效率,请分析原因。
8. 请简要介绍分子蒸馏技术的原理,并说明其在食药同源食品领域中的应用和意义。

参考文献

[1] SZENT-GYÖRGYI A. Chemical and biological effects of ultra-Sonic radiation [J]. Nature, 1933, 131 (3304): 278-278.

[2] NITYA B, RAHUL S M, KSHITIZ K, et al. Advances in application of ultrasound in food processing: A review [J]. Ultrasonics Sonochemistry, 2021, 105293.

[3] 梁诗洋, 张鹰, 曾晓房, 等. 超声波技术在食品加工中的应用进展 [J]. 食品工业科技, 2023, 44 (04): 462-471.

[4] CHEN G B, DING X M, ZHOU W. Study on ultrasonic treatment for degradation of Microcystins (MCs) [J]. Ultrasonics Sonochemistry, 2020, 104900.

[5] 冯焕琴. 藜麦活性物质提取及测定方法的比较 [D]. 兰州: 甘肃农业大学, 2017.

[6] CORREA M C, RASIA A, MULET J A. Influence of ultrasound application on both the osmotic pretreatment and subsequent convective drying of pineapple (*Ananas comosus*) [J]. Innovative Food Science and Emerging Technologies, 2017, 41: 284-291.

[7] 姜春慧. 肉苁蓉切片远红外真空干燥特性及其传热传质机理研究 [D]. 兰州: 甘肃农业大学, 2023.

[8] 尤洁瑜, 唐长波, 张露妍, 等. 超声处理结合 pH 值调控对白果分离蛋白/乳清分离蛋白复合凝胶特性的影响 [J]. 食品科学, 2023, 44 (21): 90-97.

[9] LI C, HUANG X, XI J. Steam explosion pretreatment to enhance extraction of active ingredients: current progress and future prospects [J]. CRITICAL REVIEWS IN FOOD SCIENCE AND NUTRITION, 2023.

[10] 丰程凤. 蒸汽爆破对菜籽油品质及菜籽多酚的影响 [D]. 长沙: 湖南农业大学, 2022.

[11] 干淼钰, 田方, 曹爱玲, 等. 超临界流体技术在鱼油加工中应用的研究进展 [J]. 中国油脂, 2023: 1-15.

[12] BAUERA B, SOMMERB K. Optical in situ analysis of starch granules under high pressure with a high-pressure cell concepts and methods [M]. New York: Academic Press, 1999: 275-279.

[13] 胡爱军, 王威, 于作昌, 等. 超高压技术在果品加工中的应用研究进展 [J]. 食品研究与开发, 2024, 45 (02): 212-217.

[14] TIAN T, KO C N, LI D, et al. The anti-aging mechanism of ginsenosides with medicine and food homology [J]. Food & Function, 2023, 14: 9123-9136.

[15] 肖亨. 干燥方式和分子修饰对海蒿子多糖的理化性质和生物活性的影响 [D]. 广州: 华南理工大学, 2020.

[16] 解玉军, 闫艳, 李泽, 等. 基于 ^{1}H NMR 和 GC-MS 技术评价不同干燥方法对酸枣仁活性成分及抗氧化活性的影响 [J]. 食品工业科技, 2022, 43 (21): 282-293.

[17] CHEN X, ZHENG J, YOU L, et al. Wormwood-infused porous-$CaCO_3$ for synthesizing antibacterial natural rubber latex [J]. International Journal of Biological Macromolecules, 2024, 260: 129322.

[18] HASSAN A, ZANNOU O, PASHAZADEH H, et al. Drying date plum (*Diospyros lotus* L.) fruit: Assessing rehydration properties, antioxidant activity, and phenolic compounds [J]. Journal of Food Science, 2022, 87 (10): 4394-4415.

[19] 路东旭, 朱聪玲, 冯芳敏. 一种枸杞低温液氮粉碎装置 [P]. 中国, CN201920519901.X. 2020-01-21.

[20] ADADI P, BARAKOVA N V, KRIVOSHAPKINA E F. Scientific approaches to improving artisan methods of producing local food condiments in Ghana [J]. Food Control, 2019, 106: 106682.

[21] IDÁRRAGA-VELEZ Á M, OROZCO G A, GIL-CHAVES I D. A systematic review of mathematical modeling for molecular distillation technologies [J]. Chemical Engineering and Processing-Process Intensification, 2023, 184: 109289.

[22] 陶一荻, 李春林, 吴薇, 等. 分子蒸馏技术及其在食品行业中的应用 [J]. 食品工业科技, 2012, 33 (03): 429-432.

第 5 章
食药同源食品的低温储藏

5.1 食药同源食品低温保藏原理

5.1.1 低温对反应速度的影响

低温保藏是一种通过显著降低温度来减缓食品内部化学和生物反应速度的保藏技术。低温条件不仅能够有效抑制酶促反应、氧化反应以及微生物活动,而且对其他可能导致食品品质下降的化学反应也有明显的抑制作用。这种技术广泛应用于各类食药同源食品,以保持其营养价值和感官品质,延长食品的保质期。

5.1.1.1 化学反应速度减缓

在低温环境中,食药同源食品的化学反应速度会因温度下降而减缓。例如,脂质氧化是食品存储过程中常见的一个化学反应,导致食品脂肪的酸败,导致食品品质下降和风味改变。在低温条件下,脂质氧化反应的速率显著降低,从而有助于维持食药同源食品的风味和营养。

5.1.1.2 脂质氧化

食药同源食品中含有丰富的功能性油脂,如鱼油、植物油等,这些油脂在高温下容易发生氧化反应,产生过氧化物和其他有害物质,降低食品的药用价值和安全性。低温能够显著抑制脂质氧化反应的速率,从而延缓食品的酸败过程,保持其功能性成分和药用效果。

5.1.1.3 维生素降解

食药同源食品中常含有丰富的维生素,如维生素 C、维生素 E 等,这些维生素在高温下容易降解,失去其抗氧化和保健功能。低温保藏能够有效减缓维生素的降解速率,保持食品的营养价值和药用效果。例如,维生素 C 在高温下易被氧化,而在低温条件下则较为稳定,从而能够更好地保持其抗氧化功能。

5.1.1.4 酚类化合物的降解

食药同源食品中的酚类化合物具有显著的抗氧化和抗炎作用,但在高温下容易降解,失去其药理活性。低温保藏可以显著减缓酚类化合物的降解速率,保持其生物活性和药用价值。例如,茶多酚和黄酮类化合物在低温条件下可以更好地保持其抗氧化能力和药用效果。

5.1.1.5 酶促反应抑制

食药同源食品中的酶促反应是导致食品品质劣化的重要因素。低温能够显著降低酶的活性,从而减缓食品中不利的酶促反应。例如,多酚氧化酶是导致水果和蔬菜褐变的主要酶类,低温能够有效抑制该酶的活性,延缓褐变反应,保持食品的外观和品质,尤其是其药用成分的稳定性。

5.1.1.6 低温保藏的物理化学原理

(1) 冰晶生成与生物结构保护

在低温环境下,食药同源食品中的水分会结晶形成冰晶。冰晶的生成能够抑制微生物的生长繁殖,并通过减少自由水的含量来降低酶促反应和化学反应的速度。然而,冰晶的大小和分布对食品的品质有重要影响。快速冻结形成的小冰晶能够较好地保持食品的细胞结构和质地,避免破坏其生物活性成分,从而保持其药用效果。

(2) 冷冻点降低与溶质浓度影响

食药同源食品中的溶质(如糖、盐等)能够降低水的冻结点,从而影响冰晶的生成和生长。低温保藏中,通过控制溶质的浓度,可以调节食品的冻结点和冰晶形成过程,优化保藏效果。例如,添加适量的糖或盐可以降低食品的冻结点,形成更均匀的小冰晶,从而更好地保持食品的品质和药用成分。

(3) 气体环境调控与低氧保藏

低温保藏技术中,控制储藏环境中的气体成分也是延长食品保质期的重要手段。通过降低储藏环境中的氧气浓度,可以进一步抑制微生物的生长和氧化反应。此外,调节二氧化碳和乙烯等气体的浓度,也可以延长食药同源食品的保质期,保持其新鲜度和药用效果。

5.1.2 低温对微生物的影响

微生物的活动是导致食品腐败变质的主要原因之一,特别是在食药同源食品中,微生物的存在不仅会影响食品的感官品质和营养价值，还可能破坏其药用成分。因此，低温保藏在食药同源食品的保存中具有重要的意义。

5.1.2.1 微生物的温度适应性

微生物根据其对温度的适应性分为嗜温菌、嗜冷菌和嗜热菌。食药同源食品中常见的致病菌和腐败菌大多为嗜温菌，这些菌类在 20～40℃ 之间生长最快。低温保藏通过将温度降低到嗜温菌生长的下限以下，有效抑制其生长和繁殖。

（1）嗜温菌

嗜温菌是食药同源食品中最常见的微生物种类，如大肠杆菌、沙门氏菌等。这些菌类在 37℃ 左右生长最为迅速，而在低于 10℃ 的环境中，其代谢活动显著减缓甚至停止。因此，低温保藏能够有效抑制嗜温菌的生长，延长食品的保质期。

（2）嗜冷菌

嗜冷菌能够在低温环境下生长，常见的如李斯特氏菌和某些假单胞菌。这些菌类在 0～20℃ 之间生长较快，虽然低温保藏无法完全抑制其生长，但能够显著减缓其繁殖速度。因此，针对嗜冷菌的低温保藏需要特别关注，并结合其他保藏方法如辐照、抗菌剂等，以达到更好的保藏效果。

（3）嗜热菌

嗜热菌在高温环境下生长较快，一般在 55～75℃ 之间繁殖。低温保藏对嗜热菌的抑制效果显著，因为这些菌类在低于 20℃ 的环境中无法生长。因此，低温保藏在控制嗜热菌方面具有明显优势。

5.1.2.2 低温对微生物生长的影响

低温环境下，微生物的生长和代谢活动受到显著抑制，具体体现在以下几个方面：

（1）代谢活动减缓

在低温条件下，微生物的代谢酶活性降低，导致其生长和繁殖速度减慢。酶是微生物进行新陈代谢和能量转换的关键，而温度的降低会使酶的活性中心受到影响，降低其催化效率。这样一来，微生物的生长速率显著减缓，延长了食品的保质期。

（2）细胞膜流动性降低

微生物细胞膜的流动性对其生理活动至关重要。低温会导致细胞膜脂质的固化，降低其流动性，进而影响细胞的物质运输和能量代谢。这种情况下，微生物的生长和繁殖受到抑制，有助于保持食药同源食品的品质。

（3）蛋白质合成受阻

微生物在低温条件下，蛋白质合成过程也会受到干扰。低温会影响核糖体的功能，导致蛋白质合成速率降低。这不仅影响微生物的生长和分裂，也会削弱其适应环境变化的能力，进一步抑制其在食品中的繁殖。

5.1.2.3 微生物适应性和抗性的研究

随着低温保藏技术的广泛应用，微生物对低温环境的适应性和抗性也成为研究的热点。一些嗜冷菌在长期低温条件下可能会产生适应性变化，提高其在低温环境中的生存能力。因此，深入研究微生物在低温条件下的适应机制，对于优化低温保藏技术、开发新型保藏方法具有重要意义。

（1）基因表达调控

研究表明，微生物在低温条件下会通过调控特定基因的表达来适应环境。例如，某些基因在低温下会被上调，编码抗冻蛋白质和低温适应性酶类，从而增强微生物的耐寒能力。

（2）膜脂组成调整

微生物可以通过调整细胞膜的脂肪酸组成来适应低温环境。增加膜脂中的不饱和脂肪酸含量可以提高细胞膜的流动性，从而维持正常的生理功能。

（3）代谢路径的优化

在低温条件下，微生物可能会改变其代谢路径，以提高能量利用效率。例如，通过增加某些代谢产物的合成，微生物可以更好地适应低温环境。

5.1.3 低温对酶活性的影响

低温保藏技术在延长食药同源食品保质期和保持其药用价值方面具有显著的效果，主要通过抑制酶的活性来实现。食药同源食品中含有多种生物活性成分，这些成分在加工和储存过程中易受酶促反应的影响，从而导致食品品质下降和药效减弱。因此，研究低温对酶活性的影响对优化食药同源食品的保藏方法具有重要意义。

5.1.3.1 酶促反应的基本原理

酶是生物体内的催化剂，能够显著降低化学反应的活化能，加速反应速率。在食品中，酶促反应是导致食品品质劣化的主要因素之一。例如，水果和蔬菜在切割后容易发生酶促褐变，脂肪在储存过程中会发生酶促氧化，蛋白质在加工过程中可能会被酶解。低温条件下，酶的活性显著降低，从而减缓这些不利的酶促反应，延长食品的保质期。

5.1.3.2 低温对不同类型酶的影响

（1）氧化还原酶

氧化还原酶在食品中广泛存在，如多酚氧化酶（PPO）和过氧化物酶（POD）。这些酶在果蔬中常引起褐变反应，导致食品色泽变暗，营养价值下降。低温条件下，多酚氧化酶的活性显著降低，从而抑制褐变反应。例如，苹果和土豆在低温储存时，多酚氧化酶活性降低，能够更好地保持其色泽和品质。

（2）水解酶

水解酶包括蛋白酶、脂肪酶和淀粉酶等，这些酶在食品加工和储存过程中起着重要作用。低温条件下，水解酶的活性显著降低，减缓食品的分解过程。例如，脂肪酶在低温条件下活性降低，可以有效延缓脂肪的水解，防止油脂酸败，保持食药同源食品的风味和药用价值。

（3）转移酶

转移酶如转氨酶和糖基转移酶在食品中也起着重要作用，这些酶在低温条件下活性显著降低，减少了不利的酶促反应。例如，转氨酶在低温条件下活性降低，可以减少蛋白质的降解，保持食品的营养价值和药用效果。

5.1.3.3 低温对酶活性抑制的机制

（1）酶结构的热稳定性

酶的活性依赖于其三维结构，低温条件下，酶分子的热运动减弱，导致酶的活性中心发生结构变化，从而降低其催化活性。低温还可以增加酶分子的刚性，减少其柔性，进一步抑制酶的催化能力。

（2）酶-底物结合的影响

酶促反应需要酶与底物结合形成酶-底物复合物，低温条件下，酶与底物的结合速率显著降低，导致酶促反应速率减慢。此外，低温还可以改变酶与底物的结合常数，降低酶的亲和力，从而进一步抑制酶的活性。

（3）酶活性调节的生理机制

生物体内的酶活性受多种因素调节，如金属离子、辅酶和抑制剂等。低温条件下，这些调节因子的浓度和活性可能发生变化，从而影响酶的整体活性。例如，某些酶需要金属离子作为辅因子，低温可能导致金属离子的溶解度降低，从而抑制酶的活性。

5.1.3.4 低温保藏在食药同源食品中的实际应用

（1）果蔬的低温保藏

新鲜的食药同源果蔬在采摘后仍然进行着生理代谢活动，导致品质迅速下降。低温保藏能够有效抑制酶促反应，延长果蔬的货架期。例如，枸杞、山药、百合等食药同源果蔬在0～4℃的环境中储藏，能够显著延长其保质期，保持良好的风味和质地。

（2）中药材的低温保藏

中药材如人参、灵芝、黄芪等在低温条件下储藏，可以有效保持其有效成分和药理活性。例如，人参中的人参皂苷在低温环境中较为稳定，从而能够保持其补气养血的功效。此外，低温还能够抑制中药材中酶的活性，防止有效成分的降解和流失。

（3）药膳和食药同源饮料的低温储藏

药膳和食药同源饮料等在低温条件下储藏，可以保持其风味和营养价值，防止酶促反应导致的品质下降。例如，凉茶在低温条件下储藏，不仅能够保持其清热解毒的功效，还能延长其保质期，保证饮用安全。

5.2 食药同源食品的冷却和冷藏

食药同源食品的冷却和冷藏具有多重意义，它们能够显著降低微生物的生长速度，防止食品变质，保证食品安全并延长其保质期，减少浪费。同时，冷却和冷藏能有效减少维生素、矿物质等营养成分的流失，保持食品的营养价值和活性成分的稳定性，确保其药效和保健功能。冷藏技术还可以实现食药同源食品的全年供应，平衡市场供需，稳定价格。此外，冷却和冷藏技术的应用推动了食药同源食品产业链的延伸和技术创新，提升了附加值和市场竞争力。因此，食药同源食品的冷却和冷藏在保证食品安全、保持营养价值、维持食品品质、提高医疗保健效果、适应季节性需求及推动产业发展方面具有重要作用，有助于更好地发挥其功效，提升人们的健康水平，实现健康中国的目标。

5.2.1 食品的冷却

食药同源食品在我国传统饮食文化中占据重要地位，其保健和治疗功能备受重视。为了保证食药同源食品的质量和安全，冷却是一个关键环节。冷却是指通过降低食品的温度来抑制微生物的生长和酶的活性，从而延长食品的保质期并保持其品质。食药同源食品中丰富的营养成分为微生物的生长提供了良好的条件，通过冷却可以迅速降低食品的温度，抑制微生物的繁殖，防止食品变质。冷却还能减少维生素、矿物质等营养成分的流失。除此之外，许多食药同源食品含有活性成分，如姜黄素、白藜芦醇等，这些成分在高温下容易分解。冷却能够保持这些活性成分的稳定性，从而确保其药效。

5.2.1.1 冷却的常用方法

冷却过程通常指将食品从高温迅速降至4℃以下，但这并不意味着长期储存。为了保证冷却的有效性，食品需要在尽可能短的时间内完成温度的降低，一般要求在两小时内将食品降至21℃，然后再在四小时内进一步降至4℃以下。冷却的应用包括在烹调后立即进行冷却，以便安全储存或进一步处理，如放入冷藏或冷冻。在食药同源食品加工和生产过程中，冷却同样是一个关键步骤，用于快速降低加工过的食品温度，防止微生物繁殖，保持食品的营养成分和药效。

（1）水冷却法

水冷却法是指将食药同源食品放入冷水中，通过水的传热作用迅速降低食品温度。这种方法尤其适用于处理大批量的食品，因为水的传热效率高，能够在较短时间内高效快速降低食品的温度。水能够均匀地包裹食品，使食品温度降得更均匀，避免局部过热。需要注意的是，使用的冷却水必须是洁净的，经过消毒处理，以避免食品受到二次污染。还应定期更换和消毒冷却水，保持水质。此外，不同种类的食品在冷却过程中应避免接触，防止交叉污染，可以采用流水冷却或分批冷却的方式。最后，应根据食品的种类和特性，合理控制冷却时间和温度，避免食品过度冷却或冷却不足。在实际应用中，水冷却法常用于冷却如鲜枣、枸杞等，以及山药等根茎类蔬菜。

（2）风冷却法

风冷却法是通过冷风将食品的温度降至所需水平。这种方法适用于那些易受水分影响的食品，如干燥的食药同源食品，或者需要保持表面干燥的食品。这种方法的优点是冷却速度较快，冷风的流动可以迅速带走食品表面的热量。并且由于风冷却的温度和风速可以灵活调节，风冷却法可以适应不同种类食品的需求。同样，用于冷却的空气必须洁净，避免携带尘埃、微生物等污染物，使用经过过滤和消毒处理的空气。此外，对于一些水分较多的食品，风冷却过程中需要防止其表面过度干燥或风干，可以采用间歇式冷风或调节风速，确保冷风能够均匀覆盖食品表面，避免局部冷却不均导致的质量问题。风冷却法常用于冷却如银耳、百合等干燥食品。这些食品在采收或加工后，需要迅速冷却以保持其品质和药效。使用冷风冷却不仅能保持其干燥状态，还能防止营养成分的流失。

（3）预冷却法

预冷却法是指在食品进入冷藏或冷冻之前，先将其温度降至接近冷藏或冷冻温度的方法。这种方法可以减少食品在冷藏或冷冻过程中的温度波动，保持其品质。通过预冷却，不但可以减轻冷藏或冷冻设备的负担，提高冷藏效率，还可以减少食品在冷藏或冷冻过程中的水分损失和细胞破裂，保持其品质和口感。因此，预冷却的温度和时间应根据食品的种类和特性进行控制，避免温度过低导致冻结或过高导致冷却不足，同时确保食品在短时间内达到预定温度，防止长时间暴露在不适当温度下。预冷却法广泛应用于各种需要冷藏或冷冻的食药同源食品。例如，红枣在采摘后可以先进行预冷却，使其温度降至接近冷藏温度，然后再进行冷藏储存，以保持其营养价值和风味。再如，鲜山药在进入冷冻之前，可以先进行预冷却，防止在冷冻过程中产生大量冰晶，保持其脆嫩的口感。

随着科技的发展，冷却技术也在不断进步。例如，真空冷却技术利用低压环境下水分蒸发吸热的原理，快速降低食品温度。未来，智能冷却系统和绿色环保冷却技术将进一步提升食药同源食品的冷却效果。每种方法都有其独特的优点和应用场景，选择适当的冷却方法可以有效保持食品的营养价值、药效和品质。通过合理的冷却处理，食药同源食品能够更好地发挥其保健作用，为人们的健康提供保障。

5.2.1.2 冷却中的注意事项

（1）温度控制

温度控制在食品冷却过程中至关重要，不同种类的食药同源食品对冷却温度的要求各不相同。合理控制冷却温度可以有效保持食品的质量，延长其保质期，并防止营养成分的流失。实际操作中可以使用温度计和温控设备实时监测冷却过程中的温度，确保温度在设定范围内。现代冷却系统常配备自动温控装置，可以精确调节和保持冷却温度。根据食品的种类和冷却需求，将冷却设备分为不同温区。例如，在冷库中设置不同温度区域，分别存放不同类型的食药同源食品，确保每种食品都处于最佳温度下。最后，定期检查和调整冷却设备的温度设置，确保设备正常运行并保持稳定的冷却效果。

（2）卫生管理

冷却设备和环境的卫生状况直接影响食品的安全性。良好的卫生管理可以防止食品在冷却过程中受到二次污染，保证食品质量和安全。冷却设备应定期进行清洁和维护，防止灰尘、污垢和微生物积累，应使用食品级清洁剂和消毒剂，确保设备内部和表面的清洁。冷却区域的环境卫生应保持良好，防止污染物进入冷却空间。定期清洁冷却间、冷库和操作区域，防止病原体的传播。操作人员应保持个人卫生，佩戴适当的防护装备，如手套、口罩和防护服，防止人为污染。冷却过程中产生的废弃物及时清理和处理，防止污染扩散，确保废弃物不会污染冷却区域。

（3）时间管理

冷却时间的长短直接影响冷却效果，根据食品的种类和数量，合理安排冷却时间，确保食品在最佳时间内降至所需温度。其中，快速冷却要求尽量缩短冷却时间，以防止食品长时间处于危险温度区间（通常为4℃至60℃），这一温度区间内微生物生长最为活跃；逐步降温对于某些食品可以避免快速降温导致的品质劣变，如水果的表面细胞破裂，逐步降温可以通过分阶段降低温度来实现。实际操作中应根据食品的种类、数量和特性，安排合适的冷却时间，明确每种食品的冷却时间要求，并严格按照计划执行，确保每批食品都在规定时间内完成冷却。

总之，食药同源食品的冷却过程中，温度控制、卫生管理和时间管理是关键环节。通过合理控制冷却温度，保持冷却设备和环境的卫生，科学安排冷却时间，可以有效保证食品的质量和安全。

5.2.2 食品的冷藏

冷藏是延长食药同源食品保质期、保持其营养价值和药效的重要手段。冷藏能保持食药同源食品的新鲜度，防止其因温度过高引起的变质。冷藏还可以减少维生素、矿物质等营养成分的流失，确保食品的营养价值，例如，维生素 C 在低温环境中更稳定，不易被氧化破坏。食药同源食品中的活性成分在低温下更稳定，冷藏能有效保持其药效，如红枣中的多酚类化合物在低温下不易分解，能够更好地发挥其抗氧化作用。不同种类的食药同源食品有不同的冷藏要求，蔬菜和水果在冷藏时应保持适当的湿度和温度，防止失水和腐烂；肉类和鱼类在冷藏时应保持低温，防止细菌繁殖和变质；乳制品和蛋类在冷藏时应保持恒定的低温，防止变质和营养流失；加工食品在冷藏时应注意防止交叉污染，保持卫生和安全。

5.2.2.1 家庭冷藏

家用冰箱是家庭冷藏食药同源食品的主要设备，正确使用和维护冰箱能够有效保证冷藏效果。冰箱冷藏室的温度应设置在 0℃ 至 4℃ 之间，抑制微生物生长和酶的活性，不同种类的食品应分区存放，提高冷藏效率。冷藏食品应保持干净，避免表面污垢进入冰箱，特别是蔬菜和水果，在放入冰箱前应清洗干净并沥干水分。冷藏前还应对食品进行适当包装，使用保鲜膜、密封袋或密封容器等，防止食品受潮和吸附异味。包装应紧密但不过度压紧，以保持食品的形状和质地。食品在冷藏室内不应堆积过密，以免影响冷气流通。合理安排存放位置，确保每件食品都能得到充分冷却。冰箱需要定期清理，特别是冷藏室内部和门封条区域，防止细菌滋生。可以使用温水和少量洗涤剂擦拭，避免使用强酸或强碱清洁剂，以免损坏冰箱内壁和密封条。还要定期检查冰箱门的密封性，确保密封条完好无损。密封性不良会导致冷气外漏，影响冷藏效果。此外，如果冰箱冷藏室出现霜或冰，应及时进行除霜和除冰处理，积霜过多会影响冷气流通，降低冷藏效果。最后，冰箱应放置在通风良好的地方，避免阳光直射和紧贴墙壁。保持冰箱周围的通风可以提高散热效果，节省能源。

家庭冷藏管理是保证食药同源食品质量和安全的关键环节。通过合理使用和维护家用冰箱、确保冷藏食品的安全与卫生，以及科学安排存放与整理，有效延长食品的保质期。良好的家庭冷藏管理不仅有助于提升食品质量，还能提高家庭成员的健康水平，为健康中国的目标贡献力量。

5.2.2.2 商业冷藏

商业冷藏在食品供应链中扮演着至关重要的角色，确保大规模食药同源食品的质量和安全。

（1）商业冷藏设备与技术

商业冷藏设备包括冷库、冷柜、冷藏车等，选择合适的设备并进行有效管理是保障食品冷藏效果的关键。大型冷库通常用于储存大量食品，适合批量处理和长期储存，冷库的温度和湿度可调，能够满足不同食品的冷藏需求。自动化冷库采用先进的自动化技术进行温度控制、库存管理和物流分拣，提升效率和管理水平。冷库需要定期检查和维护，确保制冷系统正常运行，以及进行消毒和清洁，防止细菌和霉菌滋生。冷柜包括展示冷柜，用于超市和零售店，展示和储存食药同源食品，展示冷柜设计美观，温度可调，方便消费者选购；储存冷柜，用于餐馆、酒店和小型食品店，短期存放食品，方便日常使用。冷藏车用于运输食品，配备制冷设备，确保运输过程中的低温环境。其中，配送冷藏车用于城市内配送，短途运输食品，配送冷藏车体积较小，机动性强，适合频繁的食品配送任务。

当前的智能冷藏温控技术采用智能温控系统，实时监控和调节冷藏设备的温度，确保食品始终处于适宜的冷藏环境。通过物联网技术，能够连接各个冷藏设备，实现数据共享和远程监控，提高管理效率。此外，采用节能制冷技术和环保制冷剂，能够降低能耗和对环境的影响，推动绿色冷藏发展。

（2）食品冷链物流

食品冷链物流是确保食药同源食品在生产、运输、储存到销售的全过程中始终处于低温环境的关键系统。食品冷链物流体系包括以下几个环节：生产环节，在食品生产过程中，需要尽快进行初步冷却，确保食品在短时间内降至安全温度，进入冷链体系；运输环节，采用冷藏车、冷链集装箱等运输工具，确保食品在运输过程中的低温环境；储存环节，在冷库或冷柜中进行储存，稳定温度和湿度，防止食品变质，合理安排储存位置，避免交叉污染；销售环节，在超市、零售店等销售终端，使用展示冷柜或冷藏展示架，确保食品在销售过程中的低温环境，保持其新鲜度和质量。

5.3 食药同源食品的低温气调贮藏

食药同源食品的低温气调贮藏是指通过调节贮藏环境中的温度和气体成分来延缓食品腐败和变质的技术。其核心在于通过改变环境中的氧气和二氧化碳浓度，创造一个不利于微生物生长和食药同源食品生化反应的环境。在低温气调贮藏条件下，食药同源食品中的微生物的活动和生化反应速度被抑制，延长其保质期。

目前，低温气调贮藏技术不仅在保存中药材方面展现了卓越效果，还广泛应用在果蔬、花卉、茶叶等高附加值农产品的贮藏。例如，枸杞、人参、灵芝等中药材在低温气调贮藏下能够有效保持其活性成分，延长货架期，同时减少农药残留和微生物污染的风险。此外，低温气调技术在新鲜果蔬的贮藏中能够延缓呼吸作用，保持果蔬的新鲜度和营养成分，还提高了产品的市场竞争力。

采用低温气调贮藏的食药同源食品具有保持营养和药用成分、延长保质期以及防止微生物污染的优势。例如，研究发现，通过低温和调节气体成分，人参可以保存数月而不失去其活性成分。此外，研究表明，在低温和适宜的气体环境下，枸杞中的维生素 C 和多糖得以较好保存。最后，灵芝在低温气调贮藏条件下可以保持其原有的色泽和风味。

5.3.1 气调贮藏对食药同源食品的保藏效果

低温气调贮藏是一种结合低温和气体成分调节的保鲜方法，广泛应用于食药同源食品的保藏。目前，该技术在这些食品的保藏中取得了显著效果。通过控制贮藏环境中的温度、氧气和二氧化碳浓度，低温气调贮藏技术能够延缓食品的生化反应，延长保质期，并保持其营养和药用成分。以下将详细阐述低温气调贮藏对食药同源食品的保藏效果。

5.3.1.1 延长保鲜期

一方面，通过降低温度，低温气调贮藏能够抑制微生物生长，延长食药同源食品的保鲜期。例如，食药同源食品中丰富的营养成分利于微生物的生长发育和繁殖，但低温可以有效控制其数量，防止食品腐败变质，延长了食药同源食品的保鲜期。另一方面，低温气调贮藏通过降低氧气浓度减缓氧化反应，并利用二氧化碳抑制好氧微生物的生长，同时通过调节氮气浓度防止氧化和保湿，从而有效延长食药同源食品的保鲜期。

5.3.1.2 保持营养成分

食药同源食品以其富含维生素、矿物质和抗氧化剂等活性物质备受人们推崇。然而，随着贮藏周期的延长，这些活性成分会遭到降解，导致食药同源食品的营养价值下降。而低温气调贮藏技术为维持食药同源食品的保鲜和营养提供了有效解决方案。通过低温气调贮藏技术调节气体成分，有效减少了氧化反应的发生，保护了活性物质不受损失。例如，研究发现，低温气调贮藏能够更好地保留维生素 C 含量，从而维持食品的营养价值。此外，研究表明，低温气调贮藏技术还能够维持食品中酚类化合物和类黄酮等活性物质的稳定性，进一步提升其保健功能。低温气调贮藏技术为食品提供了一个稳定的储存环境。延缓了食品的衰败过程，同时最大限度地保持了其营养成分和活性物质的完整性。

5.3.1.3 保留感官品质

低温气调贮藏技术是食药同源食品一项重要的保鲜方法，其作用不仅延长食药同源食品的保质期，还能有效地保持食药同源食品的色、香、味等感官品质，为消费者提供更加新鲜美味的食品选择。研究发现，低温气调贮藏可以有效减缓食品色素的氧化过程，防止食品变色。此外，低温气调贮藏还能抑制脂肪氧化，保持食药同源食品的香味，并减缓组织软化，保持食药同源食品的口感。研究表明，在低温气调贮藏条件下，通过调节二氧化碳浓度来调控乙烯的产生，延缓水果和蔬菜的成熟和衰败过程，进一步保持其质地和风味。这种技术还有助于减少食品中水分的蒸发，防止食品干燥和失重，延长其货架期、保持新鲜度和外观，为消费者提供更加安全可靠的食品选择。

5.3.1.4 提高安全性

低温气调贮藏技术能够有效抑制食药同源食品致病菌和腐败菌的生长发育和繁殖，是保障食药同源食品安全的关键之一。研究发现，通过调节贮藏环境中的气体组成能够有效抑制致病菌和腐败菌的生长，降低了食药同源食品腐败风险，使得食药同源食品更加安全可靠。此外，研究表明，低温气调贮藏技术能够抑制酶促反应的发生，减少了有害物质的生成，保持了食品的新鲜度和品质，提升了食药同源食品的质量和安全性。

5.3.1.5 减少化学防腐剂的使用

低温气调贮藏技术作为一种天然、健康的食药同源食品贮藏解决方案，为食药同源食品的储藏提供了一种可靠的途径。其广泛应用不仅延长了食药同源食品的保质期，还满足了现代消费者对无添加剂、天然食品的偏好，减少了对化学防腐剂的需求，符合当今社会对健康、可持续食药同源食品生产的追求。例如，在低温气调贮藏环境下，微生物的活动被减缓，从而食品中的营养成分和活性物质得以充分保留，减少了对化学防腐剂的依赖。这种自然的贮藏方式不仅提高了食药同源食品的安全性和健康性，还为消费者提供了更加信赖的选择。

5.3.2 气调贮藏在食药同源食品中的应用

食药同源食品是指在药品中含有的成分也可以在食品中找到，或者是可以通过食物来实现同样的保健效果。在这种类型的食品中，气调贮藏也可以发挥重要作用，尤其是在保持其活性成分的稳定性和延长保质期方面。

5.3.2.1 草药和药用植物

气调贮藏技术在草药和药用植物的保藏和利用中具有重要意义。这些天然材料往往含有丰富的药用成分，如生物碱、黄酮类化合物、萜类化合物等，但这些成分在长时间贮存过程中容易受到外界环境因素的影响而发生氧化和降解，导致药效降低甚至失效。传统的贮藏方法，如干燥、冷藏等，虽然在一定程度上能够延缓这些成分的降解，但效果并不理想，且难以满足现代中药材生产和加工的高标准要求。研究发现，通过低温气调贮藏技术可有效减缓草药和药用植物中活性成分的降解速度，显著延长其保质期。此外，这项技术通过降低氧气浓度和增加二氧化碳浓度，抑制了氧化反应的发生，同时适当的湿度控制也减少了水分对活性成分的影响，进一步提高了贮藏效果。

5.3.2.2 维生素和营养补充剂

气调贮藏技术在维生素和营养补充剂的保鲜中扮演着至关重要的角色。这些营养成分在存储过程中极易受到氧气的影响而发生氧化,从而失去其活性和效用。传统的存储方法难以完全避免氧化反应的发生,导致产品的保质期缩短,营养价值降低,无法满足消费者对高质量营养补充剂的需求。研究发现,采用低温气调贮藏技术能够有效减缓维生素、矿物质、氨基酸等营养成分的氧化速度,这不仅能够延长产品的保质期,还能在最大程度上保持维生素和营养补充剂的活性和效用。

5.3.2.3 蜂产品

气调贮藏技术在蜂产品的保鲜中发挥着至关重要的作用。蜂产品,如蜂蜜和蜂胶,因其丰富的营养成分和药用价值而备受消费者青睐。然而,这些产品在存储过程中极易受到氧化和微生物污染的影响,导致其活性成分降解,营养价值和药用功效下降。传统的储存方法难以完全避免这些问题,影响了蜂产品的品质和保质期。研究表明,通过采用低温气调贮藏技术能够有效延缓蜂产品中活性成分的降解速度,有助于保持蜂产品的营养价值和药用功效,防止微生物的生长和繁殖,确保其纯度和安全性。

5.3.2.4 水果和蔬菜

气调贮藏技术在水果和蔬菜的应用中发挥着重要的作用。苹果、梨、草莓、菠菜和生菜等水果和蔬菜因其富含丰富的营养物质,广受消费者喜爱。然而,这些产品在采摘后仍然进行呼吸作用,容易受到微生物的侵袭和氧化反应的影响,导致品质下降和营养流失。研究表明,采用低温气调贮藏技术能够有效延缓水果和蔬菜品质下降和营养流失,有利于延长保鲜期,保持产品的市场竞争力。

5.3.2.5 中药材和功能性食品

气调贮藏技术在中药材和功能性食品应用中发挥着重要的作用。枸杞、灵芝等中药材和功能性食品因其含有丰富的活性成分和营养物质,具有显著的保健功效,广受消费者青睐。然而,这些产品在贮藏过程中容易受到环境因素的影响,导致活性成分的降解和品质的下降。在低温气调贮藏技术下,通过优化贮藏环境中的气体成分,可以有效地保持这些产品的质量和功效。例如,在低温气调贮藏技术下,防止了中药材和功能性食品中多糖、黄酮类化合物和其他活性成分的氧化,保留其维生素、矿物质和其他营养物质,抑制了霉菌和细菌的生长。研究表明,采用低温气调贮藏技术能够有效延长中药材和功能性食品的保质期,保持其营养和功效,提高其经济效益,并促进其可持续发展。

低温气调贮藏技术在食药同源食品的保藏中具有重要作用,效果显著且多方面。通过控制贮藏环境的温度、氧气和二氧化碳浓度,该技术能够延缓食药同源食品生化反应,有效延长保质期。低温减缓食品代谢和呼吸作用,气体成分的调节抑制微生物生长,使食品能更长时间保持新鲜。其次,该技术有助于保持食品中的营养成分。食药同源食品通常含有丰富的维生素、矿物质和抗氧化成分,低温气调贮藏可减少这些成分的流失,保持营养价值，提高保健功效。此外，低温气调贮藏还能够保持食品的感官品质，减缓氧化过程，保持色、香、味等感官特性，并防止食品干燥和失重，维持口感和外观。更重要的是，该技术提高了食品安全性，抑制微生物生长，减少腐败风险和有害物质生成，有效减少因微生物污染引起的食品安全问题。最后，低温气调贮藏减少了化学防腐剂的使用，为食药同源食品的贮藏提供了一种天然、健康的解决方案，符合现代消费者对无添加剂、天然食品的偏好。

低温气调贮藏技术为食药同源食品的储存和利用提供了一种科学、可靠的解决方案。不论是草药和药用植物、维生素和营养补充剂、水果和蔬菜，还是中药材和功能性食品，气调贮藏技术都能够显著延长其保质期，保持其营养价值和药用功效，确保产品的品质和纯度。这不仅延长了产品的保质期和提高了产品的品质，减少了因产品变质而导致的浪费，促进了资源的高效利用，还为消费者提供更加安全、健康的选择，进一步推动了这些产品在市场上的广泛应用和普及，促进了相关行业的发展和消费者健康生活方式的实现。

5.4 食药同源食品的冻结

5.4.1 食药同源食品的冻结规律

5.4.1.1 食品冻结过程

食品冻结过程按照其物理变化的特点可以将整个冻结过程分为三个阶段，按其出现的先后顺序依次为预冷阶段、相变阶段和过冷阶段。

（1）预冷阶段

在食品冻结过程中，预冷阶段是整个冻结过程的起始阶段，至关重要。它从食品的初始温度开始，逐渐降低到冰点。这一阶段不仅涉及简单的温度降低，还包括食品内部水分状态的复杂变化。随着温度逐渐下降，食品中的水分子热能减少，运动速度减缓。当温度接近冰点时，水分子的运动趋于静止状态。这一阶段，食品中的水分子逐渐排列成有序的状态，为冰晶核的形成做好准备。这一过程需要一定时间，且与食品的成分和初始温度有关。预冷阶段是食品冻结过程中不可或缺的一部分，通过适当的控制和优化，可以有效地影响后续的冻结过程，保证食品的冻结质量和最终品质。

（2）相变阶段

相变阶段是食品冻结过程中至关重要的部分，它主要涉及食品中的水分从液态转变为固态的过程，即结冰。这个过程分为几个关键步骤，每一步都对食品的最终品质有重要影响。

冰晶核形成：当食品温度降低到冰点附近时，水分子开始排列成有序的结构，形成冰晶核。这一过程需要克服液态水分子之间的键能，并在某些特殊的微观环境中进行。冰晶核的形成是一个概率事件，通常在食品内部的某些"成核点"开始，例如微小的杂质或气泡处。形成冰晶核的速率和数量直接影响后续的冰晶生长过程。

潜热释放：在冰晶核形成后，水分子开始迅速向冰晶核聚集，形成更大的冰晶。在这一过程中，水分子从液态转变为固态，释放出潜热。这使得食品的温度暂时停滞在冰点附近，即使继续降温，温度也不会立即下降，因为潜热的释放抵消了降温的效果。这个过程称为"潜热释放阶段"。潜热释放是冻结过程中能量变化的关键阶段，它直接影响冻结速率和冰晶的大小。

冰晶生长：随着更多的水分子聚集到冰晶核上，冰晶开始迅速生长。冰晶的大小和分布对食品的最终质量有重要影响。较大的冰晶会破坏食品的细胞结构，导致解冻后质地变差；而较小的冰晶则能更好地保留食品的质地和营养成分。因此，在相变阶段，控制冰晶生长速率是保证食品品质的关键。快速冻结通常能形成较小的冰晶，减少对细胞结构的破坏。

温度停滞：由于潜热的释放，食品温度在冰点附近会出现一段时间的停滞。这一现象在相变阶段尤为明显。温度停滞的持续时间取决于食品的成分、含水量和冷冻速率。在温度停滞阶段，食品中大部分水分逐渐结冰，释放出的潜热需要通过冷冻设备继续移走。合理的冷冻设备设计和操作能有效缩短温度停滞时间，提高冷冻效率。

（3）过冷阶段

过冷阶段是食品冻结过程中的一个特殊阶段，食品中的水分在低于冰点的温度下仍保持液态。这一现象在冷冻过程中非常重要，因为它影响了冰晶的形成和生长，从而对食品的质量产生显著影响。

过冷现象：过冷现象是指水分在温度低于冰点时仍保持液态的状态。正常情况下，水在0℃结冰，但在过冷状态下，水可以在低于0℃的温度下保持液态。这是因为水分子需要一个成核点才能开始结晶，而在纯净的水中或在均匀的液态中，成核点可能很少或不存在。因此，水分子会在较低温度下继续保持液态。

过冷阶段的影响因素：过冷程度取决于多个因素，包括食品的初始温度、降温速率、食品成分和内部结构。快速降温有助于实现更大的过冷，因为快速降温减少了成核点的形成时间，从而延缓了冰晶的形成。此外，食品中的溶质（如盐、糖）也会影响过冷现象，因为溶质会降低水的冰点，增加过冷的范围。食品内部结构，如细胞壁的强度和完整性，也会影响过冷阶段的行为。

冰晶形成与生长：在过冷阶段，虽然水分子处于低温下，但并没有立即形成冰晶。当温度继续下降或出现扰动（如机械振动或外来微粒），水分子会突然开始结晶，释放大量潜热，温度迅速上升到冰点。这一过程中形成的冰晶通常较小且均匀，有助于保持食品的质地和结构。然而，如果过冷状态持续过久，可能会导致大的冰晶形成，破坏食品的细胞结构，影响质地和口感。

5.4.1.2 冻结条件控制

(1) 冻结速率对食品品质的影响

冻结速率是影响食品品质的重要因素之一。快速冻结能够形成细小且均匀分布的冰晶，这有助于减少细胞破坏，保持食品的质地和营养成分。在快速冻结过程中，水分迅速结冰，形成大量小冰晶。这些小冰晶在细胞内外均匀分布，能够最大限度地减少细胞结构的破坏。

反之，慢速冻结会导致较大的冰晶形成，这些冰晶会在细胞内外生长，破坏细胞膜和细胞壁，使细胞内容物流出，导致食品质地变差。慢速冻结还会增加营养成分和药用成分的流失。例如，在缓慢冻结的过程中，冰晶的生长会将溶解的营养成分排挤到未冻结的液相中，这些营养成分在随后的解冻过程中可能会流失。因此，在冻结食药同源食品时，应尽量采用快速冻结技术，如速冻、液氮冷冻等，以保持食品的营养和药用成分。

(2) 冰晶的大小与分布对食品品质的影响

冰晶的大小和分布对食品的质地和口感有着重要影响。在冻结过程中，冰晶的形成和生长会影响食品的微观结构和机械强度。较小且均匀分布的冰晶能够减少对细胞的机械损伤，保持食品的原有质地和口感。这是因为小冰晶在细胞内外的分布较为均匀，不会产生大的机械应力，从而避免细胞的破裂和变形。

较大的冰晶则会导致细胞破坏，使食品变得松软，口感变差。这是因为大冰晶在生长过程中会挤压和刺破细胞膜，导致细胞内容物外泄，破坏细胞结构。此外，大冰晶在解冻过程中容易融化成大的水滴，这些水滴会在食品中形成明显的水分聚集区，进一步影响食品的质地和口感。

因此，在冻结食药同源食品时，应尽量控制冰晶的大小和分布，避免大冰晶的形成。可以通过调整冻结速率和温度梯度来控制冰晶的大小和分布。例如，采用快速冻结技术能够在短时间内形成大量小冰晶，保持食品的质地和营养成分。

(3) 温度波动对食品品质的影响

在冻结储藏过程中，温度的波动会显著影响食品的品质。温度波动会导致食品经历反复的冻融循环，这会引起冰晶的重新结晶和生长，导致冰晶变大，进一步加剧对细胞的破坏。这一过程被称为"冰晶重结晶现象"，它会导致食品的质地和口感变差，营养成分和药用成分的流失增加。

温度波动还会导致食品表面和内部的温度梯度变化，产生内应力，进一步破坏食品的微观结构。这种内应力会导致细胞的破裂和变形，影响食品的机械强度和质地。此外，温度波动会加速脂肪氧化、维生素降解等化学反应，降低食品的营养价值和药用成分的活性。

因此，在储藏食药同源食品时，应尽量保持储藏环境的温度稳定，避免温度波动。这可以通过使用高质量的冷冻设备和合理的储藏管理来实现。例如，采用具有稳定温控系统的冷冻库，定期监测和调整温度，确保储藏环境的稳定性。此外，合理的包装和密封也可以减少温度波动对食品的影响，延长食品的储藏期，保持其营养和药用成分的活性。

5.4.2 食药同源食品的冻结方法

食药同源食品的冻结方法有多种，每种方法都有其特点和适用范围。以下是几种常见的冷冻方法。

5.4.2.1 静态冻结

静态冻结是一种传统的冷冻方法，将食品放置在冷冻室中，通过低温环境使其逐渐冻结。由于没有强制冷空气流动，食品冻结过程较为缓慢，主要依靠自然对流和传导来降温。将包装好的食品平铺在冷冻室的搁架上，确保食品之间有适当间距，以利于空气流通。将冷冻室温度调至-18℃以下，食品在冷冻室中静置，慢慢降低温度。通常需要数小时至一天不等，具体时间取决于食品的种类、大小和初始温度。

这种冻结方式不需要额外的冷冻设备，利用现有的冰箱或冷冻柜即可完成，成本低廉，不需要额外的能源消耗和设备投资。但由于没有强制冷却，食品降温较慢，容易形成较大的冰晶，可能破坏食品组织。缓慢冻结也可能导致食药同源食品中部分营养成分流失，尤其是对温度敏感的维生素。

5.4.2.2 液氮冷冻

液氮冷冻是利用液氮的极低温（-196℃）对食品进行快速冻结的方法。通过将食品直接浸入液氮或喷淋液氮，使其迅速降温并冻结，极低的温度使水分迅速冻结成小冰晶，避免对细胞结构的破坏。常用到的设备有液氮浸入槽及液氮喷淋装置。液氮冷冻是一种极快速冻结方式，冻结速度极快，形成的冰晶极小，最大限度保持食品质地和风味，也能有效保留食品中的营养成分和活性物质，适用于多种高价值和对质地要求高的食药同源食品。但液氮冷冻设备昂贵，液氮的消耗量大，运行成本高。

5.4.2.3 流化床冷冻

流化床冷冻是利用高速冷空气使食品在冷冻床中悬浮并均匀冻结，通常需要几分钟到十几分钟，具体时间取决于食品的种类、大小和初始温度。食品颗粒在冷空气的作用下形成类似于流体的状态，快速降温并冻结。此方法能确保食品表面和内部均匀冷冻，减少结块现象，需要用到流化床冷冻机和冷风机装置。

这种冻结方式能保证食品在悬浮状态下均匀受冻，形成小冰晶，保留食品质地和风味。同时食品颗粒独立冻结，不易结块，方便后续处理和包装，且适用于多种小颗粒食品。但设备成本高，能耗较大，需要维持高速冷空气流动，适用性有限，不适合大块或黏性食品。

5.4.2.4 高压冷冻

高压冷冻是一种先进的冷冻技术，通过施加高压使水的冰点降低，然后快速减压使食品在低温下迅速冻结。由于水在高压下的冰点降低到远低于0℃，在快速减压过程中，水分会迅速转变成细小的冰晶，从而保持食品的质地和营养成分。利用高压冻结食药同源食品时，首先新鲜、干净的食品要根据需要进行预处理，如清洗、切割等。再将食品进行预冷，通常降至-5℃到0℃。之后将预冷后的食品放入高压冷冻设备中，加压至200～400MPa，使水的冰点降低，并在高压环境下维持数分钟，使食品内部温度均匀降至-20℃以下。之后通过快速降低压力，使水分迅速转变为冰晶，完成冻结过程。这种冷冻方式能实现高质量冻结，形成的冰晶极小，最大限度保持食品的质地和风味，内部和表面均匀降温，也避免了局部过度冻结或不足，有效保留了食品中的营养物质和活性成分。但存在设备成本高、技术复杂、能耗较大的缺点。

冻结是一个复杂的过程，尤其对于食药同源食品来说，它涉及热量传递和一系列物理和化学变化，这些变化可能会深刻影响产品质量。考虑到在解冻时更大程度上的节能和质量保存，近年来开发了几种新的冷冻方法。其中电冷冻技术，尤其是电场辅助冷冻技术正在蓬勃发展，它提供更少的能量，密集的冷冻条件，包括较高的环境温度设定点，较低的空气速度，并允许更好的质量保留。电场辅助冷冻是利用电场对食品进行冷冻，通过电场的作用促进冰晶的形成和生长，电场影响了水分子和溶质分子的排列方式，使冰晶更均匀细小，减少对细胞结构的破坏。电场作用下冰晶更细小，保持了食品的质地和营养成分，电场促进冰晶形成，也加速了冻结过程，减少细胞损伤。

以上这些冷冻方法各有优缺点，应根据具体食药同源食品的特点和保存需求选择合适的方法，比如大蒜适合液氮冷冻和超低温冷冻，以保持其抗菌和抗氧化成分。姜片常采用平板冷冻和气流冷冻，以保持其香气和活性成分。枸杞可以使用流化床冷冻和真空冷冻干燥，以保持其营养价值和药效。

5.4.3 冻结对食药同源食品品质的影响及控制措施

食药同源食品是指既具有药用价值又能作为食品食用的植物或动物制品。这类食品不仅提供营养，还具备保健和治疗功能，因此备受关注。然而，传统的保存方法，如冷藏和干燥，可能不能很好地保持其营养和药用成分。冻结作为一种有效的保存方法，能显著延长食品的保质期，但也会对食品的品质产生多方面的影响。本小节将详细探讨冻结对食药同源食品品质的影响，并提出相应的控制措施。

5.4.3.1 冻结对食药同源食品品质的影响

（1）营养成分的影响

维生素：食药同源食品中常含有丰富的维生素，如维生素C和B族维生素。这些水溶性维生素在冻结和解冻过程中容易流失。研究表明，在冷冻贮存期间，菠菜中的维生素C含量显著下降。这是因为冻结过程中冰晶形成会破坏细胞膜，导致维生素溶出。

矿物质：矿物质在冻结过程中相对稳定，但在解冻过程中可能会随着解冻液的流失而部分丧失。例如，冷冻和解冻后，某些蔬菜中的钾、钙等矿物质含量可能会降低。

蛋白质：蛋白质在冻结过程中通常保持稳定，但其结构可能发生变化，影响其功能和消化率。比如，冷冻处理可能导致蛋白质变性，降低其营养价值。

（2）感官特性的影响

质地：冻结会导致食品内部水分形成冰晶，破坏细胞结构，解冻后可能使食品质地变软。例如，冷冻后的水果如草莓，解冻后常会变得柔软而无弹性。

风味：冻结和解冻过程会影响食品的风味。某些挥发性风味成分在低温下可能挥发或分解，导致食品风味减弱。研究发现，冷冻贮存的香菇在解冻后其特有的香气明显减少。

色泽：冷冻过程可能导致某些食品的颜色变化。例如，绿叶蔬菜在冷冻后可能出现颜色变暗或变黄的现象。这是由于低温条件下，叶绿素容易被破坏。

（3）物理性质的影响

冰晶形成：冰晶的大小是影响冷冻食品品质的重要因素。快速冻结可以形成较小的冰晶，减少对细胞结构的破坏；而慢速冻结则会形成较大的冰晶，对细胞造成较大损伤。

解冻滴水：解冻过程中，冰晶融化形成的水分可能导致营养成分和风味物质的流失。例如，冷冻后的肉类在解冻时会有较多的汁液流失，这不仅导致营养成分的损失，还影响其口感。

（4）生物活性成分的影响

抗氧化物质：食药同源食品中富含抗氧化物质，如多酚类和黄酮类化合物。这些物质在冻结过程中可能部分降解。例如，冷冻处理后，枸杞中的多酚含量显著降低，导致其抗氧化能力减弱。

功能性成分：某些功能性成分，如多糖和皂苷，在冻结过程中可能发生降解或结构变化，影响其功能性和生物利用度。比如，冷冻后的灵芝多糖含量可能会降低，影响其免疫调节功能。

5.4.3.2 冻结对食药同源食品品质影响的控制措施

为了减小冻结对食药同源食品品质的负面影响，可以采取多种控制措施，包括快速冻结技术、适当包装、优化解冻方式、预处理技术和结合其他保存方法等。

（1）快速冻结技术

快速冻结能够在较短时间内将食品温度降至冰点以下，形成较小的冰晶，减少对细胞结构的损害。例如，在快速冻结菠菜的过程中，冰晶较小，对细胞壁破坏较少，解冻后能够较好地保持其质地和颜色。快速冻结能显著降低解冻过程中的汁液流失，保持食品的营养和感官品质。

（2）适当包装

防潮包装：使用具有良好防潮性能的包装材料，可以减少冻结和储存过程中的水分流失。例如，真空包装和气调包装能有效防止水分蒸发，保持食品的质量。

密封性能：良好的密封性能可以减少氧气的渗入，防止氧化反应。例如，采用铝箔袋包装灵芝粉末，可以延长其保存期限，保持其有效成分的稳定性。

包装材料选择：选择适当的包装材料，能够在冻结和解冻过程中保护食品。例如，聚乙烯薄膜具有良好的机械强度和防潮性能，适用于冷冻食品的包装。

（3）优化解冻方式

缓慢解冻：缓慢解冻可以减少汁液流失，保持食品的质地和营养。例如，将冷冻的鱼类在4℃的冷藏环境中缓慢解冻，可以减少汁液流失，保持鱼肉的鲜嫩口感。

低温解冻：低温解冻能够减缓解冻过程中的化学反应，减少营养成分和风味物质的损失。例如，在0~4℃的低温环境中解冻冷冻果蔬，可以较好地保持其颜色和口感。

微波解冻：微波解冻速度快，但需要注意控制时间和功率，以避免局部过热。对于冷冻肉类，采用微波解冻可以缩短解冻时间，减少微生物污染的风险。

（4）预处理技术

焯水处理：在冻结前对蔬菜进行焯水处理，可以钝化酶活性，减少营养成分的损失。例如，对菠菜进行焯水处理后再冻结，可以减少维生素C的损失。

抗氧化剂添加：添加抗氧化剂（如抗坏血酸）可以减少氧化反应，保护食品中的营养成分和风味物质。例如，添加抗坏血酸的草莓在冻结和解冻后能保持较好的颜色和风味。

脱水处理：部分脱水可以减少冻结过程中冰晶的形成，保护细胞结构。例如，对中药材枸杞进行适当的脱水处理后再冻结，可以减少冰晶对细胞的破坏，保持其质地和有效成分。

（5）结合其他保存方法

真空包装：结合真空包装技术，能够有效减少氧气和水分的影响，延长冷冻食品的保质期。例如，真空包装的中药材在冷冻储存过程中能保持较高的有效成分含量。

辐照处理：辐照处理可以杀灭微生物，延长食品的保存期。例如，辐照处理后的灵芝在冷冻储存过程中能够保持较高的抗氧化活性。

气调包装：通过调节包装内的气体成分，可以减少氧化反应，延长食品的保质期。例如，气调包装的果蔬在冷冻储存过程中能保持较好的颜色和风味。

冻结是食药同源食品保存的重要方法，但其对食品品质有多方面的影响。通过采取快速冻结、适当包装、优化解冻方式、预处理技术和结合其他保存方法等措施，可以有效控制冻结对食品营养、感官和物理性质的影响,保持其生物活性成分,提高食品的保存质量和食用价值。未来研究应进一步优化这些控制措施,开发更有效的冻结保存技术,确保食药同源食品的高品质和高效利用。

5.5 食药同源冻制品的包装和贮藏

5.5.1 食药同源冻制品的包装

食药同源冻制品作为一种结合了中医药传统与现代食品技术的创新产品,近年来在市场上逐渐崭露头角。这类产品不仅具备丰富的营养价值,还具有一定的保健和治疗作用。然而,要将食药同源冻制品的优势充分发挥出来,其包装设计和技术尤为关键。本节将探讨食药同源冻制品的包装材料、设计和技术,并展望其未来发展方向。

5.5.1.1 食药同源冻制品的特点

(1) 营养保留

食药同源冻制品采用快速冷冻技术,使食材在短时间内迅速降温至-18℃或更低温度。这种快速冷冻形成的细小冰晶对细胞结构破坏较小,从而有效地保留了食材的营养成分,包括维生素、矿物质和活性物质。例如,冷冻后的枸杞和山药等药材,其维生素C和多酚类物质的含量可以得到较好保存。此外,在低温环境下,食材中的酶和微生物活性受到抑制,从而减少了营养成分的降解和损失。这对于富含生物活性物质的食药同源食材尤为重要,如红枣中的抗氧化成分和多糖类物质。

(2) 保健功能

食药同源冻制品选用的原料多为具有食药同源性的植物,这些植物不仅营养丰富,还具有一定的保健和治疗作用。例如,枸杞具有滋补肝肾、明目、抗疲劳等功效,山药有健脾益胃、补肺固肾的作用,红枣补中益气、养血安神,这些原料在低温冷冻过程中,活性成分得以较好保存,从而保持其保健功能。食药同源冻制品不仅提供日常饮食所需的营养,还具有调理身体、预防疾病的功能。消费者在享用美食的同时,也能够获得健康方面的益处。这种复合功能使食药同源冻制品在健康食品市场上具有独特的竞争力。

5.5.1.2 包装材料

(1) 包装材料的选择原则

食药同源冻制品的包装材料选择需遵循以下原则:

安全性:材料本身无毒、无害,不会与食品发生化学反应。

阻隔性:良好的阻隔性能,防止水分、氧气、光线等外界因素影响食品质量。

机械性能:具备一定的强度和韧性,能在运输和储存过程中保护食品。

环保性：符合环保要求，可降解或可回收利用。

（2）常见包装材料

塑料包装材料：塑料包装材料因其优良的性能和低成本，广泛应用于食品包装领域。常见的塑料包装材料有：聚乙烯（PE），柔韧性好，耐低温，适用于冷冻食品包装；聚丙烯（PP），耐热性和耐油性较好，可用于高温蒸煮后的冷冻食品；聚对苯二甲酸乙二醇酯（PET），透明性好，阻隔性较强，常用于透明包装。

复合包装材料：复合包装材料由多种材料复合而成，综合了各材料的优点。主要包括：铝塑复合膜，具有良好的阻隔性和机械性能，广泛用于高要求的食品包装；纸塑复合材料，纸张和塑料复合而成，既有纸张的环保特性，又具备塑料的防潮性能。

可降解包装材料：随着环保意识的增强，可降解包装材料逐渐受到重视，如聚乳酸（PLA）、可降解聚乙烯等。这些材料在使用后可自然降解，减少环境污染。

5.5.1.3 包装设计

（1）包装设计的基本要求

食药同源冻制品的包装设计需满足以下基本要求：

功能性：保护食品，延长保质期，便于运输和存储。

便利性：易于开启、携带和使用。

信息性：包装上需标明产品信息、使用方法、保存条件等。

美观性：吸引消费者，提高产品附加值。

（2）包装设计的关键因素

视觉设计：视觉设计是包装设计的重要组成部分，通过色彩、图案、字体等元素的组合，吸引消费者的注意力。食药同源冻制品的视觉设计可强调其天然、健康的特点，使用绿色、蓝色等自然色调，结合中药材的图案，增强产品的文化内涵。

结构设计：结构设计决定了包装的功能性和便利性。食药同源冻制品的包装结构应考虑几个因素：密封性，保证包装的密封性能，防止外界污染；便捷性，设计易于开启和密封的包装结构，如自封袋、拉链袋等；稳定性，结构设计需确保包装在冷冻和运输过程中不易破损。

环保设计：环保设计是现代包装设计的重要趋势。食药同源冻制品的包装可采用几个环保设计理念：减量化设计，减少包装材料的使用量，降低资源消耗；可回收设计，使用可回收利用的材料，设计便于拆解和回收的包装结构；可降解设计，选用可降解材料，减少环境污染。

5.5.1.4 食药同源冻制品包装的未来发展方向

（1）环保包装

随着环保意识的提高，未来食药同源冻制品的包装将更加注重环保。可降解材料和可回收材料将成为包装材料的主流，同时，减量化设计和环保印刷技术也将得到广泛应用。

（2）智能包装

智能包装技术将继续发展，为食药同源冻制品提供更多的增值服务。通过智能传感器和物联网技术，未来的包装将能够实时监控食品的质量，提供更多的产品信息，提高消费者的满意度。

（3）个性化包装

随着消费者个性化需求的增加，食药同源冻制品的包装将更加注重个性化设计。定制化包装、限量版包装等将成为吸引消费者的重要手段，同时，个性化包装也有助于提升品牌形象和市场竞争力。

（4）文化包装

食药同源冻制品作为传统中医药文化的现代体现，其包装将更多地融入中国传统文化元素。通过文化包装，产品不仅具有实用价值，还具有文化传承和传播的功能，提升产品的附加值和市场认可度。

食药同源冻制品作为一种具有营养和保健双重功能的现代食品，其包装设计和技术在产品质量和市场竞争力中发挥着重要作用。通过合理选择包装材料，优化包装设计，应用先进的包装技术，食药同源冻制品的包装能够有效延长产品的保质期，提升产品的附加值，满足消费者的多样化需求。未来，随着环保、智能和个性化包装技术的发展，食药同源冻制品的包装将不断创新，为消费者提供更加优质、安全和便捷的产品。

5.5.2 食药同源冻制品的贮藏

5.5.2.1 食药同源冻制品的贮藏环境要求

作为一种具有食药一体性的特殊产品，食药同源冻制品对贮藏环境有着极高的要求。一个良好的贮藏环境，不仅可以确保产品的品质与安全，而且可以有效地延长其保质期。

（1）温度控制

食药同源产品中的活性物质往往对温度极为敏感，过高或过低的温度都有可能引起其性质的改变。通常情况下，食药同源冻制品需要在低温环境下贮藏。在贮藏过程中，要求温度控制在$-18℃$以下，这一低温环境能有效抑制微生物的生长，且食品中的水分不会形成冰晶，保证产品的品质和安全。对于部分特殊产品，因其口味和质感的特殊性，可适当降低贮藏温度，一般在$-23℃$至$-25℃$之间。此外，贮藏区域应配备精准的温控装置，以长期保证温度的波动范围在最低限度内，保持其所需的恒温条件，避免产品因温度变动而引起的品质下降或安全隐患。

(2) 湿度管理标准

水分是影响冻制品食品质量的重要因素。为确保产品质量的稳定性，必须制定合理的湿度控制标准。贮藏区域的湿度应控制在合理范围内，一般要求冻制品的贮藏环境相对湿度保持在50%~70%之间，以保持产品的湿润度和口感。湿度过高可能导致产品吸湿变质或表面结霜，从而影响产品的质量及外观口感；湿度过低则可能使产品干燥，导致营养流失和质地变化。为了实现湿度控制，需要配备专业的湿度控制设备，如加湿器和除湿机等。这些设备可根据环境湿度进行自动调节，保证湿度处于一个合理的水平。

(3) 空气质量保障

食药同源冻制品的空气品质对保证产品品质与安全具有重要意义。贮藏环境必须遵循严格的空气质量标准。其中包括空气中的微生物含量、尘埃颗粒、有害气体等指标，均应符合国家相关法规和标准要求。冻制品生产储存场所应保持良好的通风及换气条件，确保空气流通、无异味，减少空气中的污染物积聚，避免食品因缺氧而发生变质，以确保产品能够在稳定的环境中贮藏。同时，应定期对贮藏环境内的空气进行质量检测，以避免有害气体的产生或微生物的滋生，从而确保产品的卫生安全。为此，必须从多方面入手，采取综合性的措施。此外，净化与消毒措施也是关键。采用高效的空气净化设备和消毒技术，能够进一步降低空气中的微生物含量，提高空气质量。

(4) 光照与避光措施

光照也是影响食药同源冻制品稳定性的重要因素之一。不当的光照不仅会导致冻制品表面氧化变色，还可能引发光化学反应，降低营养价值甚至产生有害物质，影响产品的外观和品质。因此，食药同源冻制品应存放于干燥、阴凉的专用仓库中，在避光措施实施方面，可采用遮光窗帘、遮阳板等物理屏障，避免阳光直射和高温环境，确保食药同源冻制品不受光照直射。同时，需要考虑在仓库内设置合适的照明设备，前提是确保光照强度不会对产品造成影响。其次，包装材料的筛选同样关键。应选择遮光性能好的包装材料，如铝箔袋、黑色塑料膜等，以有效降低光照对产品的影响。同时，包装应严密、无破损，防止光线穿透。

综上所述，食药同源冻制品的贮藏环境要求严格而细致，涉及温度控制、湿度管理、空气质量保障、光照与避光措施、清洁卫生标准、设施设备要求以及定期检查与维护等多个方面。只有在符合这些要求的贮藏环境下，才能确保食药同源冻制品的品质与安全，保障消费者的健康权益。

5.5.2.2 贮藏仓库的管理与安全监控

(1) 仓库设施与条件

仓库内部应划分不同的功能区，如收货区、存储区、发货区等，以确保食品在贮藏过程中的有序管理。贮藏区域应配备完善的设施设备，包括冷冻设备、温控设备、通风设备等，实时监控并记录设备的数据，同时，这些设备应定期进行检查和维护，确保其正常运行和有效使用。其次，建立有效的监测与评估体系至关重要。如通过定期的空气质量检测和评估，可以及时发现并处理潜在问题，确保空气质量持续达标。另外，仓库还应配备防火、防盗等安全设施，确保食品贮藏的安全性。

贮藏区域的清洁卫生是保障产品安全的重要一环。冻制品的贮藏场所应保持干净整洁，无垃圾、无杂物。从源头上降低粉尘、异味及其他污染物的产生，是保证贮藏环境安全可靠的基础。此外，需定期对场地进行清洁，去除积尘和杂物。必要时进行彻底消毒，以防止微生物的滋生和食品的腐败，选用食品级消毒剂，并确保消毒剂残留符合安全标准。存储场所的工作人员应接受卫生培训，了解并遵守清洁卫生标准。在操作过程中，应佩戴清洁的工作服、手套等，避免交叉污染。同时，应注意个人卫生，保持手部清洁，避免直接接触产品。在运输过程中，应采取必要的卫生措施，如使用清洁的运输工具、避免与其他污染源接触等。运输人员应遵守卫生规范，确保运输过程中的清洁卫生。

（2）贮藏期管理与检测

贮藏期的管理与检测是确保食药同源冻制品质量与安全的关键环节。首先，应建立严格的入库检验制度，对入库的食品进行质量检验和安全检测，确保符合贮藏要求。同时，要建立完善的出库检验制度，确保出库的食品符合质量要求。其次，应定期对贮藏的食品进行抽样检测，监测其理化指标和微生物指标的变化情况，及时发现并处理潜在的安全隐患。在贮藏期间，还应加强库存管理，实施先进先出原则，避免食品因长时间贮藏而发生质量变化。

（3）质量与安全监控

为了确保食药同源冻制品的质量与安全，应建立全面的质量与安全监控体系。这包括设立专门的质量管理机构，制定严格的质量管理标准和操作规程，实施定期的质量检查和安全评估等。最后，建立食品质量监控与追溯体系，对食品的原料来源、生产过程、贮藏条件等进行全程追溯，有助于实现对食品质量问题的及时发现、处理和追溯。这包括对产品质量数据的记录、分析以及问题产品的召回等措施。应急处理预案的制定也至关重要。在面对突发事件或意外情况时，应建立有效的应急处理措施，包括制定应急预案，明确应急处理流程和责任人，并立即启动应急响应机制，采取相应措施，对受影响的食品进行封存、召回等处理措施，防止问题食品流入市场造成危害。在贮藏食药同源冻制品时，必须严格遵守相关的法规和标准。这包括食品安全法、产品质量法等相关法律法规以及行业标准和国家标准等。同时还应关注国内外相关法规和标准的动态变化，及时更新和完善自身的贮藏管理制度和操作规范。

5.5.2.3 食药同源冻制品贮藏技术的发展趋势

随着科技的发展与创新，食药同源冻制品的贮藏技术也得到了长足的发展。未来贮藏技术的发展趋势主要包括以下几个方面：一是智能化技术的应用，如物联网、大数据等技术的应用可以实现贮藏环境的实时监控，并对其进行数据分析，从而为科学决策提供支持；二是新型保鲜技术的研发，如气调贮藏、辐照保鲜等技术的研究和应用可以延长食品的保质期和提高食品的安全性；三是绿色环保理念的应用，在贮藏过程中应注重节能减排和环保意识的提升，推动贮藏技术的绿色可持续发展。

总之，食药同源冻制品的贮藏是一个复杂而重要的过程，需要综合考虑多个方面的因素。通过不断优化贮藏技术和管理措施，可以提高食品的质量和安全性，满足消费者的需求，推动我国食药同源行业的健康发展。

5.5.3 冻藏过程中食药同源食品质量的变化

食药同源食品成分复杂，包括多糖类、黄酮类、皂苷类、萜类、生物碱等活性成分，具有广泛药理作用。同时，食药同源食品容易受到微生物的污染。为确保食药同源食品质量，多采用低温储藏的方法对食药同源食品进行保藏。

冻藏是低温贮藏方法的一种，是指将食药同源食品温度降至冰点以下，使其在冻结状态下保藏的一种方式，能够保持速冻产品良好的性能和品质，可在较长时间内保持其良好的理化品质，可用于高度易腐和季节性食品贮藏。食品在冻藏过程中的质量变化，一般在-12℃可抑制微生物活动，但化学变化没有停止，甚至在-18℃下仍有缓慢的化学变化。

5.5.3.1 冻藏过程中食药同源食品质量变化的影响因素

（1）温度

温度与食药同源食品的稳定性有直接关联，走油、泛油、变质、挥发、霉变、虫蛀等现象的发生都与食药同源食品储藏温度有关。食药同源食品在储藏过程中，温度波动导致冻融循环，促使冰晶长大，细胞壁受到机械损伤，细胞持水力下降，其他物化性质也相应发生变化，最终导致食药同源冻制品质量的变化、干耗甚至冻结烧。

一般情况下，食药同源食品中的成分在15～20℃下相对比较稳定，温度升高容易引起中药材水分蒸发，并且会加快水解、氧化等反应，引起变质。当温度升高至30℃以后，会达到微生物嗜温点，微生物繁殖活动频繁，容易引起中药材霉烂。温度低于0℃时，冻藏室温度的波动会导致水分结成冰，体积膨胀，形成冰晶。冻结速度快时，冰晶小且分布均匀。但冻藏中温度波动会使冰晶长大，影响食品质量，因此应尽量保证食药同源食品恒温冻藏。

（2）湿度

随着天气、季节等的变化，湿度会发生改变，进而对食药同源食品的含水量带来影响。食药同源食品中含有很多亲水大分子，如蛋白质、多酚、糖类等，而食药同源食品中的水分含量如果超过了15%，很容易引起霉变、虫蛀等情况，丧失了食药同源食品的药用价值。在食药同源食品储藏中，如果空气中的相对湿度超过75%，食药同源食品就会主动吸收空气中的水分；如果空气中的相对湿度小于60%，则容易引起中药材含水量缩减，造成食药同源食品失水过多出现干裂情况。

(3) 空气

空气中含有诸多成分，其中最为活跃的是氧气及臭氧，而这两种物质也是引起食药同源食品氧化变质的关键因素。如存储大黄、黄精等中药材时，其所含的油脂、糖分会与空气中的氧气接触，出现变质。对于臭氧，其属于一种强氧化剂，能氧化中药材中的有效物质，引起中药材油脂酸败、变色，削弱其治疗效果。空气还会为部分中药材害虫、微生物提供相应的生存环境，从而引起食药同源食品霉变、虫蛀等情况。

5.5.3.2 冻藏过程中食药同源食品质量变化

(1) 食药同源食品干耗

食药同源食品干耗是指冻结食品在冻藏过程中，因温度变化造成水蒸气压差，导致冰结晶的升华作用，从而引起食品表面出现干燥和质量减少的现象。这一过程不仅会导致食品重量的减少和经济损失，还可能引起食品品质的下降，如出现凋萎现象。食药同源食品干耗产生原因主要有温度和湿度、食品本身特性、管理措施等因素。主要防范措施有：提高空气的水分蒸气压，减少食品与空气的温差；减少冷却时间，避免过快的温度变化；控制空气的流动速度和方向，减少不必要的空气交换。

(2) 脂肪氧化

食药同源食品在冻藏过程中会发生脂肪氧化，主要涉及食品中的脂肪与氧气接触后发生的氧化反应。脂肪氧化会导致食品的感官品质下降，如产生异味、色泽变化等，同时也可能影响食品的营养价值。食药同源食品中的未冻结水分是导致其氧化的主要因素，冻结过程中细胞受到机械破损，增加了与氧气的接触面积，最终导致其脂类氧化。

脂肪氧化的防范措施：减少库外导入热量，增大堆垛密度和冷库装载量，降低冷藏和冻藏温度，使冷库温度低且稳定。使用良好的包装，如气密性包装或真空包装，提高冷库的相对湿度及修建夹套式冷库等。避免和减少与氧接触的措施，如镀冰衣、包装等。冻藏温度要低且稳定，试验证明在-25℃也不能完全防止脂肪氧化，只有在-35℃以下才能有效防止。防止冻藏间漏氨，加速油烧。使用抗氧化剂或与防腐剂并用。

(3) 蛋白质水解

食药同源食品中的蛋白酶能够引起食品的风味和质构的变化，这些蛋白酶能够对蛋白质产生作用，使蛋白质分解形成肽类或短链氨基酸系列，影响食品的硬度或质构。结合水脱离变性：在冻藏初期，组织内的自由水优先冻结为冰，而结合水与鱼肉组织蛋白保持原有结合状态。随着冻结的深入，除了自由水冻结为冰外，结合水也发生冻结，与鱼肉蛋白质脱离，导致蛋白质的疏水键及二硫键等化学键形成并聚集，最终蛋白质发生不可逆变性。

蛋白质水解的防范措施：蛋白质水解的防范措施包括使用抗冻剂，如糖、糖醇类及糖类降解物等。这些抗冻剂能够通过其特定的化学性质和物理性质，在冻藏过程中保护食品蛋白质免受上述变性的影响。抗冻剂通过维持蛋白质的三维结构、减少冰晶的形成、降低冰晶对蛋白质的机械损伤等方式，从而减缓或阻止蛋白质的冷冻变性过程。

（4）糖酵解作用

食药同源食品在完成采收后，糖原分解仍在进行，而氧气含量的变化直接影响反应的最终产物，从而引起组织结构的破坏和软化。糖酵解的速度随冷藏温度的降低而降低，与原料后熟相关的物理变化也变慢。

5.5.3.3 冻藏过程中食药同源食品质量变化的品质评价

食药同源食品在冻藏过程的品质评价指标包括感官评价、理化评价和微生物评价。微生物评价是判断货架期的重要依据。理化评价指标包括质构特征、色差等，是价格判断的重要依据。感官评价包括色泽、弹性、硬度等指标，是产品特征品质判断的重要依据。

冷冻贮藏可以显著延长食药同源食品的货架期，但如果食药同源食品储藏不当，很容易出现变质的情况，轻则会削弱食药同源食品的临床治疗效果，重则会产生十分严重的毒副作用。所以在实践中，食药同源食品质量变化的研究具有广阔前景。

5.5.4 食药同源冻制品的解冻

食药同源冻制品的解冻是其冻结的逆过程，是指将冻制品中的冰融化成液体的过程，并尽可能地回到冻结前的状态，使解冻达到最大可逆性。食药同源冻制品的最终品质取决于解冻方式，由许多因素决定，包括相对空气湿度、解冻时间和解冻方式。解冻不当可能会导致品质严重下降，主要由解冻过程中形成的细胞冰晶、脂质氧化、蛋白质氧化和微生物生长引起的。在某些情况下，冻制品中存在的氧化剂能够产生许多活性氧，主要由自由基引起脂质氧化和蛋白质氧化。食药同源冻制品中的蛋白质氧化通常是将非共价和共价分子间形成蛋白质聚集体。蛋白质氧化可能导致感官品质下降，如风味恶化、嫩度和多汁性降低以及色泽变化。最佳的解冻是减少解冻时间，同时减少营养损失和微生物生长。然而，冻制品往往不可能完全恢复到冷冻前的状态，解冻过程会给冷冻食品带来物理和化学变化。因此，选择较佳的解冻方式，降低解冻过程对产品质量的影响。目前的解冻方式主要有传统解冻技术和新兴解冻技术。

传统的解冻技术，包括空气解冻、浸水解冻和冷藏解冻等，解冻速率随表面传热系数和环境温度而变化。传统解冻方法在食品解冻中具有适用性广、操作简单、成本低等优势，但也存在解冻速度慢、解冻均匀性差以及可能影响食药同源冻制品的质量和安全等局限性。传统解冻技术中，解冻产品表面经常出现超过4℃，这可能导致微生物生长和部分营养的损失。最好在中等温度下快速解冻,以防止温度显著升高和严重脱水,以确保食药同源产品的质量。为避免传统解冻技术在应用时存在的问题,近年来出现了高压和物理场等新兴解冻技术,物理场解冻基本原理是通过引入微波、超声波、电磁波等外部物理手段来改变冻制品内部的温度和水分迁徙,从而有效促进解冻进程。物理场辅助解冻技术可加速解冻过程,提高解冻速率,减少解冻对食品品质的影响。此外,物理场的参与还能影响食品内部的导热。物理场解冻属于新兴快速解冻技术,主要包括微波、超声、高压、射频、磁场和电场等。

5.5.4.1 空气解冻

空气解冻又称自然解冻,是一种最简单的解冻方法。不需要专用设备和复杂的操作,也不需要高成本投入,把食药同源冻制品放在架子上、地面或台面上进行自然解冻的方法。空气解冻的条件是空气温度高于冻品,从而把热量传递给冻品,使其解冻。从空气温度的高低可分为冷空气解冻和常温空气解冻。然而,由于空气传热性能差,存在解冻效率低、解冻时间长、温度不均匀,经常存在冻制品表面温度已经升至常温,而内部仍处于冻结状态。空气解冻后产品容易引起微生物的生长和繁殖的问题。此外,在解冻过程中容易降低食品品质,造成汁液流失,对食药同源冻制品的品质造成了较大的影响。

5.5.4.2 浸水解冻

浸水解冻,又称浸泡解冻,是一种将冻制品泡在水里进行换热,从而达到解冻目的。与空气解冻相比,由于水的换热性能较好,解冻时间相对较短。此种方法设备简单、操作方便、费用低廉。存在的问题是,食物内外升温速度不一样,外面解冻速度快于里面,而且营养流失和微生物增殖的速度也较快。浸水解冻应选冷水,适用于一些带有外包装的食药同源冻制品,且解冻过程应常换水。

5.5.4.3 冷藏解冻

冷藏解冻是将冻制品置于低温环境下(一般 4℃),一种相对卫生的解冻方法,不易滋生微生物,食物营养保留较好,操作简便,在食品工业中应用广泛,但耗时较长。

5.5.4.4 微波解冻

微波解冻是指利用微波穿透食药同源冻制品深处,使食物中的极性分子以极高的速度旋转,利用分子之间的相互振动、摩擦、碰撞等原理来产生大量的热能,使冻结的食物由内而外同时发热,达到解冻。这种解冻方式耗时少,解冻效率高,而且对于食药同源冻制品而言,成分损失较少。但由于水和冰对微波能量的吸收率不同,会造成解冻不均匀,边缘区域过热严重,而中心解冻较慢。尤其在解冻大尺寸的冷冻食品时效果更不佳,这是由于微波解冻常用频率为 915MHz 和 2450MHz,其穿透深度有限所引起的加热不均匀造成的。

5.5.4.5 高压解冻

高压解冻是通过降低自由水的相变温度,加快热量传递的快速解冻技术。在210MPa的高压下,水的相变温度降至-21℃,样品和热源之间的温度差增大,热量传递速率加快,食药同源冻制品可以在低温和高压下,加速完成解冻过程。高压解冻方式不仅能降低能耗,而且还节约时间,对食药同源冻制品的质量有良好的保证,对大多数冻制品都适用,但用于解冻大且厚的食品时中心升温缓慢。

5.5.4.6 超声解冻

超声是指可以穿过液体、固体和气体环境的声波,并且高于人耳可以听到的频率。近年来,超声技术因其不损坏产品、易于应用、环保、提高食品质量和安全性等特点,在食品工业中具有很大的应用潜力。超声波解冻的原理是通过超声波产生的热量解冻冻制品,相对于未冻结部分的能量衰减,超声产生的能量在内部冻结处的程度更高,超声波产生的热量更多地作用于冷冻食品内部,主要影响冷冻和解冻的分界层,从而不断推进冻结区与解冻区界面向着冻结区移动。超声波解冻运用的主要是热效应,超声波作用时间越长,产生的热效应越强。

5.5.4.7 远红外解冻

远红外解冻是指将能量直接投射到物料表面,经物料表面吸收后,再以热传导的方式传递至物料中心,进而达到解冻的目的。与传统解冻相比,能量吸收率高,但解冻时间过长会造成解冻不均匀、表面温度过高、食药同源冻制品失水和熟化等现象。此外,其能量穿透力较微波解冻差,因此适合与其它解冻技术联用,以达到快速解冻的目的。

传统解冻技术和新兴解冻技术都有着自身的优缺点,选择合适的解冻技术不仅可以提升食药同源产品的质量,而且可以应用到食药同源产品的加工工艺当中。不同的解冻技术和装置虽各有优点,但都无法做到适用于所有种类食药同源产品的解冻过程。以传统的冷冻解冻技术为基础,再与各种新兴技术有效结合,可以发展出许多行之有效的新解冻方式。

思考题

1. 低温保藏技术如何影响食药同源食品中的酶促反应?
2. 低温保藏是如何通过影响微生物活动来延长食药同源食品的保质期?
3. 冰晶生成如何影响食药同源食品的结构和营养成分?
4. 如何通过低温保藏延缓食药同源食品中抗氧化物质的降解?

参考文献

[1] CHEN R, LIU X, HUANG J. Inhibition of lipid oxidation in food systems at low temperature [J]. Food Chemistry, 2018, 239: 230-236.

[2] ZHAO S, LI Y. Low-temperature storage of traditional Chinese medicinal herbs: Mechanisms and applications [J]. Journal of Agricultural and Food Chemistry, 2020, 68 (14): 3867-3875.

[3] 林帆, 王利强. 采后绿色蔬菜保鲜护绿技术研究进展 [J]. 中国食品学报, 2023, 23 (3): 416-427.

[4] 禄璐, 李晓莺, 何军, 等. 气调包装对枸杞鲜果品质的影响 [J]. 食品工业, 2021, 42 (7): 168-172.

[5] 李福后, 王伟霞, 孙强, 等. 食用菌保鲜技术的研究进展 [J]. 食品研究与开发, 2018, 39 (15): 205-210.

[6] 王晓东, 赵薇, 王梦雅, 等. 1-甲基环丙烯协同壳聚糖处理对板栗贮藏期品质的影响 [J]. 食品研究与开发, 2023, 44 (10): 70-76.

[7] 刘贵阁, 钟耀广, 陈冰, 等. 多糖基天然可食性膜在食品保鲜中的应用 [J]. 保鲜与加工, 2023 (5): 67-74.

[8] 郭树欣, 梁惜雯, 姜爱丽, 等. 高原夏菜贮运保鲜技术研究进展 [J]. 食品安全质量检测学报, 2023, 14 (18): 10-16.

[9] 罗政, 傅红光, 戴凡炜, 等. 自发气调包装对鲜食竹笋采后贮藏品质和木质化的影响 [J]. 广东农业科学, 2024, 51 (2): 152-162.

[10] 王贵强. 基于食品冻结过程的冷库节能优化研究 [D]. 哈尔滨: 哈尔滨工业大学, 2014.

[11] JHA P K, XANTHAKIS E, JURY V, et al. Advances of electro-freezing in food processing [J]. Current Opinion in Food Science, 2018, 23: 85-89.

[12] LENG D, ZHANG H, TIAN C, et al. Low temperature preservation developed for special foods in East Asia: A review [J]. Journal of Food Processing and Preservation, 2022, 46 (1): e16176.

[13] RAJENDRA N, DEVI S, et al. A review on bio-based polymer polylactic acid potential on sustainable food packaging [J]. Food Science and Biotechnology, 2024, 33: 1759-1788.

[14] CHENG H, XU H, MCCLEMENTS D J, et al. Recent advances in intelligent food packaging materials: Principles, preparation and applications [J]. Food Chemistry, 2022, 375: 131738.

[15] 吴澎. 我国药食同源物质研究进展 [J]. 中国果菜, 2024, 44 (05): 1.

[16] 张雅丽, 刘帮迪, 周新群, 等. 果蔬制品冻藏技术研究进展 [J]. 保鲜与加工, 2021, 21 (10): 113-118.

[17] CAO M, CAO A, WANG J, et al. Effect of magnetic nanoparticles plus microwave or far-infrared thawing on protein conformation changes and moisture migration of red seabream (Pagrus Major) fillets [J]. Food Chemistry, 2018, 266 (11): 498-507.

[18] 孙聿尧, 谢晶, 王金锋. 超声波解冻与传统解冻方式的比较与竞争力评估 [J]. 食品与发酵工业, 2021, 47 (6): 253-258.

[19] LLAVE Y, ERDOGDU F. Radio frequency processing and recent advances on thawing and tempering of frozen food products [J]. Critical Reviews in Food Science and Nutrition, 2022, 62 (3): 598-618.

[20] KANG T, YOU Y, HOPTOWIT R, et al. Effect of an oscillating magnetic field on the inhibition of ice nucleation and its application for supercooling preservation of fresh-cut mango slices [J]. Journal of Food Engineering, 2021 (10): 110541.

第6章
食药同源食品的发酵处理

6.1 概述

6.1.1 食品发酵的概念

食品发酵是生物技术的最早应用,指的是加工原料(农副产品)经过微生物(酵母、细菌和霉菌等)及酶的作用而发生物理及化学变化的过程。早在原始农业时期人们就观察到了食品发酵现象并开始加以利用。他们在冬季将采集的野果进行贮藏,意外地发现果实质地变软,甚至变成液态,散发出刺激的醇香味,摄入后会引起兴奋,这便是最早的酿酒过程。随后进入农业社会,农产品开始出现剩余,人类开始有意识地酿造酒精,经过长期实践和经验积累,逐渐形成了系统的酿酒技术。在商朝时期人们发现,酒如果贮存不当会出现酸味,更意外地发现这种"酸酒"具有治疗腹泻和感冒的效果,并能够增进食欲,醋的生产和使用开始出现。

尽管历史上人类早已开始借助发酵技术生产食品,却未曾认识到背后微生物的关键作用,导致"自然发生说"一度盛行。直到19世纪中叶,法国微生物学家路易斯·巴斯德通过其开创性的"曲颈瓶实验"成功揭示了发酵过程实际上是微生物活动的结果。后来,德国细菌学家罗伯特·科赫建立了单种微生物的分离和纯培养技术,开始了纯种发酵。1897年,德国生物化学家布赫纳发展了"无细胞发酵体系",明确了发酵过程中微生物活动的化学本质即是酶的作用,为发酵技术的科学化发展奠定了坚实的理论基础。

食药同源中药材发酵食品是食药同源类食品开发的重要分支,经过发酵的食药同源中药材在风味、质地、营养价值等方面都发生了很大的改善,有利于应用到食药同源类食品的生产过程。中药材发酵是指中药在一定环境条件下（如湿度、温度等）借助微生物的作用改变其原有性能、增强或产生新的功效，以此扩大用药品种，适应临床用药需要。作为最古老且有效的基于微生物转化的中药传统炮制方式之一，中药发酵契合中医药"调整阴阳，以平为期"的治疗思想，在疾病防治和养生保健方面都具有明显优势和特色。由图 6-1 可以看出，微生物发酵流程较为复杂，但经历一系列发酵工艺最终赋予产品特定的营养和风味，提高了中药材食品的附加值。目前，食药同源发酵产品的开发主要集中在发酵乳制品（包括乳酸菌饮料、益生菌饮料等）、酸奶（包括果粒酸奶、凝固型酸奶、搅拌型酸奶等）、酵素（涵盖酵母发酵、乳酸菌发酵、复合菌种发酵等）、果酒（如混合发酵、控温发酵等）、果醋（包括液态发酵、固态发酵等）等领域。当前研究一部分聚焦于对单一食药同源食材进行不同发酵工艺的优化；另一部分则探索采用多种食药同源食材，通过配方复合及再发酵技术，开发新型产品，并就其功能性成分进行科学检测。

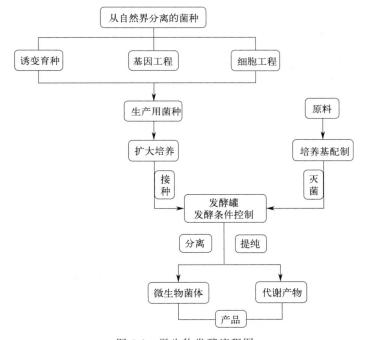

图 6-1　微生物发酵流程图

6.1.2　食药同源中药材食品发酵的目的

在微生物的发酵作用下，食药同源中药材经过炮制处理，使其有效成分得到全面释放，并且合成新的活性成分，提高人体对活性成分的吸收效率，同时减少了其潜在的毒副作用。此外，微生物发酵食药同源类食品残渣的生产工艺，不仅实现了资源的循环利用，还为副产品的进一步开发探索了新的可能性。具体而言，对食药同源中药材食品进行发酵通常有以下 4 个目的。

6.1.2.1 提高自身功效

食药同源类食品通常以植物作为原料,其有效成分主要分布在细胞质中。这些成分进入肠道后消化吸收受限,因此直接食用的生物利用率不高。经过微生物发酵处理,植物细胞壁被微生物中的酶系,如蛋白酶、纤维素酶、果胶酶、淀粉酶等降解或水解,从而暴露或释放出食药同源食品中的有效成分。同时,植物原料中的蛋白质、纤维素、淀粉等大分子物质也被降解为小分子,易于人体吸收,从而增强其功效。

6.1.2.2 降低潜在毒性

食药同源食物含有的成分较为复杂,部分食药同源食物本身具备一定的毒性或刺激性,直接食用存在一定风险。经过发酵处理,这些食物中的毒性成分可以被微生物分解转化或进行结构上的修饰,进而降低其毒性和刺激性,有效减少不良反应的发生。

6.1.2.3 产生新的功效物质

在微生物生长和代谢过程中,会生成初级代谢物和次级代谢物。在发酵作用下,一些生成的初级和次级代谢产物本身就展现出显著效果;同时,这些代谢物与食药同源类食品中的活性与非活性成分发生作用,形成新的前体化合物,展现出新的效用,为食药同源类食物中有效成分的合成与应用提供了创新途径。

6.1.2.4 节约食物资源

从食药同源食物中提取有效成分后产生的残渣被直接丢弃,会引发严重的环境污染问题。通过残渣发酵,可以有效缓解资源浪费,并使残渣中的总酚、黄酮等有益成分得到重新利用;此外,残渣中还含有丰富的蛋白质和碳水化合物,可作为微生物发酵的培养基。残渣的再利用显著降低了生产成本,并为副产品的转化开辟了新路径,实现了废弃食药同源资源的高效利用。

发酵对食药同源食物的性质起到了稳定作用,不仅提升了其保健功能,而且对人体肠道菌群亦有积极影响。食药同源中药材食品在发酵过程中功能的变化见图 6-2。此外,发酵残渣的再利用,有效实现了食药同源资源的二次开发,同时有效降低了生产成本。

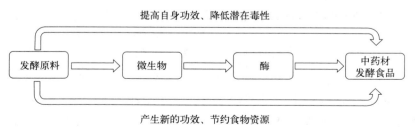

图 6-2 食药同源中药材食品发酵的功能变化图

6.1.3 食药同源中药材食品发酵的基本理论

目前发酵中药材研究多聚焦于工艺的改进和对发酵后成分、药效的分析，对其理论研究尚属不足。20 世纪 80 年代有学者提出了中药材"双向发酵"技术，推动了发酵中药材的现代化。然而，在双向发酵的理论中，所用发酵菌株为药用真菌，发酵形式为固态发酵，难以应用于所有发酵中药，因此具有一定局限性。随着发酵技术在中药材食品中的广泛应用，有中药材研究学者通过总结现有研究，在传统中药配伍理论的指导下，提出了发酵中药的"发酵配伍"理论。

6.1.3.1 中药的配伍理论

传统中药配方理论依据中医的"七情和合""君臣佐使"原则，将中药材按照性味进行合理组合提升治疗效果，深刻体现了中医学科的辨证论治理念。同时，基于该配伍理论所制备的中药复方展现出多成分与多靶点的综合调节特性。现代中药配伍研究多是通过中药复方的拆方研究，将中药复方中的各药味拆分，研究复方配伍中单味中药对全方的贡献度，从化学成分变化、药物代谢及效应动力学方面提升对中药配伍的认识。发酵中药的"发酵配伍"借鉴中药配伍理论的药物组合与"药对"思想，将发酵菌株和中药发酵基质看作独立的一味药，通过"拆方"研究揭示"发酵配伍"的内涵。

6.1.3.2 "发酵配伍"的物质基础

微生物发酵影响中药材食品的药效是"发酵配伍"的物质基础，微生物发酵对食药同源中药材食品的影响主要体现在两方面。一方面是中药材微生物发酵有效成分和药效改变。由于微生物代谢活动及其含有的大量活性酶，通常会引起生物转化反应，从而实现对中药活性成分的修饰与转化。这种转化导致中药中某些成分的变化、药效的增减或药性的改变。例如，皂苷是三萜或甾体的配糖体，是一大类具有显著生物活性的成分，也是中药微生物发酵过程中易发生变化的一类成分。除皂苷类成分，还有其他较多成分可以被微生物修饰转化，包括黄酮、木质素、香豆素、苯丙素、生物碱等。另一方面是中药材成分诱导微生物次生代谢产物变化而改变药效。中药材微生物发酵是一种双向互动过程，即微生物能够转化或代谢中药成分、改变其药效活性，反之，中药成分亦能诱导微生物产生新的次生代谢物或改变其次生代谢物的种类及生物活性。中药材内含多种化学成分，其中部分成分可能作为诱导剂或作为前体化合物影响微生物的代谢过程，从而影响其代谢产物或生物活性。

6.1.3.3 "发酵配伍"理论

"发酵配伍"理论是在配伍思想的指导下，结合发酵中药的研究特色，进而构建出的针对发酵中药材的理论体系。在中药的"发酵配伍"中，所采用的发酵菌株和发酵基质各自具备一定的药用功能，二者可单独看作一味药，经过合理的组合，二者可形成配伍；发酵菌株和发酵基质的组合不是简单的加和，在微生物的发酵过程中存在物质成分的转化和微生物代谢的变化，从而产生药性变化和药效的增强，这是"发酵配伍"的物质基础。在机体内，具有药用功能的发酵菌株和发酵基质可共同发挥药效功能，从而实现多通路、多靶点的综合调节。在发酵中药的"发酵配伍"理论中，所用发酵菌株为具有生物功能、可用于发酵的微生物，所用发酵基质为含有中药成分、可为发酵菌株提供生长环境的营养基质。

"发酵配伍"理论弥补了发酵中药材领域中理论的缺失，为发酵中药材的实验研究提供论证思路，同时也为食药同源中药材食品发酵奠定理论基础。

6.2 影响食药同源中药材食品发酵的因素及控制

6.2.1 物理因素

6.2.1.1 温度

培养温度是影响发酵菌种生长代谢最重要的外部环境因素，发酵菌种的菌落数以及发酵程度一般是随着发酵温度的升高呈现先升高后降低的趋势。培养温度高会加快发酵菌种的生长繁殖速度，菌种代谢旺盛，可以缩短菌种的发酵时间，但是过高的温度会使菌种很快进入衰亡期，导致菌种发酵程度不高，影响产品风味和功效；而培养温度低，菌种生长繁殖较为缓慢，产酶不足且酶活较低，短时间内发酵不彻底，导致菌种产酸量低，同样会影响发酵产品的风味和功效。发酵温度直接影响食药同源食品中有效成分的释放和转化，在适宜的温度下微生物能够更有效地分解食药同源材料，释放出更多的活性成分；低温发酵能够保留更多的营养成分；高温发酵则可能促进某些成分的转化，产生新的活性物质。

6.2.1.2 发酵类型

（1）固体发酵

固体发酵源于古代曲类中药发酵，以食药同源中药材作为发酵的营养基质，本质是通过固体基质培养微生物来驱动发酵过程。有些材料比如蛹虫草的发酵需要充足的光照，而液体发酵条件下无法获得充足的光照，因此选择固体发酵。固体发酵体系开放自然，固体基质无需灭菌，温度、湿度、酸碱度、通气等发酵条件易操作。但是固体发酵产品质量不稳定，并且生产过程中机械化程度低，难以大规模投入工业化生产。

（2）液体发酵

液体发酵是将营养物质溶解在液体里制备培养基，在液体培养基中接入预先培养好的菌种得到目标产物的发酵方式，产物由菌体和发酵液两部分组成。目前市面上的食药同源中药材发酵酸奶、果汁、酒、醋等产品大多采用液体发酵的方式。液体发酵具有制备条件简单、培养周期短、生产效率高、产量高、自动化程度高的优势，可以实现工业化的连续生产，但存在技术耗能大、设备构造复杂、成本高和后期污染较多等缺点。

(3) 双向发酵

双向发酵是一种利用微生物转化技术，通过将含有活性成分的中草药作为发酵的药性基质，以有益的药用真菌作为发酵的菌种。在这个过程中，药用真菌在药性基质上生长，通过一系列复杂的代谢反应产生新的活性成分和生理功能。双向发酵技术被广泛应用于提高食药同源中药材的发酵，例如利用芽孢杆菌和乳酸菌发酵黄芪，能显著提高黄芪多糖、皂苷等的提取率；三七经有益菌发酵后产生了新的活性成分人参皂苷。我国药用真菌资源丰富，中药和真菌可产生大量的发酵组合，具有良好的应用前景。双向发酵技术具有生产效率高、成本低、受环境影响小等优点，但药性基质和药用真菌是如何双向作用的机制还需要深入研究。

6.2.1.3 氧气含量

氧气是需氧发酵过程中的重要因素，对发酵的控制具有重要意义。需氧微生物需要氧气进行呼吸作用，产生能量，如果氧气供应不足，会导致微生物生长和代谢速率变慢，进而影响发酵产物的生成。一些食药同源中药材发酵食品如玫瑰花酒酿、桑葚醋、紫苏酱油等通过需氧发酵生产。厌氧发酵在中药材发酵食品的生产过程中也有广泛应用，如中药材酒类包括果酒、啤酒、白酒等是利用酿酒酵母在厌氧条件下进行发酵，将葡萄糖转化为乙醇；酸奶类产品如山楂酸奶、桑葚酸奶、枸杞酸奶、沙棘酸奶等是在厌氧条件下由乳酸菌发酵，分解乳糖，并进一步发酵产生乳酸、有机酸、一些芳香物质和维生素等。发酵工艺过程中需要根据具体情况选择合适的供氧方案，对于一些需氧量较高的发酵过程，通常采用通气供氧；而对于一些对氧敏感的发酵过程，通常采用溶氧控制。

6.2.1.4 发酵时间

在发酵初期随着发酵时间的延长，活菌数逐渐升高，随后由于菌种代谢产物积累以及营养物质不足导致菌种裂解死亡，活菌数逐渐减少。发酵产物随着发酵时间的延长，呈现先升高后逐渐趋于平稳的趋势。为了提高生产效率、节约发酵时间，可以选择活菌数达到最高所需要的时间为发酵时间。此外，发酵时间也会影响食药同源中药材中的有效成分含量和活性，发酵时间过短可能导致有效成分未充分释放，而发酵时间过长则可能导致有效成分分解或失效。例如，发酵黄芪所含的黄芪多糖在发酵过程中会增加，但超过一定时间后多糖含量会下降。发酵时间还会影响产品的口感，适当的发酵时间可以去除食药同源中药材的苦味和其他不良味道，更易被消费者接受。

6.2.2 生物因素

6.2.2.1 发酵菌种

食药同源中药材食品发酵过程中的核心环节是优势菌种的筛选和培育。微生物代谢产物的种类和产量与菌种密不可分，外源菌种产生的酶和次级代谢产物可以作用于肠道菌群和其他靶点，起到调控机体生理机能的效果。目前，食药同源中药材食品发酵多采用单一菌种发酵，主要包括细菌、真菌和药食两用菌三大类。

（1）细菌

细菌发酵方式多样，代谢产物丰富，同时具有结构简单、对环境敏感、易于改良等特点。在我国可用于食药同源中药材食品生产的细菌大部分属于乳酸细菌科，包括双歧杆菌属（长双歧杆菌、短双歧杆菌、青春双歧杆菌等）、乳杆菌属（保加利亚乳杆菌、嗜酸乳杆菌等）、链球菌属（嗜热链球菌、乳酸链球菌、乳酪链球菌等）。乳酸菌广泛分布于自然界中，至少包括18个属，共200多种。乳酸菌是可以利用碳源发酵成乳酸的一类无芽孢的革兰氏阳性菌，具有耐酸、兼性厌氧等特征，被广泛应用于食品行业。乳酸菌可以分解食物的蛋白质、糖类，生成多种有机酸、呈味物质、胞外多糖、氨基酸、维生素和各类酶等多种营养物质和成分，提高酸度，延长保质期，降解异味物质，改善产品风味，提高食物的营养价值和生物效价，促进食物在体内的消化吸收效率。

（2）真菌

真菌具有培养条件简单、生长环境要求低、次生代谢产物丰富等诸多优点。真菌在生长过程中产生具有较强分解作用的特殊酶系，能有效分解脂类、蛋白质、淀粉及纤维素等营养物质，常被当作食药同源中药材食品发酵的主要功能菌种。最为广泛使用的真菌是酵母菌，为兼性厌氧的单细胞真菌，在有氧条件下利用碳源发酵产生水和二氧化碳，在缺氧条件下则产生乙醇和二氧化碳。影响酵母发酵的因素包括酵母的自身因素（种类、发酵能力、增殖能力、耐酸能力、耐酒精能力）和环境因素（氧气、温度、pH值、碳源）等。酵母菌体蛋白质含量高达60%，氨基酸种类齐全，含有大量维生素B_1、维生素B_2。食品发酵过程中添加酵母，可以增加食品的香气、保护色泽、丰富营养物质。

（3）药食两用菌

药食两用菌概念源于"药食两用"和"药食同源"，是指可以同时满足药膳和食疗养生的菌类药材。药食两用的菌种主要有灵芝、茯苓、猴头菇、马勃、罗伊氏乳杆菌和冠突散囊菌等，大多数自身药力平和，不良反应较小。随着人类可食用真菌谱的不断扩充，药食两用菌的种类也随之扩大，如灰树花、亮菌等。

不同菌种的发酵性能和发酵产物不同，菌种选择对于食药同源中药材食品发酵至关重要，需要根据原料的特性、发酵目的以及终产品的品质要求来选择合适的发酵菌种。菌种的发酵场景应用不当会带来不利的影响，比如在食药同源中药材酒类产品的酿造过程中酵母菌起到极其重要的厌氧发酵作用，但是醋酸杆菌的混入会发生氧化反应，造成腐败从而降低产品品质。

6.2.2.2 接种量

发酵菌种浓度直接影响发酵进程。随着发酵菌种接种量增加，发酵速度加快，菌落数和发酵程度不断升高。但是当接种量过大时，发酵液中的营养物质消耗过快导致营养不足，菌体产生过多的副代谢产物限制菌群生长，甚至会导致菌体死亡。因此不能一味追求高接种量，需要根据实际情况进行调整。例如，在发酵糯米饮料的发酵过程中，酒曲添加量较小时，发酵不完全，产品味道寡淡、香气不足、口感粗糙；但是酒曲添加量过大时，虽然能加快酿造速度，但是酒味浓烈，同时也会产生代谢废物，由于环境缺氧激活的厌氧菌和产酸菌会生成苦味、酸味和涩味物质，破坏感官协调性。

6.2.3 化学因素

6.2.3.1 pH值

不适的pH值会抑制菌体的酶活，菌体的新陈代谢和发酵进程也会受到影响；pH值变化会改变微生物细胞膜的电荷状态，改变细胞膜的通透性，影响微生物对营养物质的吸收和代谢产物的排泄；pH值不同，也会影响菌体的代谢过程，使代谢产物的质量和比例发生改变。许多中草药的有效成分提取和分离过程依赖于pH值的控制，例如金银花中的有效成分绿原酸在酸性条件下呈游离状态，可在碱性条件下形成盐而溶于水。微生物的活性随着pH值的升高呈现先上升后下降的趋势。每种微生物都有最适pH值，在发酵过程中由于微生物产酸或者其他因素会引发发酵体系pH值改变，影响微生物的发酵活动，因此对发酵过程的pH值应进行动态检测和实时控制。

6.2.3.2 碳源种类和添加量

碳源是发酵菌生长繁殖最主要的营养物质，其种类和添加量直接影响发酵进程。在食药同源中药材食品的发酵中，一般会额外添加碳源作为发酵底物。常用于发酵体系的碳源有葡萄糖、蔗糖、麦芽糖、淀粉等。不同碳源对菌种的生长速度、形态和胞内多糖含量有很大影响。随着碳源添加量增多，发酵菌种菌落数和发酵程度呈现出先升高后趋于平稳的趋势。发酵所用的碳源种类也会引起pH值的改变。如灰黄霉素发酵的pH值变化与碳源种类有密切的关系，以乳糖为碳源，乳糖被缓慢利用，丙酮酸堆积很少，pH值维持在6~7之间；但以葡萄糖为碳源时，丙酮酸迅速积累，pH值下降到3.6。

6.2.4 控制措施

6.2.4.1 选择优良的发酵菌种

选育菌种是中药材发酵的关键。自然界益生菌的种类众多，不同菌种发酵的机理和性能不同，针对不同原材料选择合适的发酵菌种能最大程度提高发酵效率，充分激发原料的功效。常用于食药同源中药材食品发酵的菌种有酵母菌、乳酸菌、红曲霉、黑曲霉和灵芝菌、虫草菌、茯苓菌等药用菌，不同菌种的发酵效能和产物的功能活性有差异。运用形态学、生物学等多种方法筛选优势菌种，针对发酵菌种建立标准的纯度检测方法，在菌种培育和发酵过程中定期进行纯度检测,监控发酵过程中有无杂菌引入。目前近红外光谱、传感技术等一些较为先进的技术已经可以实现对微生物存在和活动状态的实时分析。

6.2.4.2 创新优化发酵工艺

除发酵菌种外,还有菌种接种量、发酵温度、发酵时间、氧气、pH值、碳源底物等诸多因素影响食药同源中药材食品的发酵过程。在试验阶段应该先采取单因素实验,确定单个影响因素的最佳值,然后选取活菌数、底物浓度、感官评分等方面为响应值,通过正交试验进一步探究最佳发酵工艺,最后将最优组合方案进行论证实验。对发酵过程进行数学建模,得到输入(如菌种、培养基)和输出(如发酵产物)之间的关系,通过模型对发酵工艺中关键参数如温度、pH值、氧气含量等进行优化,明确最佳发酵条件并进行验证。

6.2.4.3 规范发酵工艺标准

传统发酵工艺存在效率低、周期长等缺点,发酵终点的判断主要依据传统经验。目前并没有统一规范的发酵工艺和相关工艺标准,准确性和科学性不足,导致产品质量波动较大。《中国药典》中收载了淡豆豉、胆南星、体外培育牛黄3种发酵类中药,《中华人民共和国卫生部药品标准》中收录了六神曲、建曲、半夏曲等11种曲剂的质量标准。各地标准在处方、发酵方式、工艺参数等方面不统一,对于处方组成、发酵用辅料(如胆汁、黄酒、面粉等)尚无统一的来源及规格规定。食药同源中药材的发酵工艺体系标准和规范亟待建立。为了解决上述问题,应该确定发酵过程前、中、后不同阶段的关键控制节点和关键工艺参数,确立工艺标准,通过对发酵过程关键工艺参数的自动控制和动态优化,实现发酵生产规范化和标准化。

6.2.4.4 加强灭菌工艺的控制

由于液体发酵方式自动化程度高,目前工业上常采用该方式制备食药同源中药材食品。在液体发酵过程中,严格控制发酵工艺避免杂菌污染非常重要,需要对生产原料、设备、工具以及操作人员进行严格的消毒处理,对整个工艺流程实现实时动态监测。发酵间需要良好的通风系统,保证空气流通,避免微生物污染。在发酵生产线中应该配备CIP清洗系统,定期清洗和灭菌。对发酵的设备设施定期开展安全性和效率检查,对于不适宜的设备,应及时更新替换,保证发酵的中药材食品"有效、安全、可控、稳定"。

6.2.4.5 建立中药发酵的多维质量评价体系

探索发酵过程中科学有效、客观全面的判断方法,建立发酵中药材食品的多维质量评价体系是食药同源发酵产品开发的重点难点之一。医药典籍中有关中药发酵程度的判断大多是基于经验的文字记载,缺乏客观科学的标准。随着中药产业和食药同源食品产业的不断发展壮大，经验性的表述和人工判断已经难以满足规模化和精确化的要求。随着检测仪器的发展，紫外分光光度计、高效液相色谱、质谱、电子鼻、电子舌、黏度仪、糖度计等仪器和标准化检测方法可以对中药发酵程度的相关性状进行客观化的阐释，有助于对食药同源中药材食品发酵进程进行精确控制，进而逐步建立符合食药同源中药材发酵食品特点的多维质量评价体系。

6.3 发酵对食药同源中药材食品品质的影响

6.3.1 风味

食品的风味是一个多维复合的概念，它涉及食品入口前后对人体多种感觉器官的综合刺激，包括视觉、味觉、嗅觉和触觉等。这些感觉器官在食品摄入过程中相互协同，共同构建起人们对食品的总体特征的感知。

随着人们对传统中医药文化的重视和理解，食药同源中药材在食品工业中的应用越来越广泛。然而，许多中药材由于其固有的苦涩味而限制了其在食品中的应用。为了提高中药材在食品中的利用率，并且加强食品的功能性，食品发酵作为一种古老而有效的生物转化技术，在改善食药同源中药材的风味方面展现出了巨大的潜力。这种处理不仅可以改善中药材的理化性质，提升其生物活性，还能优化食品的口感和风味，使之更加适合现代人的饮食需求。例如，人参和枸杞，在经过微生物发酵处理后，其原有的苦涩味明显减轻，同时产生了新的甜味和香味成分，使得这些中药材更适合用于食品加工。一些食药同源中药材具有轻微毒性或刺激性，难以直接食用，通过发酵工艺可以将某些刺激性成分进行降解，以缓和不适的滋味。以黄精为例，黄精是我国重要的食药同源中药材，生黄精辛辣，对咽喉有刺激性，食用时口舌会有麻木的感觉，同时会引发过敏反应。因此，黄精通常在经过加工处理后食用，黄精的传统加工技术主要是蒸煮法，但这种方法往往会生成对人体健康有害的刺激性副产物，而采用凸圆灵芝固态发酵生黄精能显著降低生黄精的刺激性，并且大幅度地降低不良副产物的影响。

目前，食药同源中药材的发酵产品多数以发酵饮料、酸奶、果酒、果醋、酵素等食品形式呈现。通过将中药材与发酵产品在工艺上进行有机结合，不仅可以开发出具有独特风味的保健食品，而且能有效掩盖中药材原料本身可能存在的不良风味，从而增强消费者的接受度和喜爱度。例如，将山药制作成山药粉后，加入牛乳及其他有益成分，以保加利亚乳杆菌和嗜热链球菌为主要发酵菌种，制作成酸甜可口、口感细腻且具有山药独特风味的功能酸奶；桑葚果酒是以桑葚为原料经酵母酿制而成的一种低度果酒，呈澄清透明的紫红色，酒香馥郁，口感柔和，具有明显的桑葚风味；乳酸发酵型百合乳饮料，是百合干或百合粉和其他原料复配，通过乳酸菌等发酵，产品既有乳酸发酵的怡人香味，又不失百合的原有风味，两种风味浑然一体，构成了产品的独特风味。这些产品都利用了中药材的药用价值和发酵食品的饮食特性，既保留了中药材的主要有效成分，也利用发酵过程改善了食品的口感和营养吸收率。

6.3.2 功效成分

食药同源中药材食品具有独特的保健功能和药效价值，因此在食品加工过程中研究其药效成分的变化显得尤为重要。食药同源中药材在发酵过程中，可能会由于微生物的代谢作用而增强或减弱其原有的药理活性。研究发酵前后药材的化学成分变化、药效成分的生物利用度以及其在人体内的作用机制，不仅有助于深入了解食药同源中药材的保健功能，也对其合理开发与利用、提高食品安全性和药效保障具有重要意义。

在发酵过程中，微生物的生长和代谢活动会产生一系列代谢产物，这些产物能对食药同源物质中的天然活性成分进行生物转化或降解，从而改变其原有的生物活性，生成新的成分，形成新的功效；同时，在发酵过程后，原有的毒性成分会被微生物所分解、转化或者结构修饰，进而降低了毒性，达到减少不良反应的效果。以山药、桑葚、淡豆豉等中药材为例，介绍发酵对食药同源中药材食品药效成分的影响。

山药是我国典型的食药同源原料，含有丰富的营养成分，如淀粉、蛋白质、脂肪及游离氨基酸、维生素和矿物质等。此外，山药还富含多种具有生物活性的成分，包括具有降血糖、抗氧化等功能特性的多糖、皂苷、尿囊素、多酚、黄酮等物质。在经过乳酸菌、酵母菌、醋酸菌等多种益生菌的发酵作用下，形成新的生物活性物质，最终制得的山药酵素显示出显著的降血脂、防治动脉粥样硬化以及抗氧化的效果。采用双歧杆菌作为发酵菌株，对山荷复合酵素（包含山楂、山药、茯苓、荷叶及甘草）的发酵工艺进行改进，可以明显提升复合酵素中降血脂成分（如荷叶碱、熊果酸、金丝桃苷）含量。此外，以植物乳酸杆菌作为发酵菌种，在制备山药茯苓复合酵素过程中，其总多糖含量也比发酵前有了显著的提升。

桑葚含有鼠李糖、阿拉伯糖、半乳糖等，具有免疫调节、抗氧化、调节肠道菌群等多种生理功效。运用植物乳杆菌发酵处理桑葚渣，分析发酵前后桑葚渣中的酚类化合物的变化，发现发酵后的桑葚渣中酚类化合物种类由 15 种增加至 18 种。新增的酚类化合物包括羟基苯甲酸、儿茶素和没食子酸。发酵过程中的酶促和酸解反应可能促使这些新增酚类化合物的产生以及简单酚类化合物的释放，进而提高了发酵桑葚渣的抗氧化能力。

淡豆豉主要以黑豆作为原料，通过曲霉自然发酵生成，属于食药同源食品，具备抗抑郁、预防骨质疏松、保护心血管系统、降低血糖以及抑制细菌的多重功效。相较于未经发酵的黑豆，发酵过程中淡豆豉的棉子糖、水苏糖等低聚糖含量逐步降低，而其脂肪酸和异黄酮苷元的含量则有所增加，这一现象表明发酵促进了黑豆中不易吸收的营养物质及脂质的分解。随着发酵时间的延长，淡豆豉中的大豆苷、大豆异黄酮及染料木苷含量递减，而大豆苷元、黄豆黄素及染料木素含量提高，总苷元的含量显著增加，是未发酵黑豆的 4.8 倍。

食药同源资源的发酵研究对于开发新的功能性食品和提高中药材的应用价值具有重要

意义，亦是食药同源食品加工学的重要组成部分。然而该领域仍面临诸多挑战，包括发酵机制的不明、优秀菌种的短缺、发酵工艺的不成熟以及发酵质量评价体系的不完备等问题。目前，关于食药同源食品的微生物发酵研究主要聚焦于发酵前后活性成分的含量变化，而对于新成分形成、原有成分消失的物质分析以及活性成分向新产物转化的机制尚缺乏深入研究。另外，目前食品发酵工艺主要为液态发酵，固态发酵技术很少应用。然而，大部分食药同源中药材都属于固态原料，受微生物发酵技术限制，固态微生物发酵技术没有实现突破，导致食品发酵生产陷入技术瓶颈。因此，在未来食品工业化发展过程中，应当对固态微生物发酵技术进行不断研发，获得更加成熟安全的发酵工艺，以此进一步推动食药同源中药材食品发酵的安全化、工业化发展。

1. 对食药同源中药材食品进行发酵处理的目的是什么？
2. 目前在食品发酵工艺中有固体发酵、液体发酵和双向发酵这三种发酵类型，这三种发酵类型各自有何优缺点？
3. 通过发酵工艺，生活中许多食药同源中药材食品在风味、药效成分上均有所改善，请举实际例子说明。

参考文献

[1] 何国庆. 食品发酵技术研究动态 [J]. 食品安全质量检测学报，2017，8（12）：4507-4508.

[2] 董凡，李浩然，王少平，等. 中药发酵的现代研究进展与展望 [J]. 中华中医药杂志，2021，36（02）：628-633.

[3] 唐贤华，张崇军，隋明. 乳酸菌在食品发酵中的应用综述 [J]. 粮食与食品工业，2018，25（06）：44-46，50.

[4] 封雪，吕晓超，惠香. 微生物在食品发酵中的应用探究 [J]. 食品安全导刊，2022，（10）：169-171.

[5] 蔡常宇，杜李宇，王临好，等. 微生物发酵药食同源食物及其功能变化 [J]. 食品与发酵科技，2023，59（02）：103-109.

[6] 王勇，李春，仇琪，等. 中药复方多成分多靶点协同增效药理药效评价体系 [J]. 中国科学：生命科学，2016，46（08）：1029-1032.

[7] 尹欢，方伟. 药食两用植物酵素活性成分及发酵机理研究进展 [J]. 农产品加工，2020，（03）：89-91，94.

[8] 屈青松，李智勋，周晴，等. 发酵中药的研究进展及其"发酵配伍"理论探索 [J]. 中草药，2023，54（07）：2262-2273.

[9] 刘波，张鹏翼，孟祥璟，等. 益生菌发酵中药方法概述及其应用研究进展 [J]. 中国现代中药，2020，22（10）：1741-1750.

[10] 周颖. 生姜可控发酵工艺优化及其粉剂产品的制备 [D]. 广州：华南理工大学，2019.

[11] 马定财，王毛毛，王哲，等. 补益类中药发酵方面研究进展 [J/OL]. 中成药，2024，（11）1-6 [2024-10-11].

[12] 王淑红，郭子瑜，周碧乾，等. 发酵类中药红曲的安全性质量控制研究进展 [J/OL]. 中国药学杂志，2024，

59（13）：1-15［2024-10-11］．

[13] 肖日传，王德勤，张传平．中药发酵研究现状及展望［J］．广东药科大学学报，2020，36（06）：897-902．

[14] 杨婧娟，张希，马雅鸽，等．发酵对黄精主要活性成分及其抗氧化活性和刺激性的影响［J］．食品工业科技，2020，41（02）：52-58．

[15] 冯洋洋．药食同源食品的应用与研究进展［J］．食品安全导刊，2023，（09）：115-117，122．

[16] 任富慧，乔舒敏，李绪久，等．我国药食同源物质发酵产品研究进展［J］．中国果菜，2024，44（05）：8-14．

[17] 董建伟，蔡乐，李雪娇，等．中药材的微生物发酵改性研究进展［J］．云南大学学报：自然科学版，2018，40（06）：1207-1212．

第7章
食药同源食品的化学保藏

7.1 食药同源食品化学保藏的定义和特点

7.1.1 化学保藏的定义

食品化学保藏就是在食品生产和储运过程中使用化学制品来提高食品的耐藏性，延长其保藏时间并尽可能地保持其原有品质的措施。

7.1.2 化学保藏的卫生与安全性

正确使用化学保藏剂，可以使很多食品的货架寿命显著提高，通过复合使用防腐剂，可同时控制食品的化学及生物学方面的变质。

近几年，由于人们对食品安全问题的关注，化学保藏面临着越来越大的挑战，一方面，出于对管理的疏漏以及部分不法商贩仅为经济利益而忽视食品安全问题；另一方面，由于公众对食品添加剂的误解，而导致"谈防腐剂色变"，这些都对化学保藏的发展产生了较大的影响，但随着未来公众认识的不断强化，以及监管的进一步到位，化学保藏必将成为食品保藏中最为重要的手段。

7.1.3 食药同源食品中食品添加剂的使用

食品添加剂的类型包括防腐剂、抗氧化剂、着色剂、护色剂、漂白剂、增稠剂、乳化剂、香精与香料、调味剂、抗结剂、酶制剂、酸度调节剂、营养强化剂等。用于食药同源食品中常见的食品添加剂有抗结剂、甜味剂、增稠剂、酸度调节剂、着色剂。

7.1.3.1 抗结剂

抗结剂是添加于颗粒、粉末状食品中,可以防止颗粒或粉末食品聚集结块、保持其松散或自由流动的物质。

按照我国食品添加剂使用卫生标准,抗结剂聚甘油脂肪酸酯、磷酸及磷酸盐、硬脂酸钙、巴西棕榈蜡、丙二醇、二氧化硅、硅酸钙、磷酸二氢钾可用于食药同源食品中以槐花、杏仁、小茴香、胖大海、茯苓、荜茇、黑胡椒、西洋参等为原料的食品中。具体用量如表 7-1 所示。

表 7-1 可添加到食药同源食品中的抗结剂及其最大使用限量

序号	食药同源食品类别	可添加抗结剂种类	最大使用限量
1	以槐花为原料制成的复合型压片糖果	硬脂酸镁	按生产需要适量使用
2	熟制甜杏仁制品	聚甘油脂肪酸酯	10.0g/kg
		磷酸及磷酸盐	2.0g/kg
3	小茴香	硬脂酸钙	20.0g/kg
4	胖大海润喉糖	巴西棕榈蜡	0.6g/kg
5	以茯苓为原料的糕制品	丙二醇	3.0g/kg
6	以荜茇、黑胡椒作为复合调味品	二氧化硅	20.0g/kg
		硅酸钙	按生产需要适量使用
7	西洋参作为冷冻米面制品	磷酸二氢钾	5.0g/kg

7.1.3.2 甜味剂

甜味剂是指赋予食品或饲料以甜味,提高食品品质,满足人们对食品需求的食物添加剂。

按照我国食品添加剂使用卫生标准,甜味剂甜菊糖苷、赤藓糖醇、木糖醇、山梨糖醇、蔗糖、阿斯巴甜(又名天冬酰苯丙氨酸甲酯)、安赛蜜(又名乙酰磺胺酸钾)、三氯蔗糖(又名蔗糖素)、纽甜(又名 N-[N-(3,3-二甲基丁基)]-L-α-天冬氨-L-苯丙氨酸 1-甲酯)、索马甜等可用于食药同源食品中以槐花、菊花、罗汉果、金盏菊、佛手、百合、黄精、余甘子、枸杞、沙棘、芡实、莲子、杏仁等为原料的食品中。具体用量如表 7-2 所示。

表 7-2 可添加到食药同源食品中的甜味剂及其最大使用限量

序号	食药同源食品类别	可添加甜味剂种类	最大使用限量
1	以槐花为原料制成的复合型压片糖果	甜菊糖苷	3.5g/kg
2	以菊花为原料制成的糯米酒	赤藓糖醇	按生产需要适量使用
3	以罗汉果为原料制成的复合咀嚼片	木糖醇	按生产需要适量使用
4	以金盏菊为原料制成的保健果冻	木糖醇	按生产需要适量使用
		山梨糖醇	

续表

序号	食药同源食品类别	可添加甜味剂种类	最大使用限量
5	以佛手为原料制成的发酵饮料	木糖醇	按生产需要适量使用
6	以百合为原料制成的果冻	蔗糖	按生产需要适量使用
7	以黄精为原料制成的饮料	木糖醇	按生产需要适量使用
8	以余甘子为原料制成的饮料	甜菊糖苷	0.2g/kg
9	以枸杞为原料制成的馅子料	木糖醇	按生产需要适量使用
9	以枸杞为原料制成的复合运动饮料	木糖醇	按生产需要适量使用
10	以芡实为原料制成的醋饮料	赤藓糖醇	按生产需要适量使用
11	莲子酱制品	阿斯巴甜	1.0g/kg
12	甜杏仁作为熟制坚果	安赛蜜	3.0g/kg
12	甜杏仁作为熟制坚果	甜菊糖苷	1.0g/kg
13	甜杏仁作为加工坚果	三氯蔗糖	1.0g/kg
13	甜杏仁作为加工坚果	纽甜	0.032g/kg
13	甜杏仁作为加工坚果	阿斯巴甜	0.5g/kg
13	甜杏仁作为加工坚果	索马甜	0.025g/kg

7.1.3.3 增稠剂

增稠剂主要用于改善和增加食品的黏稠度，保持流态食品、胶冻食品的色、香、味和稳定性，改善食品物理性状，并能使食品有润滑适口的感觉。

按照我国食品添加剂使用卫生标准，增稠剂黄原胶、卡拉胶、羧甲基纤维素钠、魔芋胶、低甲氧基果胶、明胶、海藻酸钠、结冷胶、海藻酸丙二醇酯（PGA）等可用于食药同源食品中以金盏菊、菊苣、火麻仁、桑椹、花椒、百合、黄精、枸杞、沙棘、陈皮、莲子、芦根、紫苏子、薄荷、藿香、玫瑰、党参等为原料的食品中。具体用量如表7-3所示。

表7-3 可添加到食药同源食品中的增稠剂及其最大使用限量

序号	食药同源食品类别	可添加增稠剂种类	最大使用限量
1	以金盏菊为原料制成的保健果冻	黄原胶	按生产需要适量使用
1	以金盏菊为原料制成的保健果冻	卡拉胶	按生产需要适量使用
2	以菊苣为原料的干制蔬菜	羧甲基纤维素钠	按生产需要适量使用
3	以火麻仁为原料制成的酱制品	黄原胶	按生产需要适量使用
4	以桑椹为原料制成的保健饮料	黄原胶	按生产需要适量使用
5	以花椒叶为原料制成的复合饮料	黄原胶	按生产需要适量使用
6	以百合为原料制成的果冻	卡拉胶	按生产需要适量使用
6	以百合为原料制成的果冻	魔芋胶	按生产需要适量使用
7	以黄精为原料制成的酱制品	低甲氧基果胶	按生产需要适量使用
7	以黄精为原料制成的酱制品	黄原胶	按生产需要适量使用
8	枸杞馅料	明胶	按生产需要适量使用

续表

序号	食药同源食品类别	可添加增稠剂种类	最大使用限量
9	以沙棘、陈皮为原料制成的复合饮料	羧甲基纤维素钠	按生产需要适量使用
10	以莲子为原料制成的酱制品	黄原胶	按生产需要适量使用
		海藻酸钠	
11	含有芦根的酸奶制品	明胶	按生产需要适量使用
12	含紫苏子的植物蛋白饮料	黄原胶	按生产需要适量使用
13	含薄荷的普通饮料及运动饮料	羧甲基纤维素钠	1.0g/kg
14	以藿香、玫瑰为原料制成的复合饮料	羧甲基纤维素钠	按生产需要适量使用
15	含党参的乳酸菌饮料	海藻酸丙二醇酯	4.0g/kg
16	含党参的复合饮料	羧甲基纤维素钠	按生产需要适量使用

7.1.3.4 酸度调节剂

酸度调节剂为增强食品中酸味和调整食品中pH或具有缓冲作用的酸、碱、盐类物质的总称。

按照我国食品添加剂使用卫生标准，酸度调节剂柠檬酸、柠檬酸钠、碳酸钠、富马酸等可用于食药同源食品中以香橼、荷叶、芦根、昆布卷、茯苓、铁皮石斛等为原料的食品中。具体用量如表7-4所示。

表7-4 可添加到食药同源食品中的酸度调节剂及其最大使用限量

序号	食药同源食品类别	可添加酸度调节剂种类	最大使用限量
1	含有香橼的饮料	柠檬酸	按生产需要适量使用
		柠檬酸钠	
2	以荷叶为原料的降脂茶饮料	柠檬酸	按生产需要适量使用
		柠檬酸钠	
3	含有芦根的酸奶制品	柠檬酸钠	按生产需要适量使用
4	含昆布卷的调味品	碳酸钠	按生产需要适量使用
5	以茯苓为原料的糕制品	富马酸	3.0g/kg
6	含铁皮石斛的保健饮料	柠檬酸	按生产需要适量使用

7.1.3.5 着色剂

着色剂是以食品着色为主要目的，使食品赋予色泽和改善食品色泽的物质。

按照我国食品添加剂使用卫生标准，着色剂赤藓红及其铝色淀（包括赤藓红、赤藓红铝色淀）、靛蓝及其铝色淀（包括靛蓝、靛蓝铝色淀）、二氧化钛、红花黄、胭脂虫红及其铝色淀（包括胭脂虫红、胭脂虫红铝色淀）、亮蓝及其铝色淀（包括亮蓝、亮蓝铝色淀）、柠檬黄及其铝色淀（包括柠檬黄、柠檬黄铝色淀）、日落黄及其铝色淀（包括日落黄、日落黄铝色淀）、叶绿素铜钠盐及叶绿素铜钾盐、藻蓝、焦糖色等可用于食药同源食品中以郁李仁、桃仁、益智仁、高良姜、砂仁等为原料的食品中。具体用量如表7-5所示。

表 7-5 可添加到食药同源食品中的着色剂及其最大使用限量

序号	食药同源食品类别	可添加着色剂种类	最大使用限量
1	郁李仁、桃仁作为熟制坚果	赤藓红及其铝色淀（包括赤藓红、赤藓红铝色淀）	0.025g/kg（以赤藓红计）
		靛蓝及其铝色淀（包括靛蓝、靛蓝铝色淀）	0.05g/kg（以靛蓝计）
		二氧化钛	10.0g/kg
		红花黄	0.5g/kg
		胭脂虫红及其铝色淀（包括胭脂虫红、胭脂虫红铝色淀）	0.1g/kg（以胭脂红酸计）
2	郁李仁、桃仁作为加工坚果	亮蓝及其铝色淀（包括亮蓝、亮蓝铝色淀）	0.025g/kg
		柠檬黄及其铝色淀（包括柠檬黄、柠檬黄铝色淀）	0.1g/kg（以柠檬黄计）
		日落黄及其铝色淀（包括日落黄、日落黄铝色淀）	0.1g/kg
		叶绿素铜钠盐及叶绿素铜钾盐	0.5g/kg
3	含益智仁的凉果	赤藓红及其铝色淀（包括赤藓红、赤藓红铝色淀）	0.05g/kg
		靛蓝及其铝色淀（括靛蓝、靛蓝铝色淀）	0.1g/kg
		二氧化钛	10.0g/kg
		亮蓝及其铝色淀（包括亮蓝、亮蓝铝色淀）	0.025g/kg
		姜黄	按生产需要适量使用
4	高良姜作为香辛料	藻蓝	0.8g/kg
5	以高良姜作为原料的茶饮品	焦糖色（亚硫酸铵法）	10.0g/kg
6	砂仁	藻蓝	0.8g/kg

7.2 食品防腐剂及其应用

食品防腐剂是指添加于食品中，用于抑制或延缓由微生物、酶解和氧化引起的食品降解的天然物质或化学合成物质。它们通过抑制细菌、霉菌和酵母等微生物的生长繁殖，减少食物中毒的风险，并保持食品的颜色、风味和质地。防腐剂的使用必须符合食品卫生标准，确保在推荐使用量下对人体无害，并且在食品加工和储存过程中保持稳定。

7.2.1 防腐剂的作用和特点

7.2.1.1 作用

（1）抑制微生物生长

防腐剂能够有效地抑制食品中各种微生物的生长和繁殖，包括细菌、霉菌和酵母等。这些微生物在食品中的繁殖是导致食品腐败的主要原因。防腐剂通过干扰微生物的细胞壁合成、蛋白质合成或酶活性，从而阻止其生长。例如，苯甲酸和山梨酸能够有效抑制酵母和霉菌的生长。

(2) 保持食品感官性质

防腐剂还能延缓食品中的氧化反应。脂肪和油脂在空气中容易氧化，产生异味和变色。抗氧化剂如维生素 E 和 BHA（丁基羟基茴香醚）可以防止油脂的氧化变质，从而保持食品的新鲜度和品质。

(3) 延长保质期

通过抑制微生物的生长和氧化反应，防腐剂可以显著延长食品的保质期。这对于食品的储存和运输尤为重要，特别是对于一些容易腐败的生鲜食品和加工食品。延长保质期不仅减少了食品浪费，也提高了食品的经济价值。

7.2.1.2 特点

(1) 广泛应用性

食品防腐剂能够适用于各种类型的食品，包括饮料、罐头、糕点、肉制品、乳制品、酱料和即食食品等。其应用范围广泛，能够在不同的食品基质中有效发挥防腐作用。山梨酸钾常用于糕点和果酱中，亚硫酸盐在葡萄酒和干果中广泛使用，亚硝酸盐则多用于肉制品。防腐剂的广泛应用性确保了它们能够满足不同食品的防腐需求，延长食品在储存和运输过程中的保质期。

(2) 低浓度有效性

大多数防腐剂在非常低的浓度下就能有效地抑制微生物的生长和繁殖，减少对食品风味和质量的影响。例如，山梨酸钾（0.05%）和丙酸钙（0.01%）在微量添加的情况下就能显著抑制细菌和霉菌的生长，确保食品在不失去其天然风味和质地的情况下得到有效的防腐保护。这种低浓度有效性使防腐剂成为一种高效而不干扰食品本身特性的解决方案。

(3) 安全性

食品防腐剂的使用必须符合严格的安全标准，以确保对人体无害。各国政府和国际组织如 FDA、EFSA 和 JECFA 对防腐剂的种类和使用量都有明确的法规限制，确保消费者在享受食品防腐剂带来的便利时不会面临健康风险。

(4) 稳定性

食品防腐剂需要在食品加工和储存过程中保持稳定，不易分解或失效。例如，苯甲酸和山梨酸在酸性条件下能够长期保持其有效性，适用于果汁、碳酸饮料等酸性食品。防腐剂的这种稳定性确保了它们在各种食品加工条件下都能有效工作，不会因为环境变化而失去防腐效果，从而确保食品在整个保质期内都得到可靠的保护。

7.2.2 常用防腐剂及其性质

目前世界各国允许使用的食品防腐剂种类很多，美国约 50 种，日本约 43 种，我国约

28种。在 GB 2760—2024《食品添加剂使用标准》中常用的防腐剂有：苯甲酸及其钠盐，对羟基苯甲酸酯类及其钠盐，丙酸及其钠盐、钙盐，山梨酸及其钾盐，双乙酸钠，溶菌酶，乳酸链球菌素，纳他霉素，ε-聚赖氨酸等。这些防腐剂按组分和来源主要分为化学类食品防腐剂和天然类食品防腐剂。

7.2.2.1 化学类食品防腐剂

(1) 苯甲酸及其钠盐

苯甲酸最初由安息香胶制得，故又称安息香酸。分子式为 $C_7H_6O_2$，分子量为 122.12，结构式见图 7-1。苯甲酸熔点 122.13℃，沸点 249.2℃，在 100℃会升华。外观为白色针状或鳞片状结晶，纯度高时无臭味，不纯时稍带杏仁味。苯甲酸化学性质稳定，在常温下难溶于水，易溶于乙醇。

苯甲酸亲油性大，易透过细胞膜进入细胞体内，从而干扰了微生物细胞膜的通透性，抑制细胞膜对氨基酸的吸收。进入细胞体内的苯甲酸分子电离酸化细胞内的碱储，并能抑制细胞的呼吸酶系的活性，对乙酰辅酶A缩合反应有很强的阻止作用，阻碍三羧酸循环，从而起到食品防腐作用。

苯甲酸钠为白色颗粒或晶体粉末，在空气中性质稳定，味微甜，无臭或微带安息香气味，有收敛味，易溶于水，其水溶液的 pH 值为 8，可溶于乙醇。分子式为 $C_7H_5O_2Na$，分子量为 144.11，结构式见图 7-2。

苯甲酸及其钠盐是广谱抗菌剂，但它的抗菌有效性依赖于食品的 pH 值。其防腐的最适 pH 值为 2.5~4.0，在 pH 值>4.5 时，显著失效。苯甲酸及其钠盐在浓度为 0.05%~0.1%时（未离解酸的形式）可以抑制大多数的酵母和霉菌，在浓度为 0.01%~0.02%时能抑制一些病原菌。

(2) 对羟基苯甲酸酯类及其钠盐

对羟基苯甲酸酯，又称尼泊金酯，是一类有机化合物，主要用于酱油、果酱、清凉饮料等。防腐效果优于苯甲酸及其钠盐，使用量约为苯甲酸钠的 1/10，使用范围 pH4~8。其结构式如图 7-3 所示。对羟基苯甲酸酯为无色小结晶或白色结晶性粉末，无臭，易溶于乙醇，难溶于水，在酸性或碱性条件下均起作用。

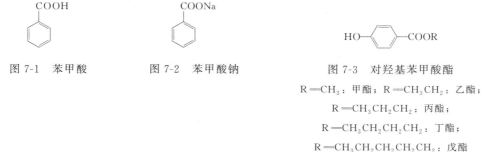

图 7-1 苯甲酸　　图 7-2 苯甲酸钠　　图 7-3 对羟基苯甲酸酯

$R=CH_3$：甲酯；$R=CH_3CH_2$：乙酯；
$R=CH_3CH_2CH_2$：丙酯；
$R=CH_3CH_2CH_2CH_2$：丁酯；
$R=CH_3CH_2CH_2CH_2CH_2$：戊酯

对羟基苯甲酸酯类的防腐性一般和烷基部分的链长成比例,抑菌作用随着烷基碳原子数的增加而增加,如辛酯抑制酵母菌发育的作用是丁酯的 50 倍,比乙酯强 200 倍左右,碳链越长,毒性越小,用量越少。对羟基苯甲酸酯类的抗菌能力是由其未电离的分子决定的,所以其抗菌效果不像酸性防腐剂那样易受 pH 值变化的影响。对羟基苯甲酸乙酯对霉菌、酵母有较强的抑制作用;对细菌,特别是革兰氏阴性杆菌和乳酸菌的抑制作用较弱。其抗菌作用较苯甲酸和山梨酸强。

(3) 丙酸及其钠盐、钙盐

丙酸,又称初油酸,是一种短链饱和脂肪酸,分子式为 CH_3CH_2COOH,分子量为 74.08,结构式如图 7-4(a) 所示,熔点 $-20.8℃$,沸点 $141℃$,无色透明液体,具有特殊的刺激性气味;丙酸钠,分子式为 CH_3CH_2COONa,分子量为 96.06,结构式如图 7-4(b) 所示,外观为白色晶体粉末或颗粒,无臭或微带特殊臭味,易溶于水,溶于乙醇;丙酸钙,分子式为 $(CH_3CH_2COO)_2Ca$,分子量为 186.23,结构式如图 7-4(c) 所示,为白色晶体粉末或颗粒,无臭或微带丙酸气味,对光和热稳定,有吸湿性,易溶于水 (39.9g/100mL,20℃),不溶于乙醇、醚类。

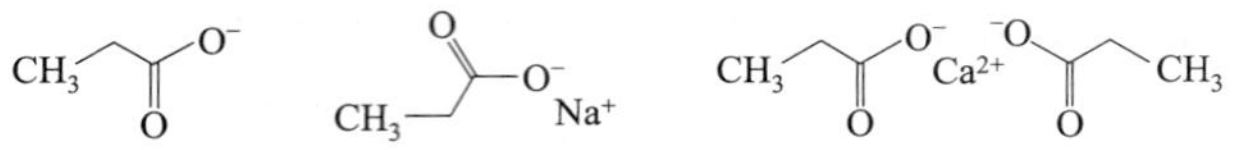

图 7-4 丙酸及其钠盐、钙盐

丙酸钠对霉菌有良好的效能,对细菌抑制作用较小,对酵母菌无作用。丙酸钠是酸型防腐剂,起防腐作用的主要是未离解的丙酸,所以应在酸性范围内使用。丙酸钙的防腐性能与丙酸钠相同,在酸性介质中游离出丙酸而发挥抑菌作用。丙酸钙能抑制面团发酵时枯草杆菌的繁殖,pH 值为 5.0 时最小抑菌含量为 0.01% (质量分数),pH 值为 5.8 时需 0.188% (质量分数),最适 pH 值应低于 5.5。

(4) 山梨酸及其钾盐

山梨酸,又称为清凉茶酸、2,4-己二烯酸、2-丙烯基丙烯酸,分子式为 $C_6H_8O_2$,分子量为 112.13,结构式见图 7-5,熔点 135℃,沸点 228℃,耐热性能好,在 140℃下加热 3h 无变化,但在空气中长期放置易被氧化变色,防腐效果也会下降。山梨酸外观为无色针状结晶或白色晶体粉末,无臭或微带刺激性臭味。难溶于水,易溶于乙醇等有机溶剂。

山梨酸是一种不饱和脂肪酸,能参与人体的代谢活动,被氧化成 CO_2 和 H_2O,是国际公认的无害食品防腐剂,也是使用最多的防腐剂,它对霉菌、酵母菌和好氧细菌均有抑制作用,但对兼性芽孢杆菌和嗜酸乳杆菌几乎无效。山梨酸的防腐性能在未解离状态时最强,在酸性介质中对微生物有良好的抑制作用,随 pH 值增大防腐效果减小,pH 值为 8 时丧失防腐作用,适用于 pH 值 5.5 以下的食品防腐。

山梨酸钾,又名 2,4-己二烯酸钾,是山梨酸的钾盐,分子式为 $C_6H_7O_2K$,分子量为

150.22，结构式见图 7-6。山梨酸钾外观为白色至浅黄色鳞片状结晶、晶体颗粒或晶体粉末，无臭或微有臭味，长期暴露在空气中易吸潮，被氧化分解而变色。易溶于水（67.6g/100mL，20℃），溶于乙醇（0.3g/10mL）。

山梨酸钾有很强的抑制腐败菌和霉菌的作用，其毒性远低于其他防腐剂，已成为广泛使用的防腐剂。在酸性介质中山梨酸钾能充分发挥防腐作用，在中性条件下防腐作用小。

(5) 双乙酸钠

双乙酸钠，分子式为 $C_4H_7NaO_4 \cdot H_2O$，结构式如图 7-7 所示，又称二乙酸钠、双醋酸钠，简称 SDA，分子量为 142.09。外观为白色结晶，带有醋酸气味，易吸湿，极易溶于水，加热至 150℃ 以上分解，具有可燃性，在阴凉干燥条件下性质稳定。双乙酸钠主要靠分解的分子态乙酸起抗菌作用，其对细菌和霉菌有良好的抑制能力。

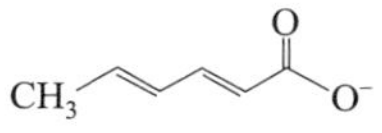

图 7-5　山梨酸 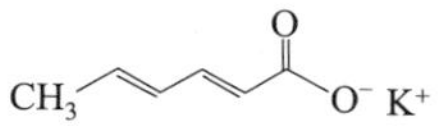　　　　　图 7-6　山梨酸钾 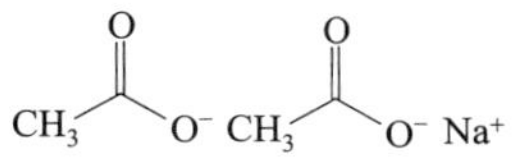　　　　　图 7-7　双乙酸钠

双乙酸钠是一种广谱、高效、无毒的防腐剂，又可作为酸度调节剂、风味物质和加工助剂等。由于双乙酸钠对人畜无毒害、不致癌，具有极好的防腐抗菌作用，其广泛应用于面点、水果、肉禽类、鱼类等食品的保鲜，罐头产品和腌制菜类的防霉均可采用双乙酸钠。

7.2.2.2　天然类食品防腐剂

(1) 溶菌酶

溶菌酶又称胞壁质酶或 N-乙酰胞壁质聚糖水解酶，是一种能水解细菌中黏多糖的碱性酶。溶菌酶主要通过破坏细胞壁中的 N-乙酰胞壁酸和 N-乙酰氨基葡萄糖之间的 β-1,4-糖苷键，使细胞壁不溶性黏多糖分解成可溶性糖肽，导致细胞壁破裂内容物逸出而使细菌溶解。

纯品呈现白色、微黄或黄色的结晶体或无定形粉末，无异味，微甜，易溶于水，不溶于丙酮、乙醚。溶菌酶遇碱易被破坏，但在酸性环境下，溶菌酶对热的稳定性很强，在 pH 值为 4~7 时，100℃ 处理 1min，仍能较好地保持活力；pH 值为 3 时，能耐 100℃ 加热处理 45min。溶菌酶最适 pH 为 5.3~6.4，可用于低酸性食品防腐。溶菌酶作为防腐剂安全性高，可被冷冻或干燥处理，且活力稳定。

(2) 乳酸链球菌素

乳酸链球菌素，亦称乳酸链球菌肽，是乳酸链球菌产生的一种多肽物质，由 34 个氨基酸残基组成，分子式为 $C_{143}H_{230}N_{42}O_{37}S_7$，分子量为 3354.08，结构式如图 7-8 所示。乳酸链球菌素是一种浅棕色固体粉末，溶解度和稳定性与溶液的 pH 有关，当 pH 下降时，稳定性增强，溶解度提高，如在水中（pH=7），溶解度为 49.0mg/mL；若在

0.02mol/L 盐酸中，溶解度为 118.0mg/mL；在碱性条件下，几乎不溶解。

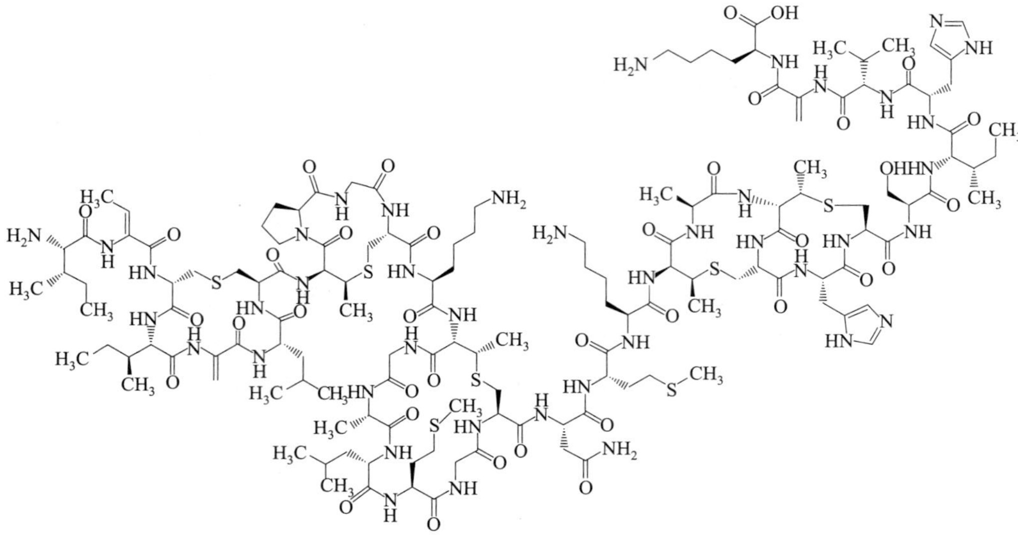

图 7-8　乳酸链球菌素

乳酸链球菌素能有效抑制引起食品腐败的许多革兰氏阳性细菌，如乳杆菌、明串珠菌、小球菌、葡萄球菌、李斯特氏菌等，特别是对产芽孢的细菌如芽孢杆菌、梭状芽孢杆菌有很强的抑制作用。通常，产芽孢的细菌耐热性很强，如鲜乳采用 135℃、2s 超高温瞬时灭菌，非芽孢细菌的死亡率为 100%，芽孢细菌的死亡率 90%，还有 10% 的芽孢细菌不能杀灭。若鲜乳中添加 0.03~0.05g/kg 乳酸链球菌素就可抑制芽孢杆菌和梭状芽孢杆菌孢子的发芽和繁殖。

（3）纳他霉素

纳他霉素，是一种有机化合物，分子式为 $C_{33}H_{47}NO_{13}$，分子量为 665.73，熔点为 280℃，沸点为 952.2℃，几乎不溶于水，结构式如图 7-9 所示。为近白色或奶油黄色结晶性粉末，是一种由链霉菌发酵产生的天然抗真菌化合物，属于多烯大环内酯类，既可以广泛有效地抑制各种霉菌、酵母菌的生长，又能抑制真菌毒素的产生。

纳他霉素因为其溶解度很低，通常用于食品的表面防腐。采用浸泡或喷洒肉类食品的方法，使用 4mg/cm² 纳他霉素时即可达到安全而又有效的防霉目的。在室温较高的夏季，在酱油中添加 $15×10^{-6}$ 的纳他霉素，可有效抑制酵母菌的生长与繁殖，防止白花的出现。将纳他霉素和乳酸链球菌素结合起来应用于酱油防霉，可以更有效地抑菌，并降低抑菌浓度。

（4）ε-聚赖氨酸及其盐酸盐

ε-聚赖氨酸是一种阳离子聚合多肽，当聚合度低于十肽时，会丧失抑菌活性。典型的 ε-聚赖氨酸分子式为 $C_{180}H_{362}N_{60}O_{31}$，分子量为 4700，结构式如图 7-10 所示。ε-聚赖氨酸为淡黄色粉末、吸湿性强，略有苦味，溶于水，微溶于乙醇，但不溶于乙酸乙酯、乙醚等有机溶剂。ε-聚赖氨酸遇酸性多糖类、盐酸盐类、磷酸盐类、铜离子等可因结合而使活性降低，与盐酸、柠檬酸、苹果酸、甘氨酸和高级脂肪甘油酯等合用有增效作用。ε-聚赖氨酸的热稳定性非常好，其水溶液在高温（121℃）情况下不分解、不失活。

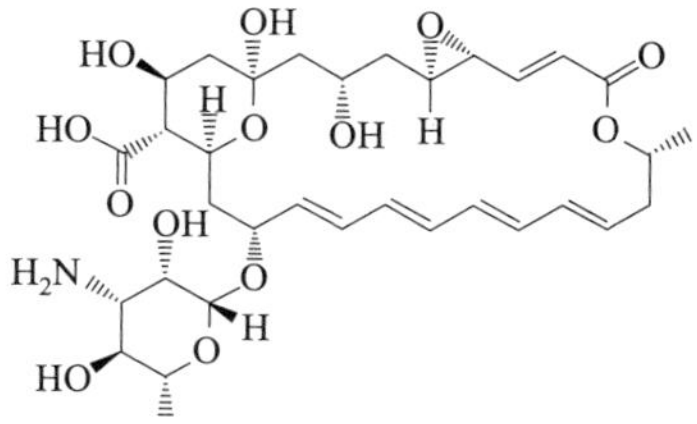

图 7-9 纳他霉素 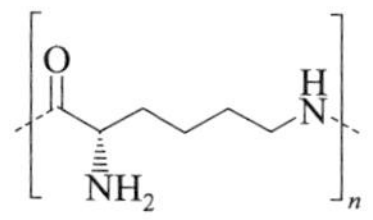　　　　　　图 7-10 ε-聚赖氨酸

7.2.3　食品防腐剂在食药同源食品保藏中的应用

7.2.3.1　化学类食品防腐剂的应用

（1）苯甲酸及其钠盐

苯甲酸及其钠盐在 GB 2760—2024《食品添加剂使用标准》中规定可用于食醋、酱油、果汁类、风味饮料类等，最大使用量为 1.0g/kg。苯甲酸及其钠盐作为防腐剂在食药同源食品保藏中，可以用在以丁香、八角茴香、甘草、白芷、小蓟、菊花、覆盆子、桑椹、薄荷、藿香、陈皮、荜茇、黑胡椒、火麻仁、布渣叶、黄精、海带、益智仁、草果、桔梗、乌梢蛇、阿胶等为原料的食品中。具体用量如表 7-6 所示。

表 7-6　可添加到食药同源食品中苯甲酸及其钠盐最大使用限量

序号	食药同源食品类别	最大使用限量
1	在丁香制品和八角茴香中	0.6g/kg
2	甘草制品	0.5g/kg
3	以白芷、小蓟和菊花为原料制成的茶饮品	1.0g/kg
4	以覆盆子、桑椹、薄荷为原料制成的果酱(罐头除外)	1.0g/kg(以苯甲酸计)
5	以藿香、陈皮为原料制成的饮料	0.2g/kg
6	以荜茇、黑胡椒为原料制成的调味料	0.6g/kg(以苯甲酸计)
7	以火麻仁、布渣叶为原料制成的植物饮料	1.0g/kg(以苯甲酸计)
8	以黄精为原料制成的果酱	0.02%
9	以海带为原料制成的饮料	0.02%
10	以益智仁为原料制成的蜜饯	0.5g/kg
11	以草果为原料制成的调味品	1.0g/kg
12	以桔梗为原料制成的腌渍蔬菜	1.0g/kg
13	以乌梢蛇为原料制成的口服液	3.0g/L
14	阿胶	1.0ng/mL

(2) 对羟基苯甲酸酯类及其钠盐

按照我国食品添加剂使用卫生标准,对羟基苯甲酸酯类及其钠盐可用于食醋、酱油、果酱(罐头除外)等,最大使用量为 0.25g/kg。对羟基苯甲酸酯类及其钠盐作为防腐剂在食药同源食品保藏中,可以用在以紫苏子、薄荷、覆盆子等为原料的食品中。具体用量如表 7-7 所示。

表 7-7 可添加到食药同源食品中对羟基苯甲酸酯类及其钠盐最大使用限量

序号	食药同源食品类别	最大使用限量
1	以紫苏子(籽)为原料的饮料	0.25g/kg
2	以薄荷为原料的酱(汁)	0.25g/kg
3	以覆盆子为原料制成的果酱(罐头除外)	0.25g/kg(以对羟基苯甲酸计)

(3) 丙酸及其钠盐、钙盐

按照我国食品添加剂使用卫生标准,丙酸及其钠盐、钙盐可用于豆类制品、面包、糕点、食醋、酱油和液体复合调味料,最大使用量为 2.5g/kg。丙酸及其钠盐、钙盐作为防腐剂在食药同源食品保藏中,可以用在以淡豆豉、粉葛、黄芪、草果、荜茇、黑胡椒等为原料的食品中。具体用量如表 7-8 所示。

表 7-8 可添加到食药同源食品中丙酸及其钠盐、钙盐最大使用限量

序号	食药同源食品类别	最大使用限量
1	淡豆豉制品	2.5g/kg
2	粉葛制品	0.25g/kg
3	以黄芪为原料制成的糕点	2.5g/kg
4	以草果为原料制成的调味品	2.5g/kg
5	以荜茇、黑胡椒为原料制成的调味料	2.5g/kg(以丙酸计)

(4) 山梨酸及其钾盐

按照我国食品添加剂使用卫生标准,山梨酸及其钾盐可用于腌渍的蔬菜、豆干再制品、面包、糕点等,最大使用量为 1.0g/kg(以山梨酸计)。山梨酸及其钾盐作为防腐剂在食药同源食品保藏中,可以用在以八角茴香、甘草、葛根、小茴香、山楂、覆盆子、马齿苋、花椒、黄精、沙棘、昆布、酸枣、酸枣仁、金银花、青果、鱼腥草、生姜、益智仁、草果、茯苓、灵芝、紫苏子(籽)、藿香、桔梗、党参、荜茇、黑胡椒、阿胶、人参等为原料的食品中。具体用量如表 7-9 所示。

表 7-9 可添加到食药同源食品中山梨酸及其钾盐最大使用限量

序号	食药同源食品类别	最大使用限量
1	八角茴香	1.0g/kg
2	甘草制品	0.5g/kg

续表

序号	食药同源食品类别	最大使用限量
3	以葛根为原料制成的饮料	0.04%
4	以小茴香为原料制成的调味料	1.0g/kg
5	以山楂为原料制成的果丹皮	0.04g/15g
6	以覆盆子为原料制成的果酱(罐头除外)	1.0g/kg(以山梨酸计)
7	以马齿苋为原料制成的果冻	0.5g/kg(以山梨酸计)
8	以花椒为原料制成的饮料	0.05%
9	以黄精为原料制成的果酱	0.03%
10	以沙棘为原料制成的浓缩果汁	2.0g/kg(以山梨酸计)
11	昆布	1.0g/kg(以山梨酸计)
12	以酸枣、酸枣仁为原料制成的复合饮料	2%
13	以金银花为原料制成的凉茶饮料	0.05%
14	以青果为原料制成的保健饮料	0.1‰
15	以鱼腥草为原料制成的方便食品	4%
16	生姜制品	0.11%
17	以益智仁为原料制成的蜜饯	0.5g/kg
18	以草果为原料制成的调味品	1.0g/kg
19	茯苓、灵芝	0.5g/kg
20	以紫苏子(籽)为原料制成的酱类	0.5g/kg
21	以紫苏子(籽)为原料制成的复合调味料	1.0g/kg
22	以藿香为原料制成的果酱	1.0g/kg
23	以桔梗为原料制成的腌渍蔬菜	1.0g/kg
24	党参制品	0.15g/mL
25	以荜茇、黑胡椒为原料制成的调味料	1.0g/kg(以山梨酸计)
26	阿胶	1.0ng/mL
27	以人参为原料制成的保健饮料	0.2g/mL

（5）双乙酸钠

按照我国食品添加剂使用卫生标准，双乙酸钠可用于豆干类、豆干再制品、原粮、熟制水产品（可直接食用）、膨化食品，最大使用量为1.0g/kg。双乙酸钠作为防腐剂在食药同源食品保藏中，可以用在以生姜、草果、姜黄、荜茇、黑胡椒等为原料的食品中。具体用量如表7-10所示。

表7-10 可添加到食药同源食品中双乙酸钠最大使用限量

序号	食药同源食品类别	最大使用限量
1	生姜制品	0.13%
2	以草果为原料制成的调味品	8.0g/kg
3	姜黄	2.5g/kg
4	以荜茇、黑胡椒为原料制成的调味料	10.0g/kg

7.2.3.2 天然类食品防腐剂的应用

（1）乳酸链球菌素

按照我国食品添加剂使用卫生标准，乳酸链球菌素可用于腌制蔬菜、卤制豆干、预制肉制品等，最大使用量为 0.5g/kg。乳酸链球菌素作为防腐剂在食药同源食品保藏中，可以用在以八角茴香、木瓜、生姜、茯苓、灵芝、荜茇、黑胡椒等为原料的食品中。具体用量如表 7-11 所示。

表 7-11 可添加到食药同源食品中乳酸链球菌素最大使用限量

序号	食药同源食品类别	最大使用限量
1	八角茴香	0.2g/kg
2	木瓜制品	0.1g/kg
3	生姜制品	0.12%
4	茯苓、灵芝	0.5g/kg
5	以荜茇、黑胡椒为原料制成的调味料	0.2g/kg

（2）纳他霉素

按照我国食品添加剂使用卫生标准，纳他霉素可用于糕点、酱卤肉制品类、油炸肉类等，最大使用量为 0.3g/kg（表面使用，混悬液喷雾或浸泡，残留量＜10mg/kg）。纳他霉素作为防腐剂在食药同源食品保藏中，可以用在以龙眼等为原料的食品中。具体用量如表 7-12 所示。

表 7-12 可添加到食药同源食品中纳他霉素最大使用限量

食药同源食品类别	最大使用限量
以龙眼为原料制成的龙眼肉（桂圆）	200mg/kg

（3）ε-聚赖氨酸和 ε-聚赖氨酸盐酸盐

按照我国食品添加剂使用卫生标准，ε-聚赖氨酸可用于烘焙食品，最大使用量为 0.15g/kg。ε-聚赖氨酸和 ε-聚赖氨酸盐酸盐作为防腐剂在食药同源食品保藏中，可以用在以刀豆、甘草、白扁豆、赤小豆、淡豆豉、粉葛、芫荽、郁李仁、桃仁、罗汉果、姜黄、茯苓、灵芝、薄荷、榧子、牡蛎等为原料的食品中。具体用量如表 7-13 所示。

表 7-13 可添加到食药同源食品中 ε-聚赖氨酸和 ε-聚赖氨酸盐酸盐最大使用限量

序号	食药同源食品类别	最大使用限量
1	刀豆	0.3g/kg
2	甘草制品	0.3g/kg
3	以白扁豆为原料制成的杂粮类	0.4g/kg
4	以赤小豆为原料制成的高筋小麦粉	0.3g/kg
5	淡豆豉制品	0.3g/kg

续表

序号	食药同源食品类别	最大使用限量
6	粉葛制品	0.3g/kg
7	芫荽	0.3g/kg
8	郁李仁、桃仁	0.3g/kg
9	以罗汉果为原料制成的复合饮料	150mg/L
10	以姜黄为原料制成的调味品	0.5g/kg
11	茯苓、灵芝	0.3g/kg
12	以薄荷为原料制成的酱(汁)	0.2g/L
13	榧子	0.3g/kg
14	牡蛎制品	2%

7.3 抗氧化剂及其应用

7.3.1 食品的氧化问题

食品中含有较多的诸如不饱和脂肪酸、维生素等不饱和化合物在食品贮藏加工及运输过程中与空气接触时会发生氧化作用，这成为了食品变质的主要因素。主要有以下几种现象：

① 色素氧化：食品中的色素在接触空气或光线时容易氧化，导致其颜色变深或褪色。

② 蛋白质氧化：食品中的蛋白质受到氧化作用后，质量下降，口感变差。

③ 脂肪氧化：食品中的脂肪在遇到氧气或光线时会发生氧化反应，产生有害的自由基，使储存期缩短，并可能产生异味和异色现象。

④ 维生素氧化：食品中的维生素在接触空气或光线时容易氧化失去功效，从而导致食品营养成分损失。

⑤ 营养物质氧化：食品中的其他营养物质也会受到氧化作用，例如多酚类物质、碳水化合物等，导致其质量下降。

食品氧化作用会使食品色泽、风味变差，营养价值下降及生理活性丧失，甚至会产生有害物质。这些变质现象较容易出现在干制食品、盐腌食品及长期冷藏而又包装不良的食品中。

7.3.2 氧化的抑制

防止食品氧化变质是一个重要的食品安全和保鲜问题。氧化反应会导致食品中的脂肪、蛋白质和维生素等成分受损，不仅降低食品的营养价值，还可能产生有害物质，影响人体健康。防止食品氧化变质方法主要有：

7.3.2.1 真空包装和充气包装

真空包装是通过抽出包装袋内的空气，创造一个无氧环境，从而防止食品与氧气接触。这种方法适用于肉类、鱼类和某些蔬菜。充气包装则是用氮气、二氧化碳等惰性气体替换包装袋内的空气。这些气体化学性质稳定，不会与食品发生反应，从而有效延缓氧化过程。

7.3.2.2 使用抗氧化剂

抗氧化剂是一类能够优先与氧气反应，从而保护食品不被氧化的物质。常见的抗氧化剂包括维生素 C、维生素 E 和一些合成抗氧化剂，如丁基羟基茴香醚和二丁基羟基甲苯。在油脂类食品中添加适量的抗氧化剂，可以有效延长其保质期。

7.3.2.3 低温冷藏和冷冻

温度是影响化学反应速率的重要因素。低温可以降低食品中氧化反应的速率，从而延长食品的保质期。冷藏和冷冻是两种常用的低温保鲜方法。冷藏一般将食品保存在 0℃ 至 10℃ 之间，而冷冻则是将食品保存在 −18℃ 以下。

7.3.2.4 干燥

氧化作用的快慢与水分活度之间密切相关，所以在食品贮藏过程中可以采取控制水分的措施防止或减轻食品的氧化。

7.3.2.5 避光保存

光线，特别是紫外线，可以激发食品中的物质发生氧化反应。因此，避光保存是防止食品氧化变质的重要手段。常见的避光方法包括使用不透明的包装材料、将食品存放在避光处等。

7.3.2.6 控制食品中的金属离子

某些金属离子，如铁离子、铜离子等，可以催化氧化反应的发生。因此，控制食品中的金属离子含量是防止食品氧化变质的有效手段。可以通过使用纯净的水源、避免使用金属器具接触食品等方式实现。

综上，防止食品氧化变质需要从多个方面入手，包括改善包装、使用抗氧化剂、控制温度和光照条件以及降低金属离子含量等。这些措施的实施可以有效延长食品的保质期，保障食品的安全和营养。

7.3.3 常用抗氧化剂及抗氧化机理

食品抗氧剂是为了阻止或延迟食品氧化，提高食品质量的稳定性和延长贮藏期的一类食品添加剂。主要应用于防止食品的氧化，防止食品褪色、褐变以及维生素被破坏等。按溶解性不同，抗氧化剂可以分为脂溶性抗氧化剂和水溶性抗氧化剂。

7.3.3.1 抗氧化剂的作用机理

食品抗氧化剂的种类很多，抗氧化作用的机理也不尽相同，但多数是以其还原作用为依据的。归纳起来，主要有以下几种：一是抗氧化剂可以提供氢原子来阻断食品油脂等物质自动氧化的链锁反应，从而防止食品氧化变质；二是抗氧化剂自身被氧化，消耗食品内部和环境中的氧气，从而使食品不被氧化；三是抗氧化剂通过抑制氧化酶的活性来防止食品氧化变质；四是将能催化及引起氧化反应的物质封闭，如络合能催化氧化反应的金属离子等。

(1) 自由基吸收剂

阻断脂质氧化最有效的手段是清除自由基。如果一种物质能够提供氢原子或正电子与自由基进行反应，使自由基转变为非活性的或较稳定的化合物，从而可中断自由基的氧化反应历程，达到消除氧化反应的目的，该物质即为自由基吸收剂。

脂溶性抗氧化剂能够溶于油脂，主要用于防止油脂及含油食品的氧化酸败。脂溶性抗氧化剂的作用机制比较复杂，被认为主要是终止油脂自动氧化链式反应的传递。

防止油脂氧化酸败的食品抗氧化剂，如丁基羟基茴香醚、二丁基羟基甲苯、没食子酸丙酯、特丁基对苯二酚及生育酚等均属于酚类化合物（AOH），是有效的自由基吸收剂，能够提供氢原子与油脂自动氧化反应产生的自由基结合，形成相对稳定的产物，阻断油脂的链式自动氧化过程。反应如下：

$$R\cdot + AOH \longrightarrow AO\cdot + RH（稳定产物）$$
$$ROO\cdot + AOH \longrightarrow AO\cdot + ROOH（稳定产物）$$

同时，酚类化合物自身产生的自由基（AO·）属于醌式自由基，可通过分子内部的电子共振而重新排列，呈现出比较稳定的新构型，这种醌式自由基不再具备夺取油脂分子中氢原子所需要的能量，故也属于稳定产物。这类能够提供氢原子的酚类抗氧化剂不能永久性地起抗氧化作用，也不能使已经酸败的油脂恢复原状，必须是在油脂未发生自动氧化或油脂刚刚开始氧化时添加才会有较好的抗氧化效果。

(2) 酶抗氧化剂

生物体内存在多种抗氧化酶类，这些抗氧化酶类具有将体内形成的过氧化物转换为毒害较低或无害物质的功效。如黄质氧化酶可以与产生的过氧化物作用生成超氧化物自由基，超氧化物歧化酶能催化超氧阴离子自由基（$O_2^-\cdot$）转化为 H_2O_2，过氧化氢酶能催化过氧化氢分解为水和氧气。

(3) 氧清除剂

氧清除剂是用以除去食品中的氧而延缓氧化反应发生的物质，常用的有抗坏血酸、抗坏血酸棕榈酸酯、异抗坏血酸（钠）以及酚类物质等。当抗坏血酸作为氧清除剂时必须处于还原态，反应后被氧化成脱氢抗坏血酸。在含油食品中抗坏血酸棕榈酸酯的溶解度较大，抗氧化活性更强；而在顶部空间有空气存在的罐头和瓶装食品中，抗坏血酸清除氧的活性很强。当抗坏血酸与自由基吸收剂结合使用时抗氧化效果更好。

(4) 金属离子螯合剂

油脂中包含微量的金属离子，特别是两价或高价态重金属离子，它们之间具有合适的氧化还原势，可缩短自由基链锁反应引发期，加快酯类化合物的氧化速度。乙二胺四乙酸、柠檬酸、磷酸衍生物等能与金属离子起螯合作用，因而阻止了金属离子的促酯类氧化作用。

7.3.3.2 脂溶性抗氧化剂

脂溶性抗氧化剂是指能溶于油脂，对油脂和含油脂食品能起到良好抗氧化作用的物质。常用的有丁基羟基茴香醚、二丁基羟基甲苯、没食子酸丙酯、特丁基对苯二酚、抗坏血酸棕榈酸酯等化学合成物质。天然的脂溶性抗氧化剂有生育酚混合浓缩物和甘草抗氧化物等。

(1) 丁基羟基茴香醚

丁基羟基茴香醚（BHA）又名叔丁基-4-羟基茴香醚、丁基大茴香醚，化学式为 $C_{11}H_{16}O_2$。有两种异构体：3-叔丁基-4-羟基茴香醚（3-BHA）[结构式为图 7-11(a)]和 2-叔丁基-4-羟基茴香醚（2-BHA）[图 7-11(b)]。市场上通常出售的 BHA 商品是由 3-BHA（约占 95%～98%）和 2-BHA（约占 5%～2%）组成的混合物。BHA 不溶于水，易溶于乙醇、甘油、猪油、玉米油、花生油和丙二醇。3-BHA 的抗氧化效果是 2-BHA 的 1.5～2 倍，两者混合使用有协同效果。BHA 除了抗氧化作用外，还有相当强的抗菌活性。

(a) 3-叔丁基-4-羟基茴香醚　　(b) 2-叔丁基-4-羟基茴香醚

图 7-11　丁基羟基茴香醚

相对来说，BHA 对动物性脂肪的抗氧化作用更有效，对热较稳定，在弱碱条件下也不容易被破坏，尤其是对动物脂的焙烤制品。但具有一定的挥发性，能被水蒸气蒸馏，故在高温制品中尤其是在煮炸制品中易损失，但可将其置于食品的包装材料中。BHA 是目前国际上广泛应用的抗氧化剂之一,也是我国常用的抗氧化剂之一。

(2) 二丁基羟基甲苯

二丁基羟基甲苯(BHT)也称2,6-二叔丁基对羟基甲苯,结构式见图7-12。BHT为无色结晶或白色晶体粉末,无臭味或有很淡的特殊气味,不溶于水,易溶于大豆油、棉籽油、猪油、乙醇。它的化学稳定性好,对热稳定,抗氧化能力强,与金属离子反应不着色。BHT的价格低廉,为BHA的1/5~1/8,是我国目前生产量最大的抗氧化剂之一。

BHT经常与BHA混合使用,二者混合使用时总量不得超过0.2g/kg。以柠檬酸为增效剂与BHA复配使用时,复配比例为:BHT:BHA:柠檬酸=2:2:1。BHT也可用于包装食品的材料中,其用量为0.2~1kg/t(包装材料)。

(3) 没食子酸丙酯

没食子酸丙酯(PG)也称棓酸丙酯,结构式见图7-13。没食子酸丙酯为白色至淡黄褐色晶体粉末,或乳白色针状结晶,无臭、稍有苦味,水溶液无味。PG易溶于乙醇等有机溶剂,微溶于水和油脂。PG对热较稳定,抗氧化效果好,易与铜、铁离子发生呈色反应,变为紫色或暗绿色,可引起食品的变色。具有吸湿性,对光不稳定,易分解,耐高温性差。PG对油脂的抗氧化能力很强,与增效剂柠檬酸或与BHT、BHA复配使用抗氧化能力更强。

(4) 特丁基对苯二酚

特丁基对苯二酚(TBHQ),又称叔丁基对苯二酚,结构式见图7-14。TBHQ是白色或浅黄色的结晶粉末,几乎不溶于水,能溶于乙醇、棉籽油、玉米油、大豆油、猪油,易溶于椰子油、花生油中。具有良好的热稳定性。遇铁、铜不变色,但如有碱存在可转为粉红色。TBHQ的抗氧化性能优于BHA、BHT、PG。对于植物油,它们的抗氧化能力顺序为:TBHQ>PG>BHT>BHA;对于动物性油脂,它们的抗氧化能力顺序为:TBHQ>PG>BHA>BHT。TBHQ的两个酚羟基使其具有更强的抗菌作用,能有效抑制细菌和霉菌的产生。TBHQ可以与BHA、BHT及柠檬酸、维生素C合用,但不得与PG混合使用。

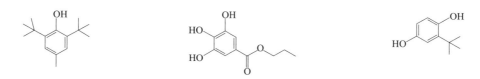

图7-12 二丁基羟基甲苯　　　　图7-13 没食子酸丙酯　　　　图7-14 特丁基对苯二酚

(5) 抗坏血酸棕榈酸酯

抗坏血酸棕榈酸酯为白色至微黄色粉末,几乎无臭,难溶于水,易溶于乙醇,可溶于油脂。结构式见图7-15。抗坏血酸棕榈酸酯是一种高效的氧清除剂和增效剂,被世界卫生组织食品添加剂委员会评定为具有营养性、无毒、高效、使用安全的食品添加剂,是我国唯一可用于婴幼儿食品的抗氧化剂，用于食品具有抗氧化、食品（油脂）护色、营养强化等功效。保存时应注意避光、热、潮湿，隔绝氧气。抗坏血酸棕榈酸酯与自由基反应能阻止油脂中过氧化物形成，与氧气反应能保证抗氧化活性，与维生素 E 配合使用具有增效抗氧化作用。

（6）茶多酚棕榈酸酯

茶多酚棕榈酸酯是茶多酚的衍生物，是以绿茶为原料提取的茶多酚经过与棕榈酰氯酯化、过滤、水洗、脱溶、结晶、离心、冻干、包装等步骤加工生产的脂溶性抗氧化剂。茶多酚棕榈酸酯呈淡黄色粉末状，无结块现象。茶多酚棕榈酸酯作为抗氧化剂主要用于基本不含水的脂肪和油，最大添加量为 0.6g/kg。

（7）生育酚

生育酚即维生素 E，天然维生素 E 广泛存在于高等动植物组织中，已知天然生育酚有 8 种同分异构体，结构式见图 7-16。作为抗氧化剂使用的生育酚混合浓缩物是天然维生素 E 的 8 种异构体的混合物。生育酚混合浓缩物为黄至褐色透明黏稠状液体，几乎无臭，不溶于水，溶于乙醇，可与丙酮、乙醚、油脂自由混合，对热稳定，在无氧条件下即使加热到 200℃ 也不被破坏，具有耐酸性但是不耐碱，对氧气十分敏感，在空气中及光照下会缓慢氧化变黑。

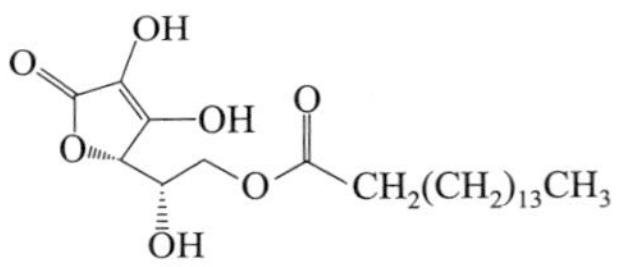

图 7-15　抗坏血酸棕榈酸酯 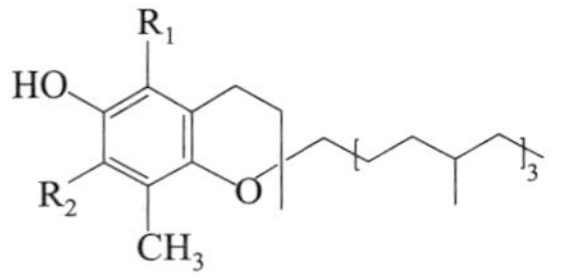　　　　　　　　图 7-16　生育酚

一般来说，生育酚的抗氧化效果不如 BHA、BHT。生育酚对动物油脂的抗氧化效果比对植物油脂的效果好。生育酚的耐光、耐紫外线、耐放射性也比较强，而 BHA、BHT 则较差。

（8）甘草抗氧化物

甘草抗氧化物的主要成分是黄酮类、类黄酮类物质，是将甘草植物的根、茎的水提物用乙醇或有机溶剂提取而制得。甘草抗氧化物不溶于水，但可溶于乙酸乙酯，在乙醇中的溶解度为 11.7%。这种脂溶性混合物具有抑菌、保肝、抗过敏、抗炎等生理功能。GB 2760—2024《食品添加剂使用标准》规定，甘草抗氧化物（以甘草酸计）可用于基本不含水的脂肪和油，熟制坚果与籽类（仅限油炸坚果与籽类），油炸面制品，方便米面制品，饼干，腌腊肉制品类（如咸肉、腊肉、板鸭、中式火腿、腊肠），酱卤肉制品类，熏、烧、烤肉类，油炸肉类，西式火腿（熏烤、烟熏、蒸煮火腿）类，肉灌肠类，发酵肉制品类，腌制水产品，膨化食品，最大使用量为 0.2g/kg。

(9) 迷迭香提取物

迷迭香提取物是从迷迭香的叶和嫩茎中分离出的抗氧化剂。迷迭香提取物含有多种有效的抗氧化成分,主要为:迷迭香酚、鼠尾香酚、迷迭香双醛、熊果酸和黄酮等化合物。它们都具有酚双萜的活性部位。此外,迷迭香中还含有迷迭香二酚、迷迭香醌等多种不同的酚类,这些酚类物质之间以加合作用来表现整体的抗氧化性。迷迭香的这些抗氧化成分作为断链型自由基终止剂,是通过捕获过氧自由基来抑制过氧化链式反应的进行,由于生成的酚氧自由基相对稳定,它与类脂化合物反应很慢,从而阻断了自由基链传递和增长,抑制氧化过程的进展。

(10) 4-己基间苯二酚

4-己基间苯二酚为白色、黄白色针状结晶,有弱臭,强涩味,对舌头产生麻木感,结构式见图 7-17。4-己基间苯二酚遇光、空气变淡棕粉红色。能与甲醇、乙醇、丙酮、氯仿、苯、乙醚和植物油互溶,微溶于石油醚和水。作为虾类加工助剂,可保持虾、蟹等甲壳水产品在储存过程中色泽良好,不变黑。GB 2760—2024《食品添加剂使用标准》规定,4-己基间苯二酚可用于鲜水产(仅限虾类),可按生产需要适量使用,但是残留量$\leqslant$1mg/kg。

(11) 羟基硬脂精

羟基硬脂精,又名氧化硬脂精,为部分氧化的硬脂酸和其他脂肪酸的甘油酯的混合物,为棕黄至浅棕色脂状或蜡状物质,结构式见图 7-18。口味醇和,溶于乙醚、己烷和氯仿。GB 2760—2024《食品添加剂使用标准》规定,羟基硬脂精可用于基本不含水的脂肪和油,最大使用量为 0.5g/kg。

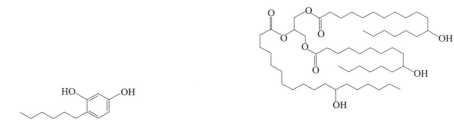

图 7-17 4-己基间苯二酚　　　　　图 7-18 羟基硬脂精

(12) 硫代二丙酸二月桂酯

硫代二丙酸二月桂酯为白色絮状结晶固体,是一种具有特殊的甜香气息和类脂气味的硫醚类物质,其结构式见图 7-19。硫代二丙酸二月桂酯与 BHA 和 BHT 等酚类抗氧化剂有协同作用,既可提高抗氧化性能,又能降低毒性和成本。硫代二丙酸二月桂酯具有极好的热稳定性,适合于焙烤及油炸食品,同时还具有极好的时间稳定性。在我国允许用于食品的硫醚类抗氧化剂仅有硫代二丙酸二月桂酯一种,作为一种过氧化物分解剂,它能有效地分解油脂自动氧化链反应中的氢过氧化物（ROOH），达到中断链反应的目的，从而延长了油脂及富脂食品的保存期。

7.3.3.3 水溶性抗氧化剂

水溶性抗氧化剂能够溶于水，主要用于防止食品氧化变色，常用的有抗坏血酸、异抗坏血酸及其盐、植酸、乙二胺四乙酸二钠以及氨基酸类、肽类和糖醇类等。

（1）抗坏血酸

抗坏血酸也称维生素C，其结构式见图7-20。L-抗坏血酸为白色略带淡黄色的结晶或粉末，无臭，有酸味，易溶于水，不溶于植物油，微溶于乙醇。L-抗坏血酸遇水颜色逐渐变深，干燥状态比较稳定。抗坏血酸的水溶液对光、热敏感，特别是在碱性及金属存在时更促进其破坏，因此在使用时必须注意避免在水及容器中混入金属或与空气接触。L-抗坏血酸能与氧结合而除氧，可以抑制对氧敏感的食物成分的氧化；能还原高价金属离子，对螯合剂起增效作用。

（2）抗坏血酸钠

抗坏血酸钠为白色或略带黄白色结晶或结晶性粉末，无臭，稍咸，干燥状态下稳定，吸湿性强，其结构式见图7-21。抗坏血酸钠易溶于水，极难溶于酒精，遇光颜色逐渐变深，其抗氧化作用与抗坏血酸相同。1g抗坏血酸钠相当于0.9g抗坏血酸。

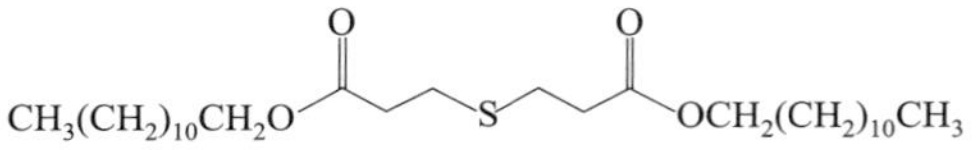

图7-19 硫代二丙酸二月桂酯 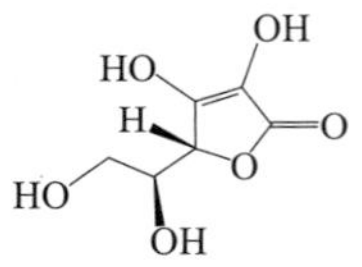　　图7-20 抗坏血酸 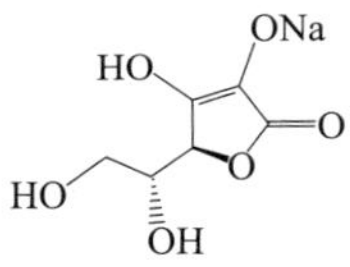　　图7-21 抗坏血酸钠

（3）抗坏血酸钙

抗坏血酸钙是抗坏血酸的钙盐，由抗坏血酸与碱性钙盐中和而制得，其结构式见图7-22。L-抗坏血酸钙为白色或淡黄色结晶粉末，无臭，溶于水，微溶于乙醇，不溶于乙醚，其自身不易被氧化，比维生素C稳定，而且吸收效果好，在体内具有维生素C的全部作用，抗氧化作用优于维生素C，而且由于钙的引入，也增强了它的营养强化作用。

（4）D-异抗坏血酸

D-异抗坏血酸亦称赤藻糖酸、异维生素C，是维生素C的一种立体异构体，在化学性质上与维生素C相似，其结构式见图7-23。D-异抗坏血酸为白色至淡黄色的结晶或结晶性粉末，无臭，有酸味；遇光颜色逐渐变黑；干燥状态下在空气中相当稳定，而在溶液中与空气接触时则迅速变质。异抗坏血酸极易溶于水，溶于乙醇，难溶于甘油，耐热性差，还原性强，金属离子能促进其分解。其抗氧化性能优于抗坏血酸，并且价格便宜，虽然无抗坏血酸的生理作用，但是也不会阻碍人体对抗坏血酸的吸收。

（5）D-异抗坏血酸钠

D-异抗坏血酸钠为白色至黄白色的结晶或晶体粉末，无臭，微有咸味，其结构式见图 7-24。干燥状态下 D-异抗坏血酸钠在空气中相当稳定，但在水溶液中遇空气、金属、热、光时则易氧化。易溶于水，几乎不溶于乙醇，其抗氧化性能与异抗坏血酸相同。

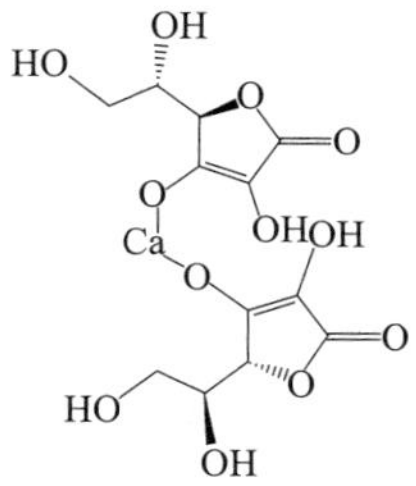

图 7-22　抗坏血酸钙 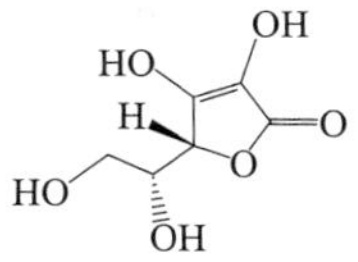　　　　图 7-23　D-异抗坏血酸 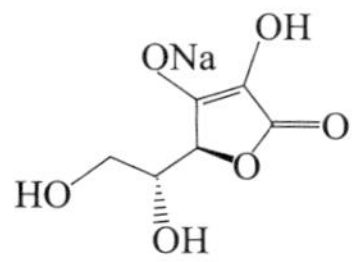　　　　图 7-24　D-异抗坏血酸钠

（6）乙二胺四乙酸二钠

乙二胺四乙酸二钠为白色结晶颗粒或粉末，无臭、无味，易溶于水，极难溶于乙醇，其结构式见图 7-25。乙二胺四乙酸二钠是一种重要的螯合剂，能螯合溶液中的金属离子。生产中常利用其螯合作用保持食品的色、香、味，防止食品氧化变质。

（7）乙二胺四乙酸二钠钙

乙二胺四乙酸二钠钙，别名依地酸钙钠，其结构式见图 7-26。乙二胺四乙酸二钠钙为白色结晶性或颗粒状粉末，无臭、无味，易潮解。在水中易溶，在乙醇或乙醚中不溶。能与多种金属结合成为稳定而可溶的络合物，由尿中排泄，故用于一些金属的中毒，尤其对无机铅中毒效果好（但对四乙基铅中毒无效），对钴、铜、铬、镉、锰及放射性元素均有解毒作用，但对锶无效。

（8）植酸

植酸亦称肌醇六磷酸，为淡黄色或褐色黏稠状液体，易溶于水、95％乙醇、丙二醇和甘油，微溶于无水乙醇、苯、乙烷和氯仿，对热较稳定，其结构式见图 7-27。植酸分子有 12 个羟基，能与金属螯合成白色不溶性金属化合物。

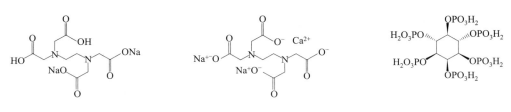

图 7-25　乙二胺四乙酸二钠　　　图 7-26　乙二胺四乙酸二钠钙　　　图 7-27　植酸

(9) 茶多酚

茶多酚亦称维多酚，是一类多酚化合物的总称，主要包括：儿茶素［表没食子儿茶素，结构式如图7-28(a)］、没食子儿茶素没食子酸酯［结构式如图7-28(b)］、表儿茶素没食子酸酯［结构式如图7-28(c)］以及黄酮、花青素、酚酸等化合物，其中儿茶素占茶多酚总量的60%～80%。茶多酚是利用绿茶为原料经过萃取法、沉淀法制取的，为淡黄色或淡绿色的粉末，有茶叶味，易溶于水、乙醇、醋酸乙酯，在酸性和中性条件下稳定，最适pH范围为4～8。茶多酚与柠檬酸、苹果酸、酒石酸有良好的协同效应，与柠檬酸的协同效应最好。与抗坏血酸、生育酚也有很好的协同效应。茶多酚对猪油的抗氧化性能优于生育酚混合浓缩物和BHA、BHT。由于植物油中含有生育酚，所以茶多酚用于植物油中可以更加显示出其很强的抗氧化能力。茶多酚作为食用油脂抗氧化剂使用时，有在高温下炒、煎、炸过程中不变化、不析出、不破乳等优点。茶多酚不仅具有抗氧化能力，它还可以防止食品褪色。

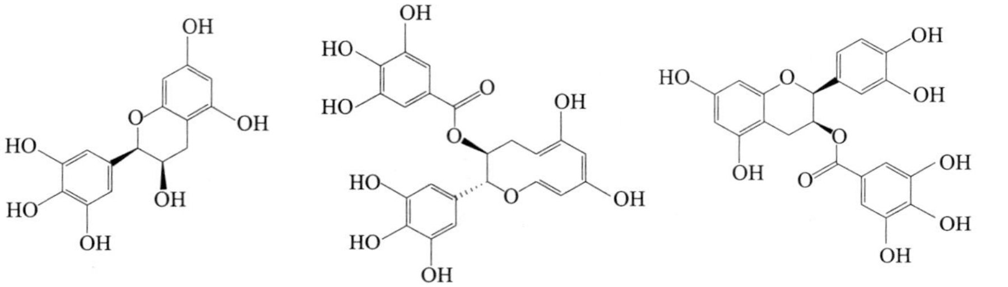

(a) 表没食子儿茶素　　(b) 没食子儿茶素没食子酸酯　　(c) 表儿茶素没食子酸酯

图7-28　茶多酚

(10) 竹叶抗氧化物

竹叶抗氧化物是从南方毛竹（淡叶竹）的叶子中提取的抗氧化性成分，有效成分包括黄酮类、内酯类和酚酸类化合物，是一组复杂而又相互协同增效作用的混合物。其中黄酮类化合物主要是碳苷黄酮，四种代表化合物为：荭草苷［结构式如图7-29(a)］、异荭草苷、牡荆苷和异牡荆苷；内酯类化合物主要是羟基香豆素及其糖苷；酚酸类化合物主要是肉桂酸的衍生物，包括绿原酸［结构式如图7-29(b)］、咖啡酸［结构式如图7-29(c)］、阿魏酸等。竹叶抗氧化物为黄色或棕黄色的粉末或颗粒，可溶于水和一定浓度的乙醇，略有吸湿性，在干燥状态时稳定，具有平和的风味和口感，无药味、苦味和刺激性气味，能有效抵御酸解、热解和酶解，在某种情况下竹叶抗氧化物还表现出一定的着色、增香、矫味和除臭等作用。

(11) 茶黄素

茶黄素是红茶中的重要品质成分和功能成分。茶黄素是多酚物质氧化形成的一类能溶于乙酸乙酯的、具有苯并卓酚酮的化合物的总称。茶黄素有12种组分，其中茶黄素［结构式如图7-30(a)］、茶黄素-3-没食子酸酯［结构式如图7-30(b)］、茶黄素-3,3′-双没

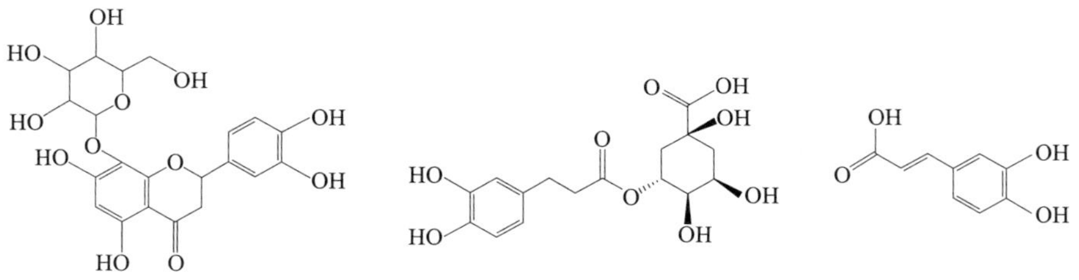

(a) 荭草苷　　　　　　　　(b) 绿原酸　　　　　　　(c) 咖啡酸

图 7-29　竹叶抗氧化物

食子酸酯和茶黄素-3′-没食子酸酯是 4 种最主要的茶黄素。茶黄素的提纯物呈橙黄色针状结晶，易溶于水、甲醇、乙醇、丙酮、正丁醇和乙酸乙酯，难溶于乙醚，不溶于三氯甲烷和苯。

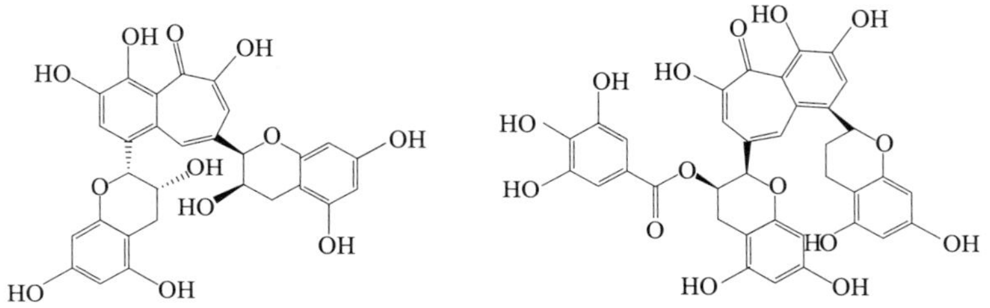

(a) 茶黄素　　　　　　　　　　　(b) 茶黄素-3-没食子酸酯

图 7-30　茶黄素

（12）柠檬酸

柠檬酸，又名枸橼酸，是一种重要的有机弱酸，其结构式见图 7-31。为无色晶体，无臭，易溶于水，溶液显酸性。柠檬酸结晶形态因结晶条件不同而存在差异，在干燥空气中微有风化性，在潮湿空气中有吸湿性，加热可以分解成多种产物，可与酸、碱、甘油等发生反应。柠檬酸应贮藏于气密容器内，置阴凉干燥处保存。作为抗氧化剂的增效剂，将柠檬酸与抗氧化剂混合使用，可提高抗氧化效果，阻止或延缓氧化。

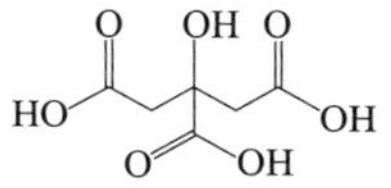

图 7-31　柠檬酸

7.3.4　抗氧化剂在食药同源食品保藏中的应用

7.3.4.1　脂溶性抗氧化剂的应用

按照我国食品添加剂使用卫生标准，脂溶性抗氧化剂特丁基对苯二酚、二丁基羟基甲苯、没食子酸丙酯、抗坏血酸棕榈酸酯和生育酚可用于食药同源食品中以茯苓、苦杏仁、桃仁、香薷籽、榧子、八角茴香、高良姜、山柰、蒲公英、胖大海、茯苓、栀子和布渣叶等为原料的食品中。具体用量如表 7-14 所示。

表 7-14　可添加到食药同源食品中的脂溶性抗氧化剂及其最大使用限量

序号	食药同源食品类别	可添加脂溶性抗氧化剂种类	最大使用限量
1	以苦杏仁为原料的油制品	特丁基对苯二酚	0.2g/kg（以油脂含量计）
2	以香薷籽为原料的油制品	特丁基对苯二酚	0.2g/kg（以油脂含量计）
3	桃仁作为熟制坚果	特丁基对苯二酚	0.2g/kg（以油脂含量计）
3	桃仁作为熟制坚果	二丁基羟基甲苯	0.2g/kg（以油脂含量计）
3	桃仁作为熟制坚果	没食子酸丙酯	0.1g/kg（以油脂含量计）
4	以榧子为原料的油制品	二丁基羟基甲苯	0.2g/kg（以油脂含量计）
5	以高良姜为原料的油制品	没食子酸丙酯	0.1g/kg（以油脂含量计）
6	以八角茴香为原料的油制品	没食子酸丙酯	0.1g/kg（以油脂含量计）
7	以高良姜为原料的茶制品	抗坏血酸棕榈酸酯	0.2g/kg
8	以山柰为原料的茶制品	抗坏血酸棕榈酸酯	0.2g/kg
9	以蒲公英为原料的茶制品	抗坏血酸棕榈酸酯	0.2g/kg
9	以蒲公英为原料的茶制品	生育酚	0.2g/kg
10	以胖大海为原料的茶制品	抗坏血酸棕榈酸酯	0.2g/kg
11	以茯苓为原料的茶制品	抗坏血酸棕榈酸酯	0.2g/kg
12	以布渣叶为原料的茶制品	生育酚	0.2g/kg
13	以栀子为原料的油制品	抗坏血酸棕榈酸酯	0.2g/kg
13	以栀子为原料的油制品	生育酚	0.2g/kg

7.3.4.2　水溶性抗氧化剂的应用

按照我国食品添加剂使用卫生标准，水溶性抗氧化剂抗坏血酸、D-异抗坏血酸及其钠盐、柠檬酸可用于食药同源食品中以花椒、豆豉、山楂、酸枣、罗汉果、龙眼、陈皮、灵芝、百合、黑芝麻、红枣、鱼腥草、生姜、枸杞、葛根、沙棘、火麻仁、桑叶、阿胶、牡蛎和佛手等为原料的食品中。具体用量如表 7-15 所示。

表 7-15　可添加到食药同源食品中的水溶性抗氧化剂及其最大使用限量

序号	食药同源食品类别	可添加水溶性抗氧化剂种类	最大使用限量
1	以花椒为原料的调味酱	抗坏血酸	按生产需要适量使用
2	豆豉制品	抗坏血酸	按生产需要适量使用
3	以山楂为原料的糖串	抗坏血酸	按生产需要适量使用
4	以山楂为原料的罐头	抗坏血酸	按生产需要适量使用
5	以山楂为原料的果茶	抗坏血酸	1.5g/kg（以即饮状态计）
6	含有酸枣的果泥	抗坏血酸	按生产需要适量使用
7	含有酸枣的果泥	柠檬酸	按生产需要适量使用
8	含有罗汉果的固体饮料	抗坏血酸	按生产需要适量使用
9	含有龙眼的果酒	抗坏血酸	按生产需要适量使用
10	含有陈皮的复合饮料	抗坏血酸	按生产需要适量使用

续表

序号	食药同源食品类别	可添加水溶性抗氧化剂种类	最大使用限量
11	以灵芝为原料制成的凉茶	抗坏血酸	按生产需要适量使用
12	百合	D-异抗坏血酸钠	按生产需要适量使用
13	含有黑芝麻的芝麻糊	D-异抗坏血酸钠	按生产需要适量使用
14	含有红枣的饮料	柠檬酸	按生产需要适量使用
15	含罗汉果的饮料	柠檬酸	按生产需要适量使用
16	以鱼腥草为原料制成的饮料	柠檬酸	按生产需要适量使用
17	以生姜为原料制成的饮料	柠檬酸	按生产需要适量使用
18	以葛根为原料制成的饮料	柠檬酸	按生产需要适量使用
19	含有沙棘的饮料	柠檬酸	按生产需要适量使用
20	含有枸杞的饮料	柠檬酸	按生产需要适量使用
21	以火麻仁为原料制成的饮料	柠檬酸	按生产需要适量使用
22	以桑叶为原料制成的饮料	柠檬酸	按生产需要适量使用
23	含有佛手的饮料	柠檬酸	按生产需要适量使用
24	以牡蛎为原料的即食调理食品	柠檬酸	按生产需要适量使用
25	含有阿胶的泡腾片	柠檬酸	按生产需要适量使用

思考题

1. 什么是化学保藏？
2. 化学保藏面临的挑战是什么？
3. 为什么食品中使用多种防腐剂？
4. 如何提高食品防腐剂的防腐效率？
5. 简述抗氧化剂的作用机理。
6. 食品抗氧化剂使用时有哪些注意事项？

参考文献

[1] 梁晓娟. 兰州百合果冻、饮品的加工工艺及特性研究[D]. 甘肃：西北师范大学，2018.
[2] 宋志姣，闭金贵，李如霞，等. 余甘子果汁加工工艺优化及理化性质分析[J]. 保鲜与加工，2024，24（04）：26-30，36.
[3] 王晨祥. 枸杞子馅料的制作工艺及贮藏特性研究[D]. 湖北：华中农业大学，2022.
[4] 颜月月，宾鲤苑，周慧萍. 沙棘陈皮百香果复合饮料制作工艺及其稳定性研究[J]. 现代食品，2023，29（15）：59-62.
[5] 申晗，李红涛. 藿香玫瑰复合饮料研制及抗运动疲劳作用研究[J]. 食品工业科技，2022，43（04）：205-213.
[6] 何莉萍. 荷叶降脂茶饮料的研制[J]. 粮食与油脂，2017，30（10）：62-66.
[7] 高彦祥. 食品添加剂[M]. 北京：中国轻工业出版社，2019.
[8] 封铧. 黄精酱加工工艺及品质研究[D]. 泰安：山东农业大学，2020.

[9] 赵艳霞，张栋，姜岩，等．高效液相色谱法同时测定阿胶糕中16种防腐剂［J］．化学分析计量，2022，31（6）：63-67．

[10] 曹菁，张雪元，周彬，等．茯苓、白芷、白扁豆混合物中总多糖提取工艺优化［J］．中国酿造，2021，40（12）：195-198．

[11] 王军华，王易芬，裘纪莹，等．ε-聚赖氨酸对牡蛎的防腐抗菌效果［J］．食品工业科技，2019，40（24）：270-275．

[12] 黄文，蒋予箭，汪志君，肖作兵．食品抗氧化剂作用机理概述［M］．北京：中国计量出版社，2006．

[13] 郝利平，聂乾忠，周爱梅，等．食品添加剂［M］．北京：中国农业大学出版社，2016．

[14] 徐娟，孙航，刘守庆，等．野生香薷籽油脂肪酸组成及氧化稳定性研究［J］．中国油脂，2017，42（03）：69-71，87．

[15] 黄诗娅，黄卫萍，林婧．超声波辅助水蒸气蒸馏法对八角茴香精油提取的影响［J］．大众科技，2022，24（10）：52-55．

[16] 肖川泉，张楠，罗小丹，等．南酸枣复合果泥配方与护色工艺的优化研究［J］．中国调味品，2024，49（01）：25-32．

[17] 张琨霖，司茜媛，赵娇娇，等．桑黄陈皮复合饮料的研制［J］．饮料工业，2023，26（05）：67-72．

[18] 李伟民，余小娜，万程程．红枣生姜低糖饮料的研制［J］．粮食与食品工业，2024，31（02）：37-40．

[19] 王倩，徐国梁，李琴．葛根饮料的制备工艺研究［J］．现代食品，2023，29（23）：66-69．

[20] 张剑宁．人参当归阿胶补血泡腾片的制备工艺及质量标准研究［D］．延吉：延边大学，2018．

第8章
食药同源食品的种类

8.1 食药同源饮品

8.1.1 食药同源草本饮料

8.1.1.1 食药同源草本饮料概述

食药同源草本饮料是指以食药同源草本植物（包括其根、茎、叶、花、果实、种子等部分）为主要原料，通过浸泡、提取、发酵、混合或其他加工工艺制得的饮品。食药同源草本饮料中最主要的种类是凉茶。凉茶最早是岭南人民以中草药为基础研制总结出的一类药性偏凉，具有清热解暑、生津止渴、调理身体等功效的饮料的总称。目前，市场上草本饮料的包装形式主要有罐装、瓶罐、利乐包等几种，其中罐装的应用最为广泛。

在选择食药同源草本饮料的原料时，必须遵循国家相关的法规和标准。市场上销售的食药同源草本饮料产品多为凉茶，大多具有清热解毒、降火、生津止渴、润燥的功效。因此食药同源原料大多选择具有这些功效的中草药，常见的如金银花、淡竹叶、桑叶、菊花等。所用原料应保证品质上乘，无腐败、虫蛀等质量问题，经过精细的筛选和清理后方可使用。在原料的形式上，可以使用干燥产品或新鲜产品，但鲜品不易贮藏，多选用干制品。

食药同源草本饮料的基本工艺流程如下：

草本原料预处理→原料浸提→过滤→加入辅料调配→过滤→加热→灌注→封盖杀菌→冷却→包装入库→成品

8.1.1.2 典型产品的生产实例——桑菊饮料

桑菊饮料是一种传统的食药同源草本饮料，其中桑叶富含氨基酸、维生素和多酚类物质，有清热、凉血、明目之功效；薄荷具有发汗、散风热等功效；菊花有助于降压和清肝明目。桑菊饮料不仅能清热解暑，更具有明目、预防心脑血管疾病、利咽、提高免疫力等多种功效。

(1) 配方组成

每瓶250mL，以1000瓶计：蔗糖80kg，桑叶6kg，菊花3.2kg，薄荷2kg，各类食品添加剂在国家标准限定内根据实际需求添加。

(2) 工艺流程

桑菊饮料的工艺流程并不复杂，首先是对桑叶、菊花和薄荷进行预处理，按一定比例混合后制备提取液，再按照配方比例在提取液中加入一定量的蔗糖等辅料进行调配，充分混合后杀菌装瓶即可。具体如下：

原料除杂→提取→配料→灭菌→灌装→检验→包装→成品

(3) 操作要点

① 桑叶、菊花、薄荷提取液的制备：先对桑叶、薄荷和菊花进行清洗除杂，然后按照配方比例将这三种原料充分混合后，复合提取。

② 复配：将糖浆与桑叶、菊花、薄荷提取液及其他辅料按比例混合复配，即可得到调配后的桑菊饮料。

8.1.2 食药同源果蔬汁饮料

8.1.2.1 食药同源果蔬汁饮料概述

食药同源果蔬汁饮料是指以新鲜或冷藏的食药同源水果和（或）蔬菜（包括可食用的根、茎、叶、花、果实）等为原料，经加工制成的饮料。食药同源果蔬汁具有营养丰富、风味良好等特点，含有原料中的各种可溶性成分，如矿物质、维生素、酸、糖、膳食纤维等，营养成分十分接近天然果蔬。

根据GB/T 10789—2015（饮料通则）及GB/T 31121—2014（果蔬汁类及其饮料），果蔬汁及其饮料产品可分为果蔬汁（浆）、浓缩果蔬汁（浆）和果蔬汁（浆）饮料。按照加工工艺分类，食药同源果蔬汁又可分为以下几种：

① 澄清汁：又称透明汁，通常指经过过滤或离心等特定处理后得到的一种不含任何悬浮物质的食药同源果蔬汁，液体清澈透明。

② 浑浊汁：也称不透明汁，它带有纤维素、细胞壁残留物等悬浮颗粒，透光性差。

③ 浓缩汁：是通过去除部分水分从而提高汁液浓度的果蔬汁，具有体积小、易于储存和运输等特点。

食药同源果蔬汁通常会保留原料的自然风味特性，因此需要选择适宜制汁的原料进行加工。一方面要求果蔬成熟度适宜，具有香味浓郁、色泽好、出汁率高、糖酸比合适、营养丰富等特点；另一方面，原料必须保持新鲜、清洁，确保不使用腐烂、霉变、虫害的果实，同时应剔除非果实部分。在食药同源原料中，许多果类都适宜制成果蔬汁，如枸杞、沙棘、山楂、桑葚等。如枸杞富含多种氨基酸、维生素及矿物质，具有滋补肝肾、益精明目的功效；沙棘则以其丰富的维生素C及多种生物活性物质著称，有助于增强免疫力、促进消化。

食药同源果蔬汁饮料的基本工艺流程如下：

① 澄清汁

原料清洗挑选→破碎→取汁→粗滤→灭酶→过滤→杀菌→灌装→成品

② 浑浊汁

原料清洗挑选→破碎→预煮→打浆→均质→脱气→杀菌→灌装→成品

③ 浓缩汁

原料清洗挑选→破碎→取汁→粗滤→灭酶→过滤→浓缩→杀菌→灌装→成品

8.1.2.2 典型产品的生产实例——枸杞饮料

枸杞具有滋补肝肾和益精明目的功效，主要可以治疗肝肾阴虚引起的头晕耳鸣、腰膝酸软、双目干涩等症状。此外，枸杞能够在一定程度上增强机体免疫力。以枸杞为原料的枸杞饮料营养丰富，含有多种维生素和铁、钙等矿物质，具有多种功效，有益于维持人体健康。

(1) 工艺流程

原料→选果→洗涤→挤压除梗→加热→榨汁→澄清→过滤→配料→杀菌→灌装→密封→成品

(2) 操作要点

① 选果：对接收的枸杞原料进行挑选，选择新鲜、成熟、质量达标的果实，剔除病虫害、破裂、霉变的果实。

② 洗涤：先将枸杞用水浸泡，去除其表面尘土和部分微生物，再用0.05%～0.1%高锰酸钾溶液浸泡5～10分钟，杀灭微生物，最后用高压水深度清洁浸泡后的枸杞，避免高锰酸钾残留影响人体健康。

③ 挤压除梗：枸杞洗涤完成后，通过机械对其进行挤压处理，剔除果梗。果梗经过加热会产生大量单宁，若未及时除去，导致单宁在后续操作中被释放出来，可能影响产品的质量和色泽。

④ 加热：将压碎的果实浆液进行加热，温度控制在60～70℃，使果实软化，方便榨汁。

⑤ 榨汁：将加热后的浆液过滤，对滤渣进行二次压榨，合并两次汁液。

⑥ 澄清：若生产澄清果汁，可向果汁中添加0.05%的果胶酶，通过酶法去除果汁中的果胶等物质，避免成品浑浊或产生沉淀。酶处理的温度要控制在40～50℃，避免温度

过高导致酶失活而影响澄清效果。

⑦ 过滤：采用多级过滤系统，首先通过板框压滤机进行粗过滤，再以硅藻土为助滤剂进行精过滤。硅藻土用量可根据果汁特性进行调整。

⑧ 配料：按产品配方比例添加糖、酸、香精等配料进行调配，改善枸杞饮料的口感。

⑨ 杀菌：采用超高温瞬时杀菌技术对配料完成的枸杞饮料进行杀菌处理，121℃杀菌3秒，趁热装罐、密封，避免微生物污染。

8.1.3 食药同源固体饮料

8.1.3.1 食药同源固体饮料概述

食药同源固体饮料是指采用食药同源原材料，添加适当的辅料加工而成的粉末状、颗粒状等固态的供冲调饮用的制品。食药同源固体饮料因具有体积小、便于保存携带、食用方便以及品种多样等优点，受到消费者的喜爱。我国一些食药同源固体饮料，如菊花晶、山楂晶等品种畅销国内外。

食药同源固体饮料具有不同的分类标准：根据其组分的不同，可分为果香型固体饮料、蛋白型固体饮料和其他型固体饮料3种类型；根据其外观状态的不同，可以分为粉末状固体饮料、颗粒状固体饮料、块状固体饮料；根据其起泡特征又可分为起泡型固体饮料和不起泡型固体饮料。

中药材的传统加工方式主要为水溶剂煎煮，这种方法能够有效提取原料中的水溶性成分，从而发挥其功效作用。因此，可以将食药同源原料的水提物制成固体饮料，充分保留其功效和作用。在实际生产中，通常会选择口感良好、令人接受程度高的原料进行生产。在果香型固体饮料的生产中，常用的食药同源原料包括枸杞、桑椹、木瓜、山楂等。在蛋白型固体饮料的生产中，有时会添加人参提取物等成分，以制成人参乳晶。这类饮料适用于免疫功能低下和部分亚健康状态人群，能够补充营养。人参中的活性成分如人参皂苷，有助于增强机体的免疫力，改善身体状态。

食药同源固体饮料中应用较为广泛的是果香型固体饮料，其基本工艺流程如下：
原辅料预处理→称重→复配→制粒（粉）→烘干→筛分→检验→包装→成品
操作要点：

(1) 原辅料预处理

① 中药提取物应放在合适的湿度和温度下储存，以防吸潮变质。

② 使用砂糖时，需先将其粉碎并筛分，以获得细糖粉，确保配料均匀。

③ 如需使用麦芽糊精，在使用前也需对其进行筛分，且应在加入糖粉后再进行投料，以防结块。

④ 食用色素和柠檬酸应分别用适量水溶解，使其均匀分散并易于投料。

⑤ 需要根据原辅料特性选择合适的加水量。加水过量会导致颗粒过硬，影响后续成

型；水分不足则会导致颗粒无法形成，影响产品的质量。若使用果汁替代使用香精等添加剂，果汁的浓度应尽可能高，同时减少加水量或不加水。

（2）复配

在复配过程中，必须严格按照既定配方进行投料，食品添加剂的使用量必须严格控制在国家标准范围内。选择适合的混料设备，使各成分均匀混合。

（3）制粒（粉）

将均匀混合且湿度适中的散料投入成型机进行制粒，形成颗粒状物料。可采用摇摆式颗粒成型机等设备，制得的颗粒通过出料口进入盛料盘。

（4）烘干

在干燥设备中，将盛料盘中的颗粒均匀铺平并进行烘干处理，选择合适的烘干温度，防止破坏食药同源物质的功效成分及产品的风味。

（5）筛分

对干燥后的颗粒或粉末产品进行筛分处理，选用适当孔径的筛子，除去较大颗粒或结块物，也可使用干法整粒机进行整粒处理，从而获得颗粒均匀一致、具有较好溶解性的产品。

（6）包装

冷却后的产品经检验合格后即可进行包装。

8.1.3.2 典型产品的生产实例——山楂晶

山楂晶是以山楂为主要原料加工而成的固体饮料，由于山楂本身具有开胃消食等作用，山楂晶除了具有食用价值外，也具有一定的保健功效。山楂晶的成品为粉末状或颗粒状固体，具有良好的溶解性，加入适量的水冲调后可呈现出山楂果的甜酸风味，是一种方便的冲调饮品。山楂晶固体饮料富含多种维生素，还含有山楂酸等有机酸，同时钙、铁等矿物质含量也较为丰富，具有较高的营养价值。

（1）基本工艺流程

山楂晶的基本工艺流程如下：

原料预处理→取汁→过滤→澄清→浓缩→配制→造粒与干燥→检验→包装→成品

（2）操作要点

① 原料预处理：用于制作山楂晶的山楂应当选用成熟、无腐败及病虫害的新鲜山楂，原料接收后先将其用水清洗干净，除去表面的尘土及其他杂质，确保流入生产线的山楂洁净、安全。

② 取汁：山楂由于肉薄汁少果核大，采用机械法取汁效果较差，常采用浸提法取汁。取汁前先将山楂通过蒸汽加热或预煮软化，便于后续取汁。

③ 过滤和澄清：水提得到的山楂汁并不稳定，汁液中可能含有部分果肉及其他杂质，通过过滤除去粗大杂质，再进行澄清处理。澄清方法包括自然澄清法和加酶澄清法等。

④ 浓缩：澄清的山楂汁多进行真空浓缩，蒸发掉部分水分，得到浓缩山楂汁，最终浓缩至固形物含量60%左右为宜。

⑤ 配制：山楂晶的主要原料是山楂，但鲜果山楂经过提取后会损失部分营养物质，口感的丰富度也不如新鲜山楂，因此可以添加少量糖、酸等辅料进行调配。

⑥ 造粒与干燥：将配制好的山楂汁通入造粒机，造粒成型后采用真空干燥进一步降低山楂晶的含水量。注意真空干燥温度不宜过高，避免香味物质和营养成分的流失。

8.1.4 食药同源蛋白饮料

8.1.4.1 食药同源蛋白饮料概述

蛋白饮料是指以乳或乳制品，或其他动物来源的可食用蛋白质，或含有一定蛋白质的植物果实、种子或种仁等为原料，添加或不添加其他食品原辅料和（或）食品添加剂，经加工或发酵制成的液体饮料。食药同源蛋白饮料则是指添加有食药同源成分的蛋白饮料，包括食药同源含乳饮料、食药同源植物蛋白饮料、食药同源复合蛋白饮料三大类。

用于制作蛋白饮料的食药同源原料主要分为两大类。一类是在含乳饮料特别是发酵型含乳饮料中作为辅料添加的原料，如枸杞、大枣、山楂、鸡内金、茯苓等；另一类是以食药同源原料制成的植物蛋白饮料，如杏仁露。

食药同源发酵型含乳饮料加工工艺和普通发酵型含乳饮料的加工工艺相似，其中食药同源物质可以在发酵前加入，也可在发酵后随辅料一同加入。下面介绍的是食药同源植物蛋白饮料（杏仁露）的基本工艺，其工艺流程如下：

杏仁去皮→脱苦→消毒清洗→磨浆→过滤→加入辅料和添加剂→调配→真空脱臭→均质→杀菌→包装→检验→成品

8.1.4.2 典型产品的生产实例——杏仁露（乳）饮料

杏仁是一种常见的食药同源食材，富含亚麻酸等不饱和脂肪酸、多种维生素及钾、钙、锌、铁、硒等矿物质，同时含有多种优质蛋白质成分，具有较高的营养价值和良好的生理活性，是一种优质的天然植物蛋白资源。杏仁露（乳）饮料是一种以甜杏仁或苦杏仁（经过脱苦处理）为主要原料，经过加工制成的植物蛋白饮料。杏仁露兼具止咳润肺、调节血脂等功效，是一种健康的蛋白饮品。

杏仁露的摄入也应当适量，过量饮用也可能导致能量过剩、增加肥胖等风险。此外，杏仁中含有少量具有一定毒性的氰化物，苦杏仁中氰化物含量约为0.25%，因此在杏仁露的加工处理过程中，必须对杏仁进行严格的脱毒处理，避免危害人体健康。

(1) 工艺流程

杏仁露的工艺流程如下：

原料挑选与预处理→去皮、脱苦→磨浆→过滤→调配→真空脱臭→均质→杀菌→包装

(2) 操作要点

① 原料挑选与预处理：选取籽粒饱满、色泽良好的新鲜杏仁，剔除霉变、有病虫害或运输破损的杏仁及其他杂质，保证原料品质。挑选好的杏仁需要先进行清洗和消毒，可先将杏仁通过清水浸泡清洗，除去其表面的尘土和杂质，再用一定浓度的过氧乙酸等消毒剂进行浸泡和消毒，最后必须用软化水多次漂洗，避免消毒剂残留。

② 去皮、脱苦：由于杏仁（尤其是苦杏仁）具有一定的苦味成分和毒素，必须通过去皮、脱苦等处理再进行下一步操作。可先对杏仁进行热烫处理，通过短时间高温加热，使杏仁的皮软化，然后利用机械或人工完成去皮处理。由于苦杏仁苷易溶于水，可以通过用热水浸泡和每天更换新水的方式去除苦味和毒素，脱苦工序可能耗时较长，通常需要5～6天才能保证苦味和毒素被完全脱去。在这部分处理过程中，杏仁得到了充分的浸泡和吸水软化，有助于提高蛋白质的提取率。

③ 磨浆：磨浆一般通过粗磨和细磨两道工序完成。粗磨可以采用磨浆机进行研磨，注意控制加水量，加水量不要过多，同时避免多次加水。将粗磨后的浆液再通过胶体磨进行细磨，需要将磨浆后浆液的微粒大小控制在适当范围内，保证杏仁露饮料口感细腻。在二次磨浆时可以适当加入护色剂进行护色。

④ 过滤：将磨浆处理后的浆液进行过滤，保留滤液得到杏仁浆，舍弃滤渣。

⑤ 调配：根据产品配方对过滤得到的杏仁浆进行调配。将砂糖、柠檬酸、稳定剂等配料先按比例混合并溶解于温水中，溶解完全并搅拌均匀后加入杏仁浆中，通过搅拌使料液充分混匀。调配过程中要注意严格控制浆液的pH和温度，避免温度过高时蛋白质失活而导致营养价值降低。

⑥ 真空脱臭：考虑到杏仁露在加工处理过程中会产生异味，需要采用真空脱臭法去除产生的异味，避免由于气味导致的产品质量问题。将杏仁露饮料于高温下喷入真空罐中，在水分蒸发的同时带出挥发性不良风味成分，脱臭时真空度最好控制在26.6～39.9kPa，此真空度下脱臭效果较好。

⑦ 均质：均质是控制杏仁露质量的关键步骤，通过均质可以增强杏仁露的稳定性，进一步减小脂肪分子的直径，避免产生分层现象。为了提高均质效果，可以先将压力控制在20～25MPa均质一次，再适当升高均质压力进行二次均质，要求均质后的杏仁液达到粒度小于$3\mu m$的标准。

⑧ 杀菌：杏仁露饮料脂肪等营养物质含量丰富，容易变质。可先将调配好的杏仁液进行巴氏杀菌，在75～80℃保持5～10分钟，以杀灭其中的微生物。灌装密封后再进行二次杀菌。

上述处理过程中注意避免香味成分油脂的损失，保留杏仁原有的香味和营养。

8.2 食药同源冲调食品

8.2.1 食药同源冲调粉

8.2.1.1 食药同源冲调粉概述

食药同源冲调粉是食药同源原料经过粉碎、熟化、添加辅料等工艺而制成粉末状的冲调食品。食用时一般只需要加水溶解即可，简便快捷。与食药同源原料提取物不同，食药同源冲调粉多采用食药同源原料的全组分进行加工制作，更全面地保留了食药同源物质的营养成分。

食药同源冲调粉的原料一般要求具有良好的溶解性，能够在水中迅速溶解形成均匀的混合物，不会产生结块或沉淀。此外，用作食药同源冲调粉的原料也要有较好的营养和功效成分、良好的口感和稳定性等。常用于制作食药同源冲调粉的原料包括黑芝麻、山药、粉葛、黄精等。

食药同源冲调粉的基本工艺流程如下：

原料磨粉→配制→熟化→粉碎→加入辅料→包装→成品

8.2.1.2 典型产品的生产实例——粉葛冲调粉

粉葛，又名葛根、甘葛，是一种多年生豆科藤本植物。粉葛含有丰富的优质淀粉、人体必需的氨基酸、微量元素以及一定量的黄酮类物质，主要活性成分为黄豆苷元、黄豆苷、葛根素等。其中葛根素是一种异黄酮类衍生物，被报道具有降糖、减脂等有益作用。粉葛性凉味甘辛，具有解表退热、生津等多种功能。粉葛冲调粉保留了粉葛原有的营养成分，具有极高的营养价值。

（1）工艺流程

粉葛冲调粉在加工时，将原料粉葛经过预处理后进行真空干燥，干燥完毕的粉葛经过两道粉碎工序——粗粉碎和超微粉碎，然后将海藻酸钠、麦芽糊精、木糖醇等配料加入粉碎后的粉葛中并振荡均匀，最后将调配好的粉葛冲调粉包装封口，即可得到成品。粉葛冲调粉的基本工艺流程如下：

原料预处理→真空干燥→粗粉碎→超微粉碎→混料→混匀→检验→包装→成品

（2）操作要点

① 原料预处理：在真空干燥前，先将粉葛清洗干净，切成薄片，在55℃真空干燥箱中烘干。将烘干后的粉葛用粉碎机粗粉碎，再对粗粉进行超微粉碎，过筛，得到粉葛粉。

② 调粉：以粉葛粉的质量为基准，按照比例加入辅料。粉葛冲调粉的辅料添加量为：麦芽糊精10%、木糖醇0.2%、海藻酸钠0.3%，使用微量振荡仪搅拌均匀。也可根据不

同的应用场景及清洁标签的理念加入其他辅料或者不加辅料。

③ 包装与封口：将制成的粉葛冲调粉用真空袋包装，真空包装机封口。

8.2.1.3 典型产品的生产实例——黑芝麻糊

黑芝麻，又称胡麻、油麻，是一种一年生草本植物，其主要成分是油脂（即芝麻油）。黑芝麻脂肪酸组成丰富，油酸和亚油酸等不饱和脂肪酸含量较高，因此适合高胆固醇、高脂血症引起的动脉硬化疾病患者食用。黑芝麻的蛋白质种类也非常丰富，同时还富含钙、磷、铁及维生素 E 等营养成分。因此，黑芝麻糊具有润肠、通乳、补肝肾、益脾胃、补血养发等多种功效，有很高的营养价值。黑芝麻糊不仅营养丰富，而且口感香浓，作为一种经典的传统美食，深受消费者喜爱。

(1) 产品配方

大米 50kg、蔗糖粉 30kg、黑芝麻 15kg、核桃仁和花生仁各 2.5kg。

(2) 工艺流程

加工黑芝麻糊时，首先将黑芝麻、核桃仁、花生仁等原料进行预处理及烘烤，与膨化后的大米混合后进行粉碎，再向其中加入蔗糖粉并混合均匀，经过过筛、检验、包装后即得到成品。具体流程如下：

原料预处理→烘烤→粉碎→混料→过筛→检验→包装→成品

(3) 操作要点

① 原料混合时注意要将黑芝麻、核桃仁、花生仁及膨化后的大米按照配方比例定量添加并充分搅拌均匀，可以使用搅拌机进行搅拌操作，确保各原料混合均匀，避免影响成品口感和质量。

② 过筛操作可选用 80 目筛。

③ 烘烤时要注意控制温度，一般可控制温度在 100～120℃。温度过高可能导致原料焦糊和部分营养物质损失，影响黑芝麻糊的风味和营养价值。

④ 花生仁和核桃仁不经处理或处理不当可能会产生涩味，影响口感。一般可以在烘烤前用热水漂洗核桃仁，烘烤后去掉花生仁的红衣，避免成品产生涩味。

⑤ 工作环境要合乎相关卫生规范，如包装间要做好杀菌处理，避免微生物及其他物质污染。

8.2.2 食药同源冲调膏

8.2.2.1 食药同源冲调膏概述

食药同源冲调膏是一种加有食药同源成分的膏状冲调食品，食药同源原料经过提取、浓缩、熬制等工艺后加工成膏状产品。一般具有较高的营养价值或特殊功效，用水简单冲调即可饮用。

食药同源冲调膏原料的选择一般要根据产品的功效需求，设计合理的配方比例。例如，对于补血养气的产品，可选择阿胶、当归、红枣等为主要原料；对于调节免疫力的产品，可选择黄芪、枸杞子、茯苓等为主要原料。

食药同源冲调膏的基本工艺流程如下：

原料预浸泡→煎煮→过滤→调配→浓缩收膏→冷却→包装→成品

8.2.2.2 典型产品的生产实例——复方阿胶膏

复方阿胶膏是使用多年的滋补食疗膏方。复方阿胶膏除了主要功效成分阿胶外，还添加了包括黄芪、枸杞等在内的其他食药同源原料，具有益气补血、滋阴润肺等功效，可用于气血两虚证。

（1）配方

蔗糖400g、核桃仁200g、黑芝麻180g、黄芪177g、山楂（炒）150g、麦芽（炒）150g、龙眼肉133g、枸杞120g、阿胶100g。

（2）工艺流程

加工复方阿胶膏时，将黄芪、枸杞、核桃仁、黑芝麻等辅料煎煮后浓缩得清膏。将粉碎后的阿胶细粉与加热后的清膏混合得到阿胶药液，烊化后，再加入炼化的蔗糖，趁热搅拌均匀，放凉后分装即可得到成品复方阿胶膏。具体流程如下：

辅料煎煮→浓缩→加入阿胶粉→烊化→加糖液→混匀→冷却→检验→包装→成品

（3）操作要点

① 煎煮配方中的原料时用10倍的水煎煮三次，每次90分钟，合并三次的煎煮液，过滤，弃滤渣。滤液浓缩得到清膏，待用。

② 将阿胶细粉与加热后的清膏混合时，要等阿胶细粉完全溶化后再进行下一步操作。

③ 按配方称取蔗糖，加蒸馏水炼制成"拉丝，挂旗，滴水成珠"时，趁热加入烊化后的阿胶药液中，搅拌均匀，放凉、分装、包装即得成品。

8.3 食药同源饼干

8.3.1 食药同源酥性饼干

8.3.1.1 食药同源酥性饼干概述

食药同源酥性饼干是以小麦粉、食药同源原料、糖、油脂为主要原料，加入膨松剂和其他辅料，经冷粉工艺调粉、辊压、辊印或冲印，烘烤制成的焙烤食品。食药同源酥性饼干断面结构呈多孔状组织，口感疏松。常见的食药同源酥性饼干包括猴头菇酥性饼干、八珍桃酥饼干、梅尼耶黑芝麻饼干等。

食药同源酥性饼干一般选用富含多糖、蛋白质等营养成分并且在中医或现代医学中被证明具有一定特殊功效的食药同源原料，如具有养胃功能的猴头菇等。食药同源原料添加到酥性饼干中不仅提高了饼干的营养价值，也能提升饼干的口感和风味，提高消费者的食用体验。食药同源酥性饼干中常见的食药同源原料包括山药、猴头菇、粉葛、小茴香、黑芝麻、槐花等。

食药同源酥性饼干的基本工艺流程如下，其中食药同源物质可在面团调制时随配料一同加入。

原料预处理→配料→面团调制→成型→烘烤→冷却→检验→包装→成品

8.3.1.2 典型产品的生产实例——杏仁酥性饼干

杏仁酥性饼干是一种以杏仁、低筋面粉、黄油和白砂糖为主要原料加工而成的焙烤食品，其中杏仁是主要的风味原料。杏仁酥性饼干保留了杏仁的主要营养成分和风味，有助于降低胆固醇、保护心脏健康，还具有一定的美容功效，是一种比较健康的焙烤食品，深受消费者的喜爱。

（1）配方

面粉 500g，白砂糖 750g，鸡蛋清 300g，植物油 50g，杏仁 50g。

（2）工艺流程

杏仁酥性饼干的工艺流程参考 8.3.1.1。

（3）操作要点

① 制饼干糊：选择粒大饱满、无破损及病虫害的新鲜杏仁，剔除杂质后搅碎。将碎杏仁和鸡蛋清、过筛后的白砂糖等一起置于不锈钢锅中搅拌均匀，可根据生产需要再向其中加入适量的食盐；然后上火加温，搅拌加温至50℃左右，撤火继续搅拌，晾凉后即成杏仁饼干糊。

② 烘烤：在擦净的烤盘底部刷一层植物油，再均匀撒上一层面粉，将晾凉的杏仁饼干糊装入底部开口的布袋中，按顺序整齐挤在烤盘上。将烤盘放入160℃的烤炉烘烤10分钟，晾凉后包装即得成品。

8.3.2 食药同源薄脆饼干

8.3.2.1 食药同源薄脆饼干概述

食药同源薄脆饼干是一种干燥脆硬、形状扁平的烘焙食品，由小麦粉、糖、油脂及食药同源原料加工制作而成。食药同源薄脆饼干质地均匀较薄、口感爽脆。食药同源薄脆饼干除了具有传统饼干的口感和美味外，还具有特定的食疗功效，如健脾胃、促消化等。

薄脆饼干的特点是薄而脆，在面团的调制和加工过程中需注意控制面团的黏性和可塑性，确保薄片的厚度和形状均匀一致。因此，在选择食药同源原料时，原料需易于被粉碎成适当大小的颗粒或碎片，并且能够与面团均匀混合。在加工过程中，受热或受力时原料能够保持一定的形状和结构，不会出现严重的形变或破碎。生产中常选择坚果类如杏仁，根茎类如山药、粉葛等作为食药同源原料。

食药同源薄脆饼干的基本工艺流程如下：

原料预混→面团调制→静置→辊压成型→烘烤→冷却→包装→检验→成品

8.3.2.2 典型产品的生产实例——菊花薄脆饼干

菊花是集园林观赏与食药两用为一体的植物资源，菊花薄脆饼干是以低筋面粉、菊花等为主要原料，经过烘烤等一系列工序制成的口感酥脆、带有菊花清香的饼干。其中，菊花富含黄酮类化合物及多种维生素、矿物质等多种活性成分，能起到一定的抗炎、缓解疲劳、抗氧化等作用。菊花薄脆饼干口感酥脆、菊香浓郁，不仅具有丰富的口感，还具有多种保健功能。

（1）工艺流程

在制作菊花薄脆饼干时，先将面粉、菊花粉和膨松剂等混合均匀，再加入糖、盐、水等调制成面团。将面团静置一段时间后送入辊压设备中辊压成型，成型后的面团再经过烘烤和冷却处理，即可包装为成品饼干。其具体工艺流程如下：

原料预处理→混料→面团调制→静置→辊压→成型→烘烤→冷却→包装→检验→成品

（2）操作要点

① 原料预处理：将粉碎的菊花粉过100目筛，然后与膨松剂和面粉充分混匀；将植物油与加热溶解的起酥油混合均匀；将糖溶解到热水中，再向糖水中按比例添加食盐，溶解后充分混匀；最后将糖浆与油混合均匀，待用。

② 面团调制：分3次将混合好的油水溶液加入到混合面粉中，充分混合后揉面，将面粉调制成有一定可塑性、较强延伸性和适度弹性的面团。

③ 静置：将调制完成的面团静置15分钟，使面团内部受力均匀，防止变形。

④ 辊压：将静置后的面团送入辊压设备，将面团辊压成表面平整光滑、厚度适中、整体均匀的面带。为了使面团充分受力、辊压均匀，可将面团反复旋转和折叠。

⑤ 成型：将辊压完成的面带按照不同需求制成形态各异的饼坯，此步骤可通过形状不同的模具实现。

⑥ 烘烤：将成型的饼坯放在刷过植物油的烤盘上，设置烤箱温度分别为上火180℃、底火160℃，烘烤约17分钟后取出。待其冷却后包装，检验后即可得到成品。

8.3.3 其他食药同源饼干

8.3.3.1 其他食药同源饼干概述

食药同源饼干除了有酥性饼干和薄脆饼干外，还有一些其他类型的饼干，如苏打饼干、曲奇饼干等。其中苏打饼干是采用酵母发酵与化学膨松剂相结合的发酵性饼干，具有酵母发酵食品的香味，内部结构层次分明，表面有较均匀的起泡点。食药同源曲奇饼干是以小麦粉、糖、乳制品为主要原料，加入膨松剂和其他辅料，经和面，采用挤注、挤条、钢丝切割等方法中的一种形式成型，烘烤制成的具有立体花纹或表面有规则波纹、含油脂高的酥性焙烤食品，食药同源原料常作为辅料点缀。

8.3.3.2 典型产品的生产实例——杏仁曲奇饼干

杏仁曲奇饼干是一种经典的风味饼干，以口感酥脆、味道甜美著称，它在传统曲奇饼干上点缀杏仁，这也是这款饼干的一大特色，不仅增添了口感上的层次，也为饼干带来了浓郁的杏仁香气，同时增添了饼干的营养价值。杏仁曲奇饼干在烘焙后，口感酥脆、香甜可口，适合作为下午茶或休闲时光的零食，但热量较高，应适量食用。

（1）配方

杏仁曲奇饼干配方如下：

蛋糕粉454g、起酥油227g、白砂糖227g、牛奶150g、鸡蛋113g、苏打粉7g、烘烤粉7g、杏仁适量。

（2）工艺流程

干原料混合→加入起酥油→搅拌→加入其余配料→搅拌→成型→刷牛奶→点缀杏仁→烘烤→包装→成品

（3）操作要点

① 所有的干原料混合前都应先过筛，剔除粒度较大的粉末和颗粒，保证曲奇饼干的口感。

② 用刷子在成型的饼干上刷一层牛奶，并在上面放一颗掰开的杏仁，再送入烤箱烘烤。

③ 烘烤温度控制在190℃。

（4）注意事项

① 要严格控制烘烤温度，避免温度过高导致饼干焦煳。

② 制作时需注意面团的调制温度、加水量和调粉时间，以保证饼干酥脆、花纹清晰。

8.4 食药同源糕点

8.4.1 食药同源熟粉糕点

8.4.1.1 食药同源熟粉糕点概述

食药同源熟粉糕点是先将原料炒熟、蒸熟或炸熟，然后用糖、油进行拌合加工成型，此后既不经烘烤，也不用油炸的一类糕点。较为常见的食药同源熟粉糕点包括印模糕类和切片糕类。其中印模糕类是通过模具成型的熟粉糕点，形状多样；切片糕类是将糕点制作成长条形后再进行切片。

食药同源熟粉糕点在成型过程中通常要采用印模或切片处理。因此，选择的食药同源原料添加成分需要能够适应不同的成型方式。此外，食药同源熟粉糕点不经过烘烤或油炸，食药同源原料的口感和风味对最终产品的口感影响较大，选择的原料应该具有良好的适口性，能够与其他原料相融合，不降低糕点的整体口感和风味。常用的食药同源原料包括山药、茯苓、莲子、红枣、粉葛、赤小豆、山楂等。

熟粉糕点用油量较少，一般不用化学膨松剂，原料先经熟制，所以许多产品不用烘焙。其基本工艺流程如下：

制粉→混料→蒸制/炒制→冷却→搅拌→成型→包装→成品

8.4.1.2 典型产品的生产实例——红枣年糕

红枣年糕是以红枣和江米粉为主要原料蒸煮而制成的传统糕点，具有丰富的营养和软糯香甜的风味。江米粉独特的黏性和软糯口感是红枣年糕的重要特征，而红枣作为红枣年糕的主要成分之一，富含多种维生素和矿物质，如维生素C、维生素P、铁、钾、钙等，不仅使红枣年糕口感更加丰富，还有助于增强人体免疫力和促进新陈代谢。此外，红枣年糕被赋予了"年年高升"的美好寓意，代表了人们对来年生活的向往和期盼，因此也成为了春节期间一道重要的菜品。

(1) 原料配方

江米粉25kg、红枣3kg、白砂糖适量。

(2) 工艺流程

原料预处理→和面→铺平、加枣→蒸制→冷却→切割、包装→成品

(3) 操作要点

① 原料预处理：选用无霉变和杂质的优质江米粉作为原料；挑选个头饱满、无病虫害的新鲜大枣，洗净后去核。

② 和面：向江米粉中加入一定量的水，于和面机中充分搅拌，得到不散不稀可成团

的均匀面糊。

③ 铺平、加枣：将面糊均匀铺平在底部铺有湿布的蒸锅中，在面糊表面均匀撒上洗净去核的红枣。

④ 蒸制：加热蒸制约 45min 便可得到蒸熟的年糕，冷却后待用。

⑤ 切割：将冷却后的年糕均匀切块，包装后即得成品。

8.4.1.3 典型产品的生产实例——八珍糕

八珍糕是一种具有悠久历史和独特风味的传统中式糕点，原料包括糯米、粳米、山楂、麦芽、山扁豆、薏苡仁、芡实、山药、茯苓和莲子等。这些原料的选择和科学配比，可以较好地保留各种原料的营养成分和功效，同时通过原料之间的协同作用，增强健脾养胃等部分功效，更好地起到食疗养生的作用。八珍糕口感清香，风味独特，融合了多种食材的香气和味道，既有糯米的黏软口感，又有中药材的清香和甘甜，虽略有中药味，但不僵口。

(1) 原料配方

白糖 3.36kg、糯米 2.475kg、粳米 1.65kg、山楂 0.1kg、麦芽 0.02kg、山扁豆 0.02kg、薏苡仁 0.015kg、芡实 0.01kg、山药 0.01kg、茯苓 0.01kg、莲子（去芯）0.01kg。

(2) 工艺流程

八珍糕的工艺流程如下：

炒制原料→制糕粉→成型、熟化→切片→干燥

(3) 制作方法

① 炒制原料：将山楂、麦芽、山扁豆、薏苡仁、芡实、茯苓分别炒熟、粉碎、过筛；将糯米、粳米淘洗干净，炒制、粉碎、过筛；山药、莲子粉碎、过筛。

② 制糕粉：向白糖中加入适量水，加热溶化后得到糖浆。将糖浆与炒制、粉碎后的原料粉末混合均匀，即得糕粉。

③ 成型、熟化：将糕粉均匀铺在方形糕盆中，加热蒸熟。

④ 切片、干燥：将蒸熟的八珍糕冷却后切成片状，干燥、包装后即得成品。

8.4.2 食药同源烤制糕点

8.4.2.1 食药同源烤制糕点概述

食药同源烤制糕点是指将面粉、糖、脂肪、蛋类、食药同源物质等原料混合搅拌后在高温下烤制而成的糕点类食品。食药同源烤制糕点主要包括酥类糕点和烘烤类月饼，此外还有一些其他类型的烤制糕点，如茯苓夹饼、长寿薄脆等。

制作食药同源烤制月饼的食药同源原料应具有易于加工成馅料、能形成具有良好成型

性的面团、在包馅过程中不易破裂或泄漏、不影响印模清晰度,以及在烘焙过程中能够保持月饼的口感、风味和色泽等特点。常用于制作烘烤类月饼的食药同源原料包括红枣、山药、莲子、白扁豆、薏苡仁、赤小豆、陈皮等。在制作食药同源酥类糕点时,食药同源原料应便于形成所需的面团或馅料,不能在加工过程中出现结块、粘连或不易分散的情况。常用于制作酥类糕点的食药同源原料包括杏仁、黑芝麻、山药等。

食药同源烤制糕点的基本工艺流程如下:

(1) 烘烤类月饼

以油酥皮月饼为例,其基本工艺流程如下:

原料预处理→皮料调制→分节、碾皮→包馅→成型→装饰→摆盘→烘焙→冷却→包装→成品

(2) 酥类糕点

酥类糕点的基本工艺流程如下:

配料→和面→分剂→成型→磕模→码盘→烘焙→冷却→包装

8.4.2.2 典型产品的生产实例——三白月饼

三白月饼,由于其馅、皮、酥都呈现白色,因此被称为三白月饼。三白月饼的主要原料是面粉、糖浆和猪油,三者均呈白色,正是如此才成就了三白月饼特有的白色外观。其面粉选用的是优质的白面粉,因此月饼的表皮具有较高的韧性;馅料在白糖的基础上额外添加芝麻仁、花生仁等作为辅料,增加了月饼口感的丰富度和营养价值;酥皮经过调制和独特的工艺,入口时层次感丰富。

(1) 配方

皮料:面粉19kg、猪油4kg、水10kg。

酥料:面粉20kg、猪油10kg。

馅料:糖粉29kg、花生仁5kg、芝麻仁3kg、核桃仁2kg、瓜子仁1kg、蛋白4kg。

薄面:面粉2kg。

(2) 工艺流程

三白月饼的工艺流程如下:

面粉、猪油、水→和皮→分皮→包酥→开酥→包馅→成型→烘焙→冷却→成品

(3) 操作要点

① 和皮:将过筛后的面粉在操作台上堆成小堆,中部挖空。向面粉团中部加入用温水搅拌均匀的猪油,混合均匀。将混匀后的原料用温水浸润1~2次,使得面团有韧性、硬度适中。将面团分成1.6kg的小团,每小团再均分为50块。

② 调酥:同样向过筛后的面粉中加入猪油,将面粉团成硬度适中的油酥性面团。将

面团分成 1.5kg 的小团，每小团再均分为 50 块。

③ 制馅：将糖粉过筛，剔除颗粒较大的糖粉，同样堆成圆形小堆。将切碎后口感细腻的花生仁、芝麻仁等馅料加在糖粉中央，再加入打发后的蛋清液，三者充分揉捏混匀。将混合均匀的馅料每 1.5kg 分作一块，每块再均分为 50 小块。

④ 成型：将调好的油酥性面团用和好的面皮包裹住，再擀成扁平状，包入馅料，揉搓封口，再送入成型的设备中，使包好馅料的面团被挤压成圆盘状的月饼，半径大概在 3cm 左右，待用。

⑤ 烘焙：将成型的月饼摆入烤盘，炉温设置要求底火温度高于面火温度，烘焙结束后的月饼出炉后经过冷却、包装后即得成品，月饼的表面呈现乳白色，香味诱人。

8.4.2.3 典型产品的生产实例——杏仁酥

杏仁酥是一种历史悠久的特色糕点，其历史最早可以追溯到元末明初，由最初的含有杏仁的干粮逐渐演变到如今深受人们青睐的传统小吃。杏仁酥具有浓郁的香味和丰富的口感，其主要原料杏仁中含有铁、锌等矿物质及不饱和脂肪酸和多种维生素，具有丰富的营养价值。

（1）原料配方（kg）

面粉 25、猪油 12.5、白糖 12.5、鸡蛋 2.5、杏仁 1.5、桂花 0.5、小苏打 0.5、碳酸氢铵适量。

（2）工艺流程

和面→成型→码盘烘焙→冷却→包装

（3）操作要点

① 和面：按照原料配方中的比例将面粉、小苏打等除杏仁外的原料充分混合并搅拌均匀。

② 成型：将混合均匀的原料堆砌成适宜大小的面坯，并在面坯中部点缀生杏仁，丰富口感的同时增加观赏性。

③ 码盘烘焙：将成型后的生坯按顺序摆放在烤盘中，控制温度在 100～150℃，不宜过高，否则成品易焦糊。烘焙 10 分钟即可得到烤熟的杏仁酥。

④ 冷却、包装：将烘焙完成的杏仁酥取出，晾凉后包装即可得到成品。

8.5 食药同源蜜饯类食品

8.5.1 食药同源蜜饯概述

食药同源蜜饯类食品是以食药同源果蔬等为主要原料，经糖、蜂蜜或食盐腌制等工艺制成的食品，可分为蜜饯、果脯、果丹、果糕等。其中蜜饯是将果肉与糖共同熬煮，经过浓糖液浸渍处理的食品，其表面存有少量糖液，清甜爽口。果脯则是经糖渍处理后，再通过烘干工艺制成的。与蜜饯不同，果脯在糖渍过程中水分被较大程度去除，形成质地干燥的成品。常见的食药同源果脯有木瓜脯、枣脯等。果丹是以果蔬为主要原料，经糖熬煮、浸渍或盐腌等工艺处理后通过磨碎或压制成干态制品，能够显著提高食品的储存稳定性。常见的食药同源果丹类产品有百草丹、陈皮丹等。

根据食药同源蜜饯产品的特性，一般选择组织致密、硬度较高的食药同源果蔬、根茎组织为原料，以防止糖制过程中的煮烂变形。用于制作蜜饯的原料以含水量较少、固形物含量较高、肉质致密、坚实、耐煮制为佳。食药同源原料中能用于制作蜜饯类食品的种类很多，包括人参、黄精、党参、代代花、山楂等。

食药同源干态蜜饯的基本工艺流程如下：
原料预处理→漂洗→预煮→蜜制→烘干→上糖衣→检验→包装→成品
食药同源湿态蜜饯的基本工艺流程如下：
原料预处理→漂洗→预煮→蜜制→杀菌→检验→包装→成品

8.5.2 典型产品的生产实例——糖参

糖参也被称为白糖参，是以人参为主要原料制成的蜜饯类功能食品，通常为淡黄白色，具有特殊的风味和香气。糖参较好地保留了人参原有的营养成分和独特功效，因此具有抗衰老、增强免疫力的功效，是一种不可多得的滋补佳品。经过浸糖工艺处理后得到的糖参产品，口感相较于纯人参有了较大的改善，更容易被人们接受，能很好地发挥人参的食用、药用价值。

（1）工艺流程

糖参的工艺流程如下：

分级→刷参→炸参→排针→浸糖→干燥→包装→成品

（2）操作要点

① 分级：将新鲜的人参按照相关的规格要求分为不同的等级，按等级区分后，分别进行后续操作。

② 刷参：先升浆，再进行刷参操作。即先下苄须，用清水将新鲜的人参浸泡2～3小时，让人参的根部充分吸水，但要注意浸泡时间不宜太久，避免人参吸水过多而涨破，影响后续操作及成品的美观。完成上述操作后的人参需要经过两次刷参操作：机器洗刷和人工补刷。其中人工补刷主要是在不损坏人参本身形态的前提下，除去机械未完全洗刷掉的部分尘土泥垢，同时去除不必要的残茎，确保原料的洁净和安全。

③ 炸参：将经过分级的人参按不同的级别分别进行炸参操作。先炸芦头和主根，再将人参全部浸没在沸水中，待人参能够用针扎透时即可取出，一般用时5分钟左右。

④ 排针：将炸好后的人参浸没在冷水中约 5 分钟，待温度下降后取出。排针分为排横针和排顺针两部分操作，首先从上往下将人参扎透，此为排横针；再用针顺向扎透人参，此为排顺针。

⑤ 浸糖：将排针完成的人参摆放整齐，再向其中倒入溶解好的白糖水（注意糖液的温度不宜过高，不烫手即可），同时要确保人参完全浸没在糖液中，便于糖渍充分。浸糖后的人参再次经过排顺针的操作，浸入新的糖液中 24 小时，然后取出，用温水洗去糖参表面多余的糖液。

⑥ 干燥：浸糖完成的人参还需经过自然干燥或机械烘干才能得到成品，注意在此过程中要多次将糖参翻面，使各个部位得到充分干燥。

8.5.3 典型产品的生产实例——蜜枣

蜜枣是一种传统的蜜饯食品，它一般以新鲜的优质枣为原料，通过糖液浸渍等一系列操作后制成，成品通常呈深琥珀色或红褐色，具有浓郁的香甜气味。蜜枣在中国的食用历史悠久，直到现在依然深受广大消费者喜爱。蜜枣在中医理论中被认为具有补脾胃、养血安神、润肺止咳等功效，特别是蜜枣富含铁元素，是缺铁性贫血患者的滋补佳品。但由于蜜枣糖含量较高，糖尿病患者不宜摄入过多。

（1）工艺流程

蜜枣工艺流程如下：

原料预处理→去核→糖煮→糖渍→烘干→成型、包装→成品

（2）操作要点

① 原料预处理：选用个头饱满、肉多核小的成熟红枣作为蜜枣的原材料，剔除霉变、破损、病虫害枣。将新鲜的红枣清洗干净，备用。

② 去核：采用去核机对红枣进行去核操作，注意设定适宜的参数，在将果核去除的基础上保留大部分果肉，避免造成浪费。去核后的鲜枣需要再过水冲洗一遍，确保原料干净无杂质。

③ 糖煮：向去核鲜枣中加入约为果重一半的砂糖糖液，大火升温熬煮。其中糖液的初始浓度为 45% 左右，熬煮完毕后的糖液浓度约 65%～70% 为佳。整个熬煮过程大约持续 45 分钟。

④ 糖渍：将熬煮完成的枣和糖液一起移入缸中，继续浸渍 1～2 天。

⑤ 烘干：将糖渍完成的枣取出，沥干表面的糖液，于 60～65℃ 下烘干，注意烘制过程中要不断翻动蜜枣，使各个部位充分受热。整个烘制过程大概需要 24～30 小时，烘干的成品蜜枣表面不黏腻，有适当的硬度。

⑥ 成型、包装：将干燥完毕的蜜枣通过机械挤压成型，按规格、质量分级后即可包装。

8.5.4 典型产品的生产实例——山楂糕

山楂糕是一种历史悠久的传统中式食品，以新鲜的山楂为主要原料，适度添加糖等其他辅料加工而成。山楂是一种常见的食药同源食材，其含有丰富的维生素C、膳食纤维和黄酮类物质，山楂糕保留了山楂本身的营养成分，因此也具有促进消化、增强食欲、增强免疫力等功效。山楂糕酸甜适度的口感能极大刺激人的味蕾，带来奇妙的舌尖上的体验，因此受到各个年龄段人们的广泛喜爱。

（1）工艺流程

山楂糕的工艺流程如下：

原料预处理→加热煮制→打浆→配料→冷却定形→切割、包装→成品

（2）操作要点

① 原料预处理：将新鲜的山楂剔除病虫害果、破损果，保留成熟度较好、粒大饱满的优质山楂，除去果柄、花萼、果核和其他杂质。将挑选好的山楂用清水洗净后加入盐水浸泡，达到深度清洁和除去部分微生物的目的。

② 加热煮制：将预处理完成的山楂置于锅中，加水浸没，加热煮沸约10～15分钟。

③ 打浆：将山楂和适量水（包括煮制的水）均匀加入打浆机，打成细腻的浆料。

④ 配料：每100kg山楂糕分别加入白矾适量（不可超过国家标准）、白糖20kg，加入搅拌机中搅拌约5分钟，确保原料混合均匀。白矾和白糖均先用水加热溶解，然后再加入。

⑤ 冷却定形：将配料完成的山楂浆倒在准备好的容器中，均匀平铺，待其冷却凝固。

⑥ 切割、包装：将冷却成型的山楂糕均匀分割成小块，包装完毕后即得成品。

8.6 食药同源粮油和调味品

8.6.1 食药同源面制品

8.6.1.1 食药同源面制品概述

食药同源面制品是指在面制品中加入食药同源辅料制成的产品，主要包括挂面、馒头等传统面制品。其中挂面是中国古老且便捷的主食之一，通常指通过悬挂晒干而制成的丝状或带状面条，地方上也称之为卷面或筒子面。作为一种传统食品，挂面在经过数个世纪的发展后，产品形式不断创新，其质量、口感和加工工艺均已发生显著变化。在挂面中添加食药同源原料制成的挂面不仅能提供基本的营养需求，还具备特定的食疗功能，提供额外的健康益处。

在将食药同源原料作为辅料融入挂面生产时，需综合考虑多个因素，包括所选食药同源原料的营养价值、功能性、与挂面制作工艺的兼容性及消费者的接受度等。一般要求所

选食药同源物质应能在挂面生产过程中保持其营养成分的稳定性和有效性，不与挂面原料产生不良反应，且能在挂面中均匀分布。此外，根据挂面产品的定位和目标消费者群体，选择具有相应功能的食药同源成分。例如，针对老年人或糖尿病患者，可选择具有降血糖、降血脂功能的食药同源原料；针对免疫力较弱的人群，可选择具有增强免疫力功能的原料。常用于挂面中的食药同源原料包括山药、蒲公英、决明子、枸杞、粉葛等。

食药同源挂面的基本工艺流程如下：

原料预处理→混料→和面→熟化→压延→切条→干燥→切断→包装→检验→成品

8.6.1.2 典型产品的生产实例——山药挂面

山药挂面是以优质的小麦粉和山药为原料制作而成，是在传统面食制作的基础上融合食药同源健康观念的典型代表。优质的山药挂面通常呈淡黄色或淡白色，表面光滑细腻，入口爽滑，既有普通面食的韧性，又带有山药的清香。山药挂面融合了小麦的营养价值和山药的保健成分，淀粉、蛋白质含量高，同时富含多种维生素和矿物质，能够增强免疫力，还有助于肠道健康。

（1）工艺流程

山药挂面的工艺流程同 8.6.1.1。

（2）操作要点

① 原料预处理：选用无病虫害、无运输破损的新鲜优质山药，去皮洗净，捣成细腻的山药泥，备用。

② 和面：先将海藻酸钠和食盐溶解于适量水中，按照配方比例分别将面粉、山药泥、鸡蛋、海藻酸钠和食盐水加入和面机，混合均匀后加入 30℃ 左右的温水，继续搅拌。适量的水温和加水量有助于面筋的形成，使挂面具有较好的口感和质地，因此需要将加水总量控制在面粉质量的 30% 左右，使和面的成品色泽均匀、湿度适当，能够用手抓握成团，但不至于过湿。

③ 熟化：将和好的面团加入熟化机，使面团中的水分分散均匀，充分形成完整的面筋网络。

④ 压延、切条：将熟化后的面团放入轧片机，在压延过程中，面团会被轧制成更薄的面带，多次压延后即可得到薄厚适中、具有一定韧性的面片，再通过切割形成宽度适中的面条。

⑤ 干燥：将成型的面条放入干燥箱中，将湿度控制在 55%~65%，温度在 50~55℃ 左右，有助于保证面条中的水分扩散均匀，提高成品的整体质量。干燥完成的面条含水量大概在 13%~14%。

⑥ 切断、包装、检验：将干燥完成的面条切成一定长度的挂面，按照产品需求包装，检验后即得成品。

8.6.2 食药同源油制品

8.6.2.1 食药同源油制品概述

食药同源油制品是指以食药同源原料为油料,通过压榨、提取等工艺制成的富含营养和生物活性物质的油脂产品。食药同源油制品不仅具有传统食用油提供能量、促进脂溶性维生素的吸收等基本功能,还能在预防疾病和改善某些亚健康状态方面发挥作用。

食药同源原料中只有少数含油量较高的油料适宜制作油制品,其中应用比较广泛的有杏仁、黑芝麻等。其中黑芝麻油作为一种常见的食用油制品,在我国有着悠久的应用历史。黑芝麻油不仅具有醇香的风味,对人体也有很多有益作用。

黑芝麻油的加工工艺流程(水代法)如下:

黑芝麻筛选→漂洗→炒制→扬烟→冷却→磨浆→对浆搅油→振荡分油→黑芝麻油

8.6.2.2 典型产品的生产实例——小磨黑芝麻油

小磨黑芝麻油,又被称为小磨香油、黑芝麻油,是以黑芝麻为主要原料,经过一系列加工工艺制成的一种特色食用油,香味浓郁,在中国各地食用广泛。小磨黑芝麻油富含不饱和脂肪酸、维生素E等成分,有助于保护血管、润肠通便。小磨黑芝麻油的生产采用传统的水代法,生产工艺相对原始,能够较好地保留芝麻的营养成分和香气。

(1) 工艺流程

小磨黑芝麻油的基本工艺流程同8.6.2.1。

(2) 操作要点

① 原料预处理:筛选黑芝麻,选择饱满优质的黑芝麻作为原料,除去原料中较大的泥沙等杂质。用清水漂洗黑芝麻,除去微小的尘土,再将黑芝麻置于清水中浸泡约1~2小时,使其充分吸水膨胀。

② 炒制:炒制时注意控制火候大小。先用大火炒制,约20分钟后,待芝麻中水分较少时再调小火,避免芝麻焦糊。炒制前可先将芝麻破碎,使其受热均匀,更易炒熟。待芝麻完全熟透后再加入少量冷水,翻炒约60秒后盛出。经过高温炒制,芝麻中的蛋白质会发生变性,更有利于后续提取油脂。但要注意炒制时间不能过长,否则将影响芝麻的出油率。

③ 扬烟、冷却:将炒制完成的芝麻快速冷却降温,分离除去炒制过程中产生的少量焦末等,扬去烟尘,避免影响出油率。若不及时冷却,即使不加热,内部的芝麻也可能因温度过高、无法散热而出现焦糊现象,影响芝麻油成品的品质。

④ 磨浆:将充分冷却的芝麻磨碎成浆,即得芝麻酱。磨浆能够将芝麻充分破碎,研磨成细小的微粒,使炒制后聚集的油脂流出,便于提取。

⑤ 对浆搅油:这是水代法提油的关键,即将温度高于40℃的芝麻酱通入油锅,将相当于芝麻酱重80%~100%的沸水分四次加入锅中并不断搅拌,注意控制四次的加水量为

6∶2∶1.5∶0.5，整个搅拌过程大概需要持续 2.5~3 小时。由于芝麻酱在刚开始搅拌时会变黏稠，机械难以完全满足搅拌需求，容易导致芝麻酱结块，不能充分吃水，因此前三次加水后均需要人工辅助搅拌，随着后期芝麻酱稠度变小，在第四次加水后则不需要人工搅拌。在搅拌完成后，将浮在表面的油脂撇去，留下 7~9mm 的油层即可。

⑥ 振荡分油、撇油：通过振荡使油分离并被提取出来，将一内部为空的金属葫芦置于油锅中央，浸入约一半；另一葫芦上下击打油浆，使油浆底部残留的油脂浮到表面，便于收集。如此击打 50 分钟进行一次撇油操作，重复两次。再将葫芦适当提高，浅浅击打约 60 分钟，撇油，分离麻渣，此时麻渣温度约 40℃。

8.7 食药同源罐藏食品

8.7.1 食药同源水果类罐藏食品

8.7.1.1 食药同源水果类罐藏食品概述

食药同源水果罐头是指以食药同源类新鲜水果为主要原料，通过现代食品加工技术（如高温杀菌、密封包装等）制作而成的罐装食品。这些食药同源水果包括山楂、龙眼等。食药同源水果罐头通过高温杀菌和密封包装的工艺，能够显著延长食品的保质期，使其在无冷藏条件下保存数月，甚至更长时间。通过加工罐头，可以在水果丰收季节集中储存大量水果，并为其他季节的供应短缺提供了解决方案。此外，水果罐头的加工还能改善其风味。例如，新鲜山楂在某些人群中可能引起胃部不适，但经过加工的山楂罐头酸甜可口，消费者能够利用到山楂的功效成分而不必担心其可能带来的不适。水果罐头的应用在一定程度上拓展了食药同源资源的应用范围。

食药同源水果类罐藏食品（水果罐头）的基本工艺流程如下：

原料的预处理→装罐→排气→密封→杀菌→冷却→成品→检验

食药同源水果类罐藏食品一般选择新鲜饱满、成熟度一致，肉质丰富、质地柔嫩细致，粗纤维少，无不良气味的鲜果制作。果实的成熟度直接影响罐藏品质，过熟的水果因水分流失而容易变软，降低了其加工适应性；而过生的水果则可能导致罐藏后产生苦涩味，即使添加糖分也难以掩盖。此外，原料的耐煮性也是重要考量因素，原料需要能够在高温处理下保持其形态和营养成分。从经济的角度出发，应尽量选择废弃部分（果皮、果芯和果核等）较少的水果，以提高罐藏效率和降低加工成本。

8.7.1.2 典型产品的生产实例——糖水山楂罐头

糖水山楂罐头是一种传统的食药同源水果罐头制品，一般用山楂、砂糖等原料制成。糖水山楂罐头不仅味道酸甜可口，还被广泛应用于烘焙和烹饪中，如制作甜点、糕点和饼干等。糖水山楂罐头富含维生素 C 和纤维素，可以健胃消食。

（1）工艺流程

糖水山楂罐头的工艺流程如下：

原料选择→清洗→去果把与果核→预煮软化→装罐→排气密封→杀菌及冷却→擦罐、保温处理→检验→贴标装箱

（2）操作要点

① 原料选择：糖水山楂罐头所选用的原料应具有较好的成熟度，果实横宽在 2cm 以上，无霉菌侵染且未受虫害影响。

② 清洗：使用清水进行漂洗处理，除去山楂表面的尘土及污染物。

③ 去果把与果核：用专用工具去除山楂的果把与果核。注意防止果实破裂。残留果核应在 5% 以下。

④ 预煮软化：软化前应再把山楂清洗 1 次，以便于除去碎果肉及残留的果核。接着放入 70℃ 的热水中熬煮 1~2min，捞出后放入冷水中冷却。若有条件的可用抽真空处理，抽真空液为 25%~35% 的糖液，温度在 45℃ 以下，真空度控制在 80kPa 以上，抽真空 10~15min。抽真空处理后在糖液中继续浸泡 15min 左右。

⑤ 装罐：将软化后的山楂称重装罐。每瓶装果肉 230g、糖水 280g 左右，一般注入 30% 浓度的糖液。

⑥ 排气密封：利用排气箱加热排气或者抽真空密封。

⑦ 杀菌及冷却：用沸水将罐头杀菌 15~20min，杀菌后冷却至 38~40℃，并擦去罐身水分。

⑧ 检验：由于糖水山楂罐头含糖量、含水量较高，需特别注意微生物限定的检验，严格检验合格后贴标装箱。

8.7.2 食药同源粥羹类罐藏食品

8.7.2.1 食药同源粥羹类罐藏食品概述

食药同源粥羹类罐藏食品是指将通过特定工艺处理后的粥或羹类食品装入镀锡板罐、玻璃罐或其他适宜的容器中，经过密封和杀菌处理，获得在室温下可长期储存的粥羹类包装食品。食药同源粥羹类罐藏食品已经通过熟化和杀菌处理，消费者无需额外加工即可食用，方便快捷，不仅具有营养价值，还具有一定的食疗功效。

食药同源粥羹类罐藏食品多选用杂粮类、果仁类等原料，杂粮不仅具有较好的饱腹感，还含有丰富的营养成分，如碳水化合物、不饱和脂肪酸、矿物质、B族维生素等。此外，杂粮中含有较多的膳食纤维和其他植物纤维素，有助于增加肠道蠕动，促进消化系统的正常运行；膳食纤维还可以降低胆固醇水平，预防冠心病和高血压等心血管疾病。常用于制作食药同源粥羹类罐藏食品的原料包括赤小豆、白扁豆、薏苡仁等。此外，桂圆、茯苓、红枣、百合、山药、枸杞也是制作食药同源粥羹类罐藏食品的良好原料。

食药同源粥羹类罐藏食品的基本工艺流程如下：

原料选择及处理→浸泡挑选→预煮→分选→配汤→装罐→排气、密封→杀菌冷却

8.7.2.2 典型产品的生产实例——八宝粥罐头

八宝粥罐头是一款经过精心熬煮制成的快捷食品，融合了多种豆类、干果和谷物等食药同源物质，呈现出浓郁香醇的口感，同时富含多种营养成分。八宝粥罐头无需繁琐的现场烹饪，可以直接打开享用，适合作为早餐、下午茶，或作为备用食品。由于其易于吞咽的流食形态，八宝粥罐头也特别适合于婴幼儿、老年人及患者等食用。

（1）工艺流程

八宝粥罐头的工艺流程如下：

原料选择及处理→配料→浸泡→预煮→搅拌→装罐加糖液→脱气与盖封→高温杀菌→冷却→包装→检验→成品

（2）操作要点

① 原料选择及处理：用于制作八宝粥罐头的谷类、豆类、干果、杂粮等原料应颗粒饱满、色泽正常，无虫蛀，无霉变、杂质、污染，并符合有关标准要求。红小豆应在常温下浸泡2～4h，去除其中含有的胰蛋白酶抑制剂。花生应通过烘烤去除红衣，洗净后加水浸泡。米、花豆等应除去其杂质后，分别置于容器中加水浸泡2～4h。桂圆肉先用冷水浸洗，至散开后洗去杂质，接着用80℃的热水浸泡3～5min后捞出冷却，备用。优质糯米经称量后挑选去杂，淘洗干净，在其他一些原料浸泡、预煮后，再开始加水浸泡20～30min，沥干备用。绿豆要用沸水煮5～10min，捞出用冷水冲洗，沥干备用。

② 配料：原料中各个组分配比不同，产品的稳定性、外观、色泽、口感均有差异。原料固形物与糖水的比例（即料水比）直接影响其产品最终的粥样、软硬度等。当料水比为1∶4时，杀菌糊化后的产品黏稠度较适宜，原料固形物可以得到适宜的糊化，从而可以形成较好的粥形。此外，甜度也作为产品质量的一个重要指标。当砂糖添加量为5%～5.5%时，甜度适宜，口感较好。

③ 预煮：将处理后的红小豆、花生、薏苡仁、花豆等放入灭菌锅中，蒸熟出锅，冷却，滤干水分即成为备用的配料。

④ 装罐加糖液：各类原料遵循特定的配比后，逐一装入罐中，随后灌入温度达85℃以上的糖浆溶液。在此过程中，原料固形物与糖水的比例需依据最终产品的稀稠度、外观状态来调配。糖水浓度按照产品净重的百分比换算，根据成品甜度确定其砂糖用量。也可根据实际生产需要，在国家标准范围内添加食品添加剂。

⑤ 脱气与密封：在工业化生产八宝粥罐头的流程中，普遍采用自动真空机来进行脱气与封盖，或者用排气箱脱气、封盖。根据生产经验，密封后罐头的理想真空度通常为59kPa。完成封盖工序后，要用温水对罐外表面进行清洗，去除油污与糖浆。

⑥ 杀菌、冷却：八宝粥产品的杀菌过程也是其糊化过程，既要保证产品的保质期，也要保证产品具有一定的质地和口感。在杀菌过程中首先将产品置于121℃下处理50～60min，随后采用反压冷却技术使其温度达到40℃以下。如果蒸煮时间短，花生等原料达不到入口即化的效果，粥体形态也不好，并且在保温后会有产气现象，从而影响产品保质期。但若杀菌时间过长，则可能导致产品产生异味，如焦煳味。根据经验，用121℃杀菌60min处理的产品体态、口感均佳，且保温检验未出现变质现象，能达到卫生要求。在反压冷却时需要注意锅压下降速度应低于罐温下降速度。为了避免粘底现象，进行杀菌操作时最好采用回转式杀菌锅。

8.7.3 其他食药同源罐藏食品

8.7.3.1 食药同源其他罐藏食品概述

食药同源罐藏食品除了有水果类、粥羹类罐藏食品，还有一些果酱类、果仁类、根茎类等类别的罐藏食品。

8.7.3.2 典型产品的生产实例——山药罐头

山药作为一种富含淀粉、膳食纤维及多种维生素的营养食药同源原料，在我国食用历史悠久，应用广泛。山药罐头通常由新鲜的山药经过清洗、去皮、切块后，再进行烹煮或蒸煮，最终将其于罐中封存，达到长期保存的目的，便于储存和食用。山药罐头以其绵密的口感和淡淡的甜味，受到广大消费者的喜爱，特别适合作为点心或主食享用。此外，它也常被用于烹饪，制作各类甜品、汤羹、糕点等。由于山药其本身富含淀粉、膳食纤维和维生素等多种营养成分，因此山药罐头也被认为是一种能够增强体力、调节胃肠功能和改善消化系统健康的优质食品。

（1）工艺流程

山药罐头的工艺流程如下：

选料→清洗→去皮→切块→预煮冷却→装罐→配加汤汁→排气密封→杀菌→冷却→检验→包装→成品

（2）操作要点

① 选料：挑选长度、直径均匀一致的山药根茎，要求无腐烂、无虫蛀且基本无明显机械损伤。

② 去皮：将山药皮刮去，务必确保不要刮得过深，同时，对根茎上的小黑点，需要仔细剔除。

③ 切块：将刮好的山药切成适当长度的长条或小方块。

④ 预煮冷却：将山药条或块放入含柠檬酸的沸水中煮沸一定时间，以软化山药并防

止褐变，冷却后备用。

⑤ 装罐：在装罐前山药需再次用清水对其进行彻底冲洗干净。同时装罐所用玻璃瓶和密封胶圈均须煮沸消毒3～5min。随后山药装罐，向每个玻璃瓶中装入预先配好的糖水（含糖为36%左右，糖水预先过滤处理后再加入）。玻璃瓶每瓶装山药310g、糖水200g，总重为510g。

⑥ 排气密封：将装好的罐头加盖后，即可进行加热排气的操作，排气时必须确保罐内液温达到75℃左右，且保持10min。随后迅速封盖，再迅速加温到80～85℃，保持10min进行杀菌处理。

⑦ 冷却：在杀菌彻底后，将罐头放入40℃左右温水中进行第一步降温，随即再转入冷水中进行第二步降温，使罐内温度迅速冷却到40℃后，最后检查产品无变色、腐烂，验收合格才可出售。

8.8 其他食药同源食品

8.8.1 食药同源糖果

8.8.1.1 食药同源糖果概述

食药同源糖果是指以食药同源理念为基础，将食药同源原料和食物中的营养成分结合起来制成的一类具有保健功能的糖果。其制作过程中，常常将草药、植物提取物或者营养素等添加入砂糖、蜂蜜等食材中，制成糖果的形态。这类糖果既具有传统糖果的甜味与口感，又包含了食药同源成分的风味和有益功能。按照糖果含水量和软硬程度可将食药同源糖果分为硬糖、半软糖和软糖，如甘草姜糖、梨膏、人参软糖等。

8.8.1.2 典型产品的生产实例——甘草姜糖

甘草姜糖是一种将鲜嫩姜处理并与甘草酸梅汁等配合后，再用糖腌渍而成的一种传统糖果。该产品具有融合甜、酸、辛辣等为一体的独特风味。同时，甘草姜糖有健胃、除湿、祛寒、发汗、止吐等作用，具有较好的食疗功效。

（1）配方

鲜嫩姜6.5kg，白砂糖5kg，酸梅汁20kg，甘草粉4kg，丁香粉200g，苯甲酸钠和精盐适量。

（2）工艺流程

甘草姜糖的工艺流程如下：

鲜嫩姜清洗去皮→切片→糖制→烘烤→包装→检验→成品

(3) 制作要点

① 原料预处理：甘草姜糖应选取肉质肥厚细嫩、外观和品质良好的鲜嫩姜。加工前将姜置于流动水中冲洗干净，除去表面污垢和杂质，在冲洗过程中，需注意刮净浮土，以避免夹带泥沙，影响后续加工和产品质量。或者采用热碱浸泡法去除姜皮，将嫩姜浸入热碱溶液后捞出，再放入流动的水中搓洗去皮。将洗净并去皮的姜依其横径斜切成 0.5～0.7cm 厚的斜片，为保证后续加工的均匀性，在切割时需确保姜片的均匀一致性。

② 糖制：采用糖液浸渍和糖液煮制相结合的方法对姜片进行糖制处理，以达到理想的含糖浓度。将适量白砂糖加入酸梅汁，充分搅拌均匀至白砂糖完全溶解，形成均匀的糖液。苯甲酸钠先用少量水溶解后，再与甘草粉、丁香粉一起加入糖液中继续搅拌均匀。在室温或者特定温度下，将处理好的姜片放入配制好的糖液中浸渍 48h，中间翻拌 3～4 次，保证姜片可以均匀吸收糖液。然后加热煮沸，保持微沸 8～10min，使其适当浓缩，以提高糖液浓度。最后，为了使姜片充分浸透，用煮制液进行第二次浸渍，时间为 24h 为宜。

③ 烘烤：糖姜片的烘烤分两次进行，中间要注意通风排湿和倒盘整形两个关键步骤。

a. 烘烤温度：首次烘烤时，需将姜片轻轻捞出，以避免用力过猛导致姜片破碎。将沥干糖液后的姜片均匀放入盘中摊平，把烤盘送入烘房，在 60～65℃ 的温度下烘烤 6～8h，具体的温度和时间可根据姜片的厚度大小以及烘烤效果而定。直至姜片中的含水量达到 24%～26% 时，方可取出烤盘。接着，让姜片进行适当回潮整形后，再进行第二次烘烤。第二次烘烤时，温度需控制在 55～60℃，烘烤 4～6h，待姜片含水量降至 18% 左右，达到用手摸姜片不粘手时，即可结束烘烤。

b. 通风排湿：通风排湿也是烘烤阶段的关键环节。在烘烤期间，随着姜片水分蒸发，烘房内湿度会逐渐升高，从而影响产品质量。操作人员需根据烘房内相对湿度大小以及外界空气流速的不同，来选择适应的通风排湿措施。当烘房内相对湿度超过 70% 时，则需立即启动通风排湿程序。若室内温度很高、外界空气流速较小时，可将烘房内的进风窗和排气筒全部打开，增大空气流速迅速降低湿度。若室内温度较高而外界空气流速较大时，可以将进风窗和排气筒交替打开。通常而言，通风排湿次数达到 3～4 次，每次通风排湿时间以 15min 左右为宜。

8.8.2 食药同源果冻

8.8.2.1 食药同源果冻概述

食药同源果冻是一种半固体食品，一般将食药同源的果汁、果酱、果浆或者草本成分加糖和明胶等成分制成。在制作过程中，食药同源成分与添加的明胶（或其他凝固剂）相互作用，形成质地柔软而有弹性的果冻产品，在口中产生独特的口感。

8.8.2.2 典型产品的生产实例——沙棘果冻

沙棘是一种主要生活在亚洲和欧洲部分地区的落叶性灌木，其根、茎、叶、花、果、籽等部分均可入药，特别是沙棘的果实富含丰富的维生素 C、维生素 E、胡萝卜素以及多种抗氧化物质，具有很高的营养价值和药用价值。沙棘果冻是在果冻中加入沙棘果汁，使其呈现出鲜艳的橙红色泽和丰富口感的一类食药同源果冻。消费者们不仅可以直接食用沙棘果冻，也可以将其作为面包、糕点、冰淇淋等甜点的配料；或者用于调制饮品，不仅能增加其口感层次，也可以提升饮品的营养价值。此外，沙棘富含多种具有抗氧化等功效的天然活性成分，因此沙棘果冻还具有抗氧化、增强免疫力等食疗功效。

（1）工艺流程

沙棘果冻的工艺流程如下：

原料挑选→清洗→破碎预热→榨汁过滤→浓缩→充填封口→凝固冷藏→检验包装→成品

（2）操作要点

① 原料挑选与清洗：制作沙棘果冻的果实应挑选新鲜且充分成熟的沙棘，保证无虫害、无变质。用清水充分冲洗除去表面灰尘及污物，清洗干净后使其浸没于浓度为 0.03% 的高锰酸钾溶液中 5 分钟，充分消毒，然后再次进行漂洗操作，直至无高锰酸钾残留，沥干备用。

② 破碎预热：利用破碎机对原料进行破碎处理，使其细碎成 0.1～0.4cm 的小块状，随后将破碎后的原料加热至 60～70℃，并维持 15min，以便于色素充分溶出。

③ 榨汁过滤：将经预热处理后的原料置于榨汁机中进行榨汁操作。为了充分榨汁，此操作可分 2～3 次进行，在首次榨汁后，将所得果渣按 1∶1 的比例与水混合浸泡 12～24h，待复水处理后再次进行榨汁操作。随后，将几次榨出的果汁混合在一起，利用袋滤机或不锈钢过滤机进行过滤操作，以除去杂质。

④ 浓缩：将过滤后的汁液放入夹层锅中加热，在加热过程中，向果汁中加入果汁质量 50% 的砂糖、0.2% 的柠檬酸，搅拌均匀，以此来调节果汁的风味。接着把混合均匀的果汁加热浓缩 15～20min，不断搅拌，当可溶性固形物浓度 68% 以上时，迅速加入浓度为 4% 的果胶、10% 或 0.5% 的海藻酸钠（配成浓度为 1% 的溶液）等增稠凝固剂，继续搅拌加热，待温度达到 105℃ 左右时出锅。

⑤ 充填封口：采用果冻自动充填封口机进行充填封口，常用容器规格为 15～30mL 的塑料杯。

⑥ 检验：按产品技术要求进行检验，合格者即为成品。

8.8.3 食药同源果蔬脆片

8.8.3.1 食药同源果蔬脆片食品概述

果蔬脆片起源于 20 世纪，是通过各种工艺将新鲜的水果、蔬菜进行脱水处理加工而成的一款绿色食品。其生产工艺主要有油炸工艺和非油炸工艺两种。经过数十年的发展，果蔬脆片技术已经被广泛应用于山药、枸杞、桑椹等多种食药同源食品。食药同源果蔬脆片原料广泛、成本低廉、附加值高，作为休闲食品深受消费者欢迎，拓展了食药同源资源的应用场景。

8.8.3.2 典型产品的生产实例——营养红枣干

红枣是一种富含多种维生素、矿物质、黄酮类化合物、功能性多糖等生物活性物质的食品，具有调节体质、滋补养颜、增强免疫力等功效。红枣相关的产品非常丰富，常见的有红枣干、红枣夹核桃、红枣糕、红枣片等。其中红枣干具有红枣天然的香甜味，是一种深受欢迎的零食和调味品，普遍用于糕点、甜品、糖水、茶饮中。在日常饮食中，红枣干更可作为一种健康的零食替代品，既可以满足消费者对于美食的追求，又能补充身体所需的营养，还能在特定的疾病治疗与康复过程中发挥辅助作用。

（1）工艺流程

营养红枣干的工艺流程如下：

原料的选择与清洗→分级→去核→调配→蒸制→干制→包装→成品

（2）制作要点

① 原料的选择与清洗：选择果实色泽深红、充分成熟、肉质肥厚、个大核小的优质红枣，保证无霉变、虫害、干瘪及不成熟的黄枣。接着，用温水多次洗涤，洗净枣表面的杂质。

② 去核：用去核机将枣核捅去，操作时需注意尽量避免果肉损失。

③ 调配：根据既定配方，将党参、黄芪等辅料煎汁过滤、去渣取液后，适量地加入红糖和蜂蜜，以增添风味并调和药性。

④ 蒸制：将调配好的料液与去核后的红枣一起置入不锈钢盆中，接着放上蒸笼进行蒸制操作，时间约为 0.5h，随后将蒸好的红枣出笼，再用配制的料液浸渍一段时间。

⑤ 干制：沥去表面浮液，确保尽量无多余液体，接着将处理好的红枣均匀地装入烘盘进行烘烤，将烘箱温度设定为 70～80℃，持续烘烤 10～15h，直至用手捏果硬而不粘手时方干制完毕，出房后冷却。

⑥ 包装：剔除破碎及脱皮果粒，按大小分级，分别包装。

8.8.4 食药同源果仁食品

8.8.4.1 食药同源果仁食品概述

食药同源果仁类食品，通常指的是食药同源类小坚果或果实、种子的统称。果仁富含多种营养成分，如蛋白质、脂肪、碳水化合物及维生素等。许多果仁类食品富含不饱和脂肪酸，有助于降低心脏病风险、调节血压和胰岛素敏感性。同时，其抗氧化成分能够阻止人体内氧化物对器官造成伤害，延缓衰老，预防多种常见疾病。此外，果仁中的氨基酸能直接被大脑吸收，促进脑细胞再生，提高记忆力，延缓大脑衰老。食药同源果仁类食品主要包括桃仁、杏仁、白果等。

8.8.4.2 典型产品的生产实例——琥珀杏仁

琥珀杏仁是一种以杏仁为主要原料制成的果仁类产品。在制作琥珀杏仁的过程中，通常会用糖浆等物质包裹杏仁，然后晾干，使其成为硬质糖果或者糖果涂层，具有琥珀似的外衣，琥珀杏仁由此而得名。琥珀杏仁通常呈现出琥珀般的透明或半透明外观，有时也会添加食用色素增加色彩的吸引力。除了其诱人的外观外，杏仁本身还富含蛋白质、脂肪、维生素 E、纤维素等营养成分，同时还含有钙、镁、锌等多种矿物质，可为机体提供较为全面的营养支持。因此，琥珀杏仁不仅是一种美味的零食，更是一款健康的养生产品。

（1）工艺流程

琥珀杏仁的工艺流程如下：

原料的选择→浸泡→糖煮→冷却沥干→油炸→冷却→甩油→包装

（2）操作要点

① 原料的选择：用振动筛选择大小均匀一致的杏仁，要求无虫害、无霉变、无杂质。

② 浸泡：将挑选出来的杏仁放入 60℃温水中浸泡 5 天以上，需保证每天换水，同时需注意避免杏仁皮脱落。浸泡完毕后，将水放掉，并挑出脱掉皮的杏仁，沥干备用。

③ 糖煮：用 55kg 白砂糖、30kg 饴糖、25kg 水（加水的量由饴糖的含水量而定）配制糖液。将处理后的杏仁放入配制好的浓度为 75% 的糖液中，煮 15~20min，煮制结束时，需要保证糖液浓度在 75% 以上。

④ 油炸：将与糖液煮制后的杏仁捞出，沥去部分糖液，并均匀摊开冷却，直至温度达到 20~30℃后，再进行油炸操作。将冷却杏仁放入筐中，杏仁连筐一同放入温度为 150~160℃的油锅中，在此过程中时刻观察杏仁状态，要使杏仁均匀炸透而不焦煳，呈琥珀色并光亮一致后方可捞出。翻动几次炸好的杏仁，使其迅速冷却至 60℃且不粘连，待冷至 50℃以下，开始进行甩油操作。

⑤ 甩油：将油炸冷却的杏仁离心 2~3min，即可达到甩去表面油脂的目的。称量后装瓶，即可得到成品。

思考题

1. 请分析食药同源草本饮料、果蔬汁饮料、代用茶、固体饮料和蛋白饮料在原料选择上的异同点，并举例说明。

2. 对比食药同源冲调粉和冲调膏在制作工艺、营养成分及适用人群上的差异。

3. 从口感、制作工艺和营养价值的角度，阐述食药同源酥性饼干、薄脆饼干及其他饼干的特点，并探讨如何根据不同需求进行选择。

4. 分析食药同源蜜饯的原料选择对其品质和功效的影响，并结合具体产品（如糖参、蜜枣、山楂糕）进行说明。

参考文献

[1] 徐怀德. 药食同源新食品加工［M］. 北京：中国农业出版社，2002.

[2] 蒲彪，胡小松. 饮料工艺学［M］. 北京：中国农业大学出版社，2016.

[3] 崔波. 饮料工艺学［M］. 北京：科学出版社，2014.

[4] 林亲录，秦丹，孙庆杰. 食品工艺学［M］. 长沙：中南大学出版社，2013.

[5] 卞春，王燕，吴敬. 常见食品加工生产工艺与保藏技术［M］. 北京：中国纺织出版社，2018.

[6] 马涛. 饼干生产工艺与配方［M］. 北京：化学工业出版社，2007.

[7] 章银良. 休闲食品制作工艺与配方［M］. 北京：化学工业出版社，2019.

[8] 李先保. 食品工艺学［M］. 北京：中国纺织出版社，2015.

[9] 曾洁，孙晶. 罐头食品生产［M］. 北京：化学工业出版社，2014.

[10] 马涛. 糕点加工技术与实用配方［M］. 北京：化学工业出版社，2014.

[11] 于博，孙言，王晓梦，等. 菊花薄脆饼干的研制［J］. 粮食与油脂，2015，28（11）：46-49.

[12] 雷镇欧，王鑫. 葛根薄脆饼干工艺及体外抗氧化活性的研究［J］. 食品科技，2018，43（04）：97-101.

[13] 蔡莉莉. 复合谷物冲调粉的研制及品质分析［D］. 晋中：山西农业大学，2022.

[14] 张洁. 复方阿胶膏的制备工艺及质量标准研究［D］. 合肥：安徽中医药大学，2016.

[15] 王梦琪，林映君，李发利，等. 粉葛冲调粉的研制［J/OL］. 中国食物与营养，2024，(7)：1-8［2024-06-03］.

[16] 苏光林，何冬雪，谢文佩. 响应面优化葛根山药挂面制作工艺［J］. 食品工业，2020，41（05）：117-121.

[17] 张娟. 山药营养保健挂面的研制［D］. 咸阳：西北农林科技大学，2008.

[18] 谢荣辉. 山药挂面的研制［J］. 现代食品科技，2008，(06)：561-562.

[19] 李越. 冷冻-膨化干燥不同果蔬脆片质地特性影响因素研究［D］. 沈阳：沈阳农业大学，2023.

[20] 王文成，高惠安，郑守斌，等. 低温真空油炸山药脆片的工艺研究［J］. 食品研究与开发，2021，42（04）：101-106.